U0200505

生物能源

（上册）

（美）安瑞·达西亚　主编

艾莉　李桂英　韩粉霞　李博涵　译

冯志杰　校

中国三峡出版传媒

中国三峡出版社

图书在版编目（CIP）数据

生物能源 . 上册 /（美）安瑞·达西亚主编；艾莉等译 . 一北京：中国三峡
出版社，2017.1

书名原文：Bioenergy

ISBN 978-7-80223-978-4

Ⅰ . ①生… Ⅱ . ①安… ②艾… Ⅲ . ①生物能源－研究 Ⅳ . ① TK6

中国版本图书馆 CIP 数据核字 (2017) 第 018255 号

This edition of **Bioenergy: Biomass to Biofuels** by **Anju Dahiya** is published by arrangement with
ELSEVIER INC.,of 360 Park Avenue South,New York,NY 10010,USA

由 **Anju Dahiya** 创作的本版 **Bioenergy:Biomass to Biofuels**
由位于**美国纽约派克大街南 360 号，邮编 10010 的爱思唯尔公司**授权出版

北京市版权局著作权合同登记图字：01-2017-7655 号

中国三峡出版社出版发行

（北京市西城区西廊下胡同 51 号　100034）

电话：(010) 57082566　57082645

E-mail:sanxiaz@sina.com

北京环球画中画有限公司印刷　新华书店经销

2018 年 1 月第 1 版　2018 年 1 月第 1 次印刷

开本：787×1092　1/16　印张：20.5　字数：362 千字

ISBN 978-7-80223-978-4　定价：75.00 元

目　录

第二篇　作为生物燃料的木本和草本生物质

第三篇　生物质转化为液体燃料

第四篇　气体燃料和生物电

第一篇　导论：从生物质到生物燃料

在本书中，生物能源、生物燃料和生物柴油三个术语时常交替使用。读者会在文献中经常发现与这三个及其相关术语的各种定义、概念。这些定义、概念可在下面所描述的不同场合和不同视角下同样适用。根据读者所处的地区和国家不同，可以提出相应定义和燃料规格。

本书第一篇为导论。作者基于自身在一个大学能源教学计划的实践，介绍和讨论"生物能源"、生物柴油、燃料规格和一系列术语词汇。

第一章为（生物能源：绪论）正如题目所示明的那样，是对生物能源的一般性介绍，讨论能源产品和目前可获得的原料（林木，农业资源，废弃物——牛粪；液体生物燃料，如生物柴油和高级燃料——藻类等），这些将成为不远将来的技术、政策和经济变化的重要动力。我们希望读者可以从本章的内容获得对生物能源范畴、生物质供应和相关问题的理解和认识。

第二章为（生物柴油概述与术语词汇）主要介绍美国全国生物柴油委员会对生物柴油、生物柴油标准和 BQ-9000 燃油质量项目所提供的最新解释。

第三章为（生物能源词汇、术语和换算系数）介绍生物能源——从生物质到生物燃料的相关定义和用于生物能源原料的换算系数速查表。

本书中的术语、定义和燃料规格

对一个术语的定义也因不同的来源而异，其使用语境非常重要。下面是一些不同组织和不同专家经常使用的一些术语。

生物能源：正如在本书第一章所定义的那样，"生物能源是来自被称为生物质的新生生物材料的可再生能源"。美国能源部橡树岭国家实验室（ORNL）生物能源原料网将生物能源定义为："产生于有机物质的有用的可再生能源——将有机物中的碳水化合物转化为能源"，联合国联农组织（FAO）将生物能源定义为："来自生物燃料的能源"。

生物燃料：美国能源效率和可再生能源办公室（EERE）将生物燃料定义为："生物质转化为液体或气体燃料，如乙醇、甲醇及其加工或转化的派生物"；联合国粮农组织将生物燃料定义为："直接或间接产自生物质的燃料"。本书的第一章认为，"生物燃料是指固体、液体或气体燃料"，这与第二十六章所用的术语一致："生物燃料是广泛用于来自生物质的各种不同类型的燃料，如甲醇、生物柴油和沼气等。"

生物柴油：美国能源部橡树岭国家实验室（ORNL）将生物柴油定义为："来自植物油脂或动物脂肪的燃料。"美国国家生物柴油委员会（http://www.biodiesel.org/，见第二章）将生物柴油定义为："一种由驯养生物的可再生资源（如植物油脂、动物脂肪、用过的烹饪油甚至像藻类等更新的原料）制取的新型柴油替代品。"美国能源效率和可再生能源办公室将生物柴油定义为："用于柴油发动机的生物可降解的汽车燃料，这种燃料通过有机油脂和脂肪的酰基转移反应获得。""脂肪酸酯"在"生物柴油生产"一章被称为生物柴油。本书的第二十七章表述为："'生物柴油'一般被用于长链脂肪酸的单烷基酯来替代石油柴油，并且可以作为混合燃料用于柴油发动机。"

生物质：大家一定要注意，这一术语有很多表述，主要取决于对"生物质"如何定义。美国能源效率和可再生能源办公室将生物质定义为："一种来自有机质的能源原料。"联合国联农组织将其定义为："除了埋藏在地质层已转化为化石的生物起源的材料。"第一章将生物质定义为："新生产的各种生物材料的废弃物。"

图 I-1 "生物能源——从生物质到生物燃料"计划创意（http://go.uvm.edu/7y1rr）（A. Dahiya 绘制）

燃料规格：根据地区和国家的法规不同，燃料规格标准也各自不同。例如正如第二十八章所讨论的那样，美国的生物柴油规格为 ASTM D6751，而欧洲的生物柴油规格为 EN 14214。二者关键的区别在于，前者通过各种醇（如甲醇、乙醇）对脂肪酸进行萃取，而后者仅用甲醇对脂肪酸进行萃取。

对这些术语加以修正即可成为特定的派生术语。例如，第四章关于木质能源将木质生物能源定义为："产生于树木及灌木生物质直接或间接转化的能源。"类似地，从第一代、第二代、第三代生物燃料可以派生出多种生物能源相关的定义。

第一、第二、第三代生物燃料

正如第一章所述，生物燃料可以分为以下几类。

第一代生物燃料：由源于食物作物的油脂、糖、淀粉制取的生物燃料。

第二代生物燃料：由源于非食物作物（如木本植物、草本植物和食物植物非食用部分）的生物燃料。

第三代生物燃料：由非常高产的藻类制取的生物燃料。

根据美国能源部能源效率和可再生能源办公室生物质研发委员会观点，对上述三代原料描述如下：

●第一代原料包括用于制取乙醇的玉米和用于制取生物柴油的大豆。这两种原料目前的用量不断增长。

●第二代原料包括作物和林木收获后留下的残留物，对于纤维素开发转化技术前景看好。

●第三代原料包括那些需要进一步商业化研发的作物，如多年生草本植物、速生林和藻类。它们将仅用于燃料生产，通常被称为"能源作物"。它们代表了可持续生物燃料的长远方向。

第一章
生物能源：绪论

Carol L. Williams[1], Anju Dahiya[2,3], Pam Porter[4]

[1] 美国，威斯康星州，麦迪逊，威斯康星大学农学系；[2] 美国，佛蒙特州，伯灵顿，佛蒙特大学；[3] 美国，佛蒙特州，伯灵顿，GSR Solutions 公司；

[4] 美国，威斯康星州，麦迪逊，威斯康星大学麦迪逊分校环境资源中心

1.1 目　的

本章对生物能源及其相关问题进行了全面综述。所讨论的地区主要集中在北美（尤其是美国）。但是，除了政策相关内容外，其他绝大多数内容均适用于其他国家和地区。本章讨论的内容仅限于当下或不远的未来可用的能源产品和原料（如木头、作物资源、废弃物、牛粪、高级染料、藻类等），它们将成为不远将来的技术、政策和经济变化的重要动力。读者可以从本章了解到生物能源的范畴、生物质供应、影响和其他相关问题。

1.2 概　述

为适应不断增长的能源需求和环境保护的需要，世界各地对可再生能源越来越关注。因此，能源提供商开始寻求新技术和新能源以满足这些需要。生物质（当下的生物资源和动物废弃物）早已被利用，从历史早期只要有人类生活的地方，人们就用这些生物质来烹饪、取暖。如今，生物质为解决环境问题提供了有效方案，成为区域和全球经济发展的动力（Coleman 和 Stanturf，2006；Leinschmidt，2007）。

为满足生物能源需求，能源供应商必须确保在一定的价格水平上持续供应足够的、可靠的生物质，这样供应商经营才会盈利。随着人们的注意力集中到了资源利用的可持续性，生物质生产者（如农场主）必须协调低价水平下持续增长的需求压力与非市场价值的需求（例如，水土保持、水质保护、生物多样性改良等）之间的

5

关系。因此，这就需要某种方案，减轻经济发展与资源保护及土地资源竞争之间的矛盾。

为全面认识生物能源，必须弄清各种形式的生物能源，例如，生物质原料类型及其来源地，由生物质原料转化的辅助产品和副产品的类型。在学习本章结束后，读者应当可以回答以下问题：

生物能源的主要形式是什么，各用于什么目的？

生物能源发展的动力有哪些？

"生物质"和"原料"的区别是什么？

木质生物质和非木质生物质之间主要有哪些区别？

生物质的主要来源有哪些？

未来会有哪些生物质原料出现？

有哪些高级生物质源？

生物能源的社会和经济影响有哪些？

1.3 生物能源的定义

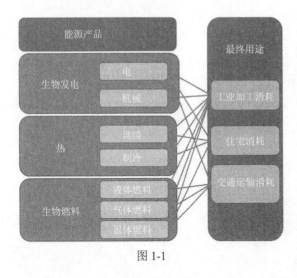

图 1-1

生物能源是来自当下活体生物材料（生物质）的可再生能源。化石能源的碳源，如煤炭和石油不属于生物能源的来源，因为这些物质是几万年前活体植物经历地质活动转化而成的。生物能源是可再生能源，因为包含在生物质中的能源是通过自然光合作用俘获的太阳能。只要所使用的生物质的量小于或等于可再生长的量，那就一定具有可再生的潜力。生物能源的形式包括：电、热、固体燃料、液体燃料、气体燃料。这些形式的生物能源可用于工业、住宅和商业（图 1-1）。

1.3.1 生物发电

生物发电就是用生物质燃烧生产电能。这种燃烧可以是单独燃烧，也可以是与煤炭、天然气或其他燃料混合燃烧（被称为共燃）。大多数生物发电厂是采用直接燃烧系统，即生物质原料在锅炉直接燃烧产生高压蒸汽驱动涡轮机，涡轮机与发电机直接相连发电。所产生的电能可被用于工业、住宅和商业（见图 1-1）。生物质燃烧产生的蒸汽还可被直接用作工业机械的动力（见图1-1）。生物发电的技术挑战包括原料的质量、锅炉化学物质、灰分沉积和灰分处置。不过，随着技术的发展，这些挑战已被一一克服。由于生物质含有一定量的水分，因此共燃锅炉的效率与单独燃烧100%石化燃料的效率略有降低（Prochow等，2009）。在煤电厂，生物质与煤共燃有助于提高能源的效用满足可再生能源的标准，有助于减少单独燃烧煤炭造成的污染。

1.3.2 生物燃料

生物燃料包括固体燃料、液体燃料和气体燃料。固体燃料主要是通过燃烧用于取暖。液体和气体燃料则用于交通和工业生产（见图1-1）。液体和气体生物燃料是通过下面所讨论的发酵、气化、热解和干燥等过程而产生的。生物乙醇和生物柴油是生物燃料的主要形态。产生于油脂、糖和淀粉（这些都源自食物）的生物燃料被称为第一代生物燃料。第一代生物燃料是通过已有的相对简单的技术生产的。生产第二代生物燃料（或被称为高级生物燃料）的技术尚在探索研制当中。第二代生物燃料或高级生物燃料是由非食品植物（如多年生草本植物和木本材料）或食品植物的非食用部分生产的。第三代生物燃料由藻类生产获得（Goh和Lee，2010；Lee和Lavoie，2013）。生物质原材料和转化技术将在下面做进一步讨论。

加热和冷却（即热能）可产生于生物发电和生物燃料转化过程产生的蒸汽和废弃的热量。热—电结合（也被称为热电联产）就是通过燃烧单一燃料（包括生物质）同时生产热量和电力。

生物能源的生产和利用是一种 CONTINUUM OF SCALE。其中一端就是生物质用于家庭的取暖和烹饪。在其中间是各种生产和分配安排及组织形式，包括 MIXED-SCALE OPERTIONS、合作社、基于社区的或小型的能源分配项目等。在生物能源生产/利用的另一端是大型能源生产企业，他们掌握着生物质生产和转化的工具以及生物能源产品生产输送的手段。在生物能源利用的这一端，企业可以利用规模经济获得大量生物质。这些生物质可以从自己所有的土地获得，或从租赁的土地获得，也可以从大规模的供应商那里获得，然后将生物质转化为生物能源，供给成千上万的消费者。不同规模的生物能源生产利用系统各有利弊。决策者必须权衡这些利弊，特别是有关公共支出与收益（Elghali等，2007）。

1.4 生物能源的发展及其动力

目前人们对生物能源的关注围绕着能源安全、能源独立性，并寻找经济增长和发展的机会。能源安全就是可以稳定获得可买得起的能源。能源独立性是国家或民

族对能源生产 / 供应的自给。下面我们讨论与这些问题相关的生物能源发展政策和动力。

1.4.1 政策

人们非常关注将乙醇作为汽车燃料，尽管乙醇在美国自 1908 年福特 T 型汽车就开始利用乙醇，在之后 20 世纪由于中东石油供应短缺以及人们对用铅作为汽油抗爆剂污染环境的关注，乙醇的使用不断增长。在美国，乙醇生产在联邦政府和州政府的乙醇税下调和强制使用高氧汽油的支持下得到快速发展。20 世纪 80 年代和 90 年代美国持续推动生物能源的发展，包括通过的"清洁空气法案修正案"（1990）（Waxman，1991），进一步促进了美国乙醇生产的发展。产油国的政治不稳定导致人们对能源独立性的极大关注。由于石油供应短缺导致股票价格波动，经济风险增大。在美国，今天的乙醇生产全部采用玉米粒发酵工艺生产第一代生物燃料（Baker 和 Zahniser，2006）。但是，生物能源发展主要集中在高级生物燃料和生物发电项目，以及对新一代生物质作物的培育。对此联邦政府和州政府两级政策支持也列入了议事日程。

乔治·布什总统在其"2006 年的国情咨文"中就描绘了其高级能源的蓝图，其中包括增加对生物燃料生产工艺的资金资助。在 2007 年初，他宣布了一个"10—20 计划"，即在 10 年内将汽油消耗减少 20%（Bush，2007）。国会 2007 年 12 月对此做出积极反应，通过了"可再生能源燃料标准"（RFS），作为 2007"能源独立与安全法案"（2007）的组成部分（AISA，2007）。"可再生能源燃料标准"要求到 2022 年年产生物燃料达到 360 亿加仑，并且要有高级生物燃料供应，为先进的生产技术铺平了道路。许多州政府都采取了这样的政策动议和计划。

2007 年，布什政府提出一个农业议案，包括资助新型可再生能源和能源效率的资金支出计划，主要由美国农业部支配，其中包括支持纤维素乙醇计划。2008 年，美国国会通过"农业议案"（2008），被命名为"食品、水土保持和能源法案"（2008）（FCEA，2008），立法强制为生物能源活动提供资金支持。这些以及类似的规定在今后的农业一案中将重新加以考虑。

1.4.2 政府研究项目

对生物能源产生影响的另一个因素是联邦政府支持或资助的研究计划、项目和研究任务。最令人瞩目的是由美国能源部（DOE）和农业部（USDA）管理或合作的项目。领导这些研究的是美国国家可再生能源实验室（NREL）、艾达荷国家实验室、圣地亚国家实验室、能源部的三个生物能源研究中心（橡树岭国家实验室及其合作者、大湖生物能源研究中心及其合作者、Lawrence Berkeley 国家实验室领导的联合生物能源研究所）。

美国能源部所属的能源效率与可再生能源办公室资助各种能源计划并领导着十多个研究计划，包括生物质研发与示范项目。美国农业部通过其下面的经济研究局和农业研究局也引入了生物能源研究项目，通过农场服务局管理着若干促进生物能源作物生产的重要项目，例如"生物质作物促进计划"。

1.4.3 市场惯性

尽管美国的农业与能源政策早已确定鼓励从像多年生草本植物资源中获取纤维素生物能源（AISA，2007），但是其发展非常迟缓，结果也就难以获得其潜在的多种效益。在美国，纤维素生物能源面临"蛋生鸡、鸡生蛋"的悖论：对生物质转化技术和基础设施的投资者在具有足够的生物质供应之前不愿意参与其中，而生物质生产者在具有重组的需求之前也不愿意投资生物能源新作物的生产。克服这种市场惯性可能需要新的干预（即非政府干预），减少企业生物能源开发和生物质供应不确定性带来的风险（McCormick 和 Kaberger，2007；Taylor，2013）。

1.5 原 料

生物能源的原料是源于生物质通过应用微生物活动、加热、化学反应或这些过程组合转化为能源的物质。生物质物质通常必须加工成可被直接用于转化为生物能源的状态。也就是说，生物质通常并非以可以直接转化成为能量的形式存在，必须进行某种形式的加工改变。但用于家庭燃烧的燃料木头是个例外。一旦加工完成，生物质就被认为是能量原料。

生物质的容积密度相对较低（McCkendry，2002）。容积密度是单位容积的生物质重量。生物质容积密度低就意味着与容积密度高的物质相比，其占用运输车辆的空间就大，这些运输工具通常具有较大的荷载，因而就意味着需要更多的运费。因此，生物质通常必须加工成运输时比较经济的形态。加工的第一步就是聚扎——将收获的生物质材料聚集成为容易搬运的单元，如捆扎（图1-2）。低容积密度也可理解为能源密度低，尤其是与像煤炭那样的能源相比。因此，生物质必须进行致密化处理。所谓致密化，就是应用压力和其他加工工艺使之成为

图1-2 生物质的捆扎以提高搬运效率

（资料来源：照片源于 Williams，2012）

紧实的压缩型原料（Tamuluru 等，2010）。增加能源密度可以提高能源转化效率因而可以降低与能源转化相关的成本（Stephen 等，2010）。丸状颗粒化——将其致密加工成丸状形颗粒——是提高生物质容积密度的常用方法（图 1-3）。

由于生物质必须由生产地点运送到加工转化地点，因此要经过加工和搬运等环节。每一个环节都会在其较低的起始价值基础上增加价值。这个加工的序列被称为供应链，有时称为价值链。由于容积密度低，生物质的能量密度也就低，所以最佳的转化设备的大小取决于生物质的运输成本，原料供应链 / 价值链越短，就越分散，也就更需要就地解决相关设施（Jack，2009；Searcy 等，2007）。

图 1-3　丸状颗粒化生物质。香蒲（*Typha* spp.）生物质粉碎后压制成高能量固体燃料

（资料来源：图片源于 Williams, 2013）

1.6 生物质材料和来源

有三种类型的生物质物质可以生产生物能源的原料：脂类、糖 / 淀粉和纤维素 / 木质纤维素（图 1-4）。脂类是富含能量、不溶于水的分子（如脂肪、油和蜡纸）。脂类是源于非木本植物和藻类的燃料原料来源。大豆（Glycine max），油椰子（*Elaeis guineensi* 和 *Elaeis oleifera*）和各种种子作物 [如向日葵（*Helianthus annus*）] 均是用来制取生物柴油最常用的油脂来源。糖和淀粉是碳水化合物，存在于食品作物的可食用部分，如玉米（*Zea mays*）籽粒，这是第一代生物燃料的来源。纤维素 / 木质纤维素生物质由更加复杂的碳水化合物和非碳水化合物组成，主要存在于植物的叶子和茎秆。纤维素 / 木质纤维素对人类没有或几乎没有食用价值。因此，高级生物燃料为利用低价值的生物质材料提供了机会，可用其生产高价值的能源产品（Clark 等，2006）。

有两大类可以制取纤维素 / 木质纤维素的植物：木本植物和非木本植物（参见

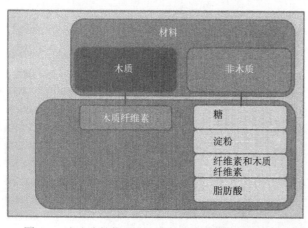

图 1-4　由木本植物和非木本植物产生的生物质类型

图 1-4）。除了纤维素外，许多植物还含有半纤维素和木质素。半纤维素是一种负载的碳水化合物大分子，可以帮助植物将纤维素纤维在细胞壁形成交联。木质素是一种非碳水化合物分子聚合物，可以填充纤维素和半纤维素之间的空隙。当纤维素、半纤维素和木质素一起出现时，他们被称为木质纤维素。半纤维素可以被分解为可发酵的糖，然后转化为乙醇和其他燃料。木质素很难转化为其他可利用形式，因此被认为是副产品。随着转化木质素的技术改进，其新的应用市场将会出现。

用于生物能源原料的主要来源有三个：林业、农业和废弃物（图 1-5）。藻类是生物能源原料的一种重要新来源。农用森林和非森林的转化土地，如草地和大草原是生物能源原料的潜在来源。森林提供木本物质（参见图 1-5）；农业和废弃物可以提供木本和非木本生物质原料用于生物能源生产（参见图 1-5）。这些来源中每种原料的可用程度、质量及其可获得问题都有其局限性。此外，这些原料来源的生物质还有其他用途，因而可能影响其价格和可获得性（Suntana 等，2009）。

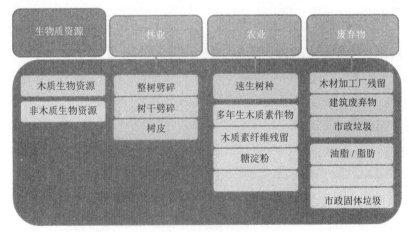

图 1-5　生物质来源

1.6.1 基于林木的生物质原料

来自于森林的木本生物质是生物能源的原始来源（Demirbas，2004）。它始终是全球范围内，特别是自给社会最重要的煮饭和取暖的重要燃料来源（Cooke，2008）。砍伐周期短（即生长至收获周期达数十年）的森林，不论是公共的还是私有的，均可为生物能源提供生物质（Hedenus 和 Azar，2009）。相反，用作生物能源的生物质是森林管理活动的辅助产品（即将有害的部分去除物用作燃料），而商业活动所需要的则是有较高值的材料，如可上市销售的木材。

一般来说，只有那些不能作为木材或纸浆来销售的木头才用于生物能源的生产。从森林去除的低等木头用于生物质能源的材料主要有两类：树皮和劈柴。树皮主要用于窑炉燃烧，或者以比较高的价格作为景观材料销售。尽管树皮具有较高的能源密度（与那些碎屑相比），但因其硅元素和钾元素含量较高而影响生物质原料的质量（Lehtikangas，2001）。片柴可用作固体燃料（用于燃烧），也可以加工成为颗粒状原料。

片柴来源主要有三种类型：碎枝、整树和树干（图 1-5）。碎枝来自废弃的木头（砍除的树枝、树桩）。由于圆木在锯前要脱去树皮，因此树枝通常比较清洁。整树木柴源于那些不能用于商业木材的森林树木以及那些为确保有商业价值的树株生长而间除的树株。整树木柴或者来源于砍伐价值低的整树，或者来源于圆木树冠的枝干。虽然绝大多数整树木柴源于森林管理活动，但有时也来源于清地或土地用途转换（如林地用于修路、修建停车场、建造楼房、休闲空地等）。被砍伐的树通常就地劈碎。劈柴多是用那些低等或纸浆木材来生产，多是来源于对森林的修剪。整树片柴和树干片柴的主要区别在于前者含有树叶和树枝。

1.6.2 基于农作物的生物质资源

农作物生物质资源包括糖、淀粉、脂类物质以及纤维素和木质纤维素（参见图 1-5）。基于农业的生物质资源一般来自专门种植的能源作物和其他农作物残留物。农业残留物包括作物收获可使用部分后剩余的非食用纤维素物质。能源作物包括一年生的农作物和多年生非食用草本植物，前者主要利用其中的糖、淀粉、油脂，后者主要利用其中的纤维素。

全球绝大多数第一代生物乙醇是由一年生的粮食作物生产的。一年生行播农作物当年种植当年收获，需要每年播种。甘蔗（Saccharum officinarum）和玉米，都是第一代生物乙醇的主要原料。禾谷类作物、甜菜（Beta vulgaris）、马铃薯（Solanum tuberosum）、高粱（Sorghum bicolor）和木薯（Manihot esculenta）也是生物乙醇的重要原料。在巴西，甘蔗是生物乙醇的主要原料，而在美国玉米籽粒是生物乙醇的主要原料。这两种原料所转化的生物乙醇占世界生物遗传总量的 62%（Kim 和 Dale，2004）。

用于生产第一代生物柴油物质的是脂类物质，其主要农作物原料物是一年生的大豆、棕榈和油菜（Brassica napus）。大豆是美国、欧洲、巴西和阿根廷生产生物柴油的主要原料，这些国家是生物柴油的重要生产国。棕榈是一种热带植物，是南亚地区国家（例如，马来西亚和印度尼西亚）生产生物柴油的主要原料，而油菜籽则是欧洲、加拿大、美国、澳大利亚、中国、印度生产生物柴油的主要农作物（Rossilo-Calle 等，2009）。目前正对一些非食用油作物用于第二代生物柴油生产的商业潜力进行测试评估，这些作物包括蓖麻（Rincinus communis）和山亚麻荠

（Camelina sativa）（Atabani 等，2012）。有关更多生物柴油原料及其生产技术，可参见 Salvi 和 Panwar（2012）的研究报道。

木质纤维素生物质用于生产第二代生物柴油，多年生作物是木质纤维素的主要资源。这些多年生植物是非粮食作物，因而备受关注。这些多年生作物既可提供多年持续的生物质产量，还可产生一年农作物所达不到的环境效益（Sanderson 和 Adler，2008）。这些多年生植物的生态效益包括可以成为野生动物栖息地、防治土壤侵蚀和提高水的利用效率（Glover 等，2010）。多年生作物可生活多个生长季，无须每年种植。多年生植物可分为草本植物和木本植物。特别是多年生禾草，如同速生树 [如杂交杨（Populus spp.）和杂交柳（Salix spp.）] 一样，在高级生物燃料生产中具有重要价值。不论是草本还是木本，多年生植物通常均以一定程度的农艺集约方式种植（如施用肥料和杀虫剂等），这也是为什么称之为作物的缘故。

政府和学术机构的研究人员已经对各种多年生种草本植物作为高级生物燃料的生物质原料进行了筛选评估（Lewandoski 等，2003）。在北美，柳枝稷已被作为第二代生物燃料原料进行了深入研究（Lewandoski 等，2003；McLaughlin 和 Kszos，2005；Wright 和 Turhollow，2010）；而在欧洲对细叶芒进行了广泛研究（例如，Christian 等，2008）。我们在下面详细讨论这两种能源作物。

柳枝稷是 C4 植物，是美国东部三分之二各种高禾草草原生态的重要组成（Parrish 和 Fike，2005）。自欧洲移民来到美洲，这种牧草就被用于反刍动物放牧，并经过长期作为牧草有意识地加以改良。现在柳枝稷已被作为能源植物加以研究（Wright 和 Turhollow，2010）。柳枝稷作为牧草和作为能源研究，均以单物种草地形式种植（即单作），尽管多种作物混作的效益会更高。多种作物混作系多种不同功能作物（如禾草、阔叶草、豆科植物等）的混合种植（Tilman 等，2006）。对多种作物混作的生物质的产量、野生动物栖息和环境效益的研究比单作受到更多关注（Sanderson 和 Adler，2008；Tilman 等，2006，2009）。柳枝稷有很多品种或品系，每一种对当地的生态特征（如土壤、日照长度）和矿质肥料具有不同的反应（Casler 等，2007；Fike 等，2006；Virgilio 等，2007）。品种或品系的选择取决于当地的生态特征，即这些品种种在什么地方，采取什么样的管理方式。柳枝稷的单作管理与混作管理大不相同。在混作中，柳枝稷只是其中的一个组成部分。不论是单作还是混作，柳枝稷都是每年收获一次或两次，这取决于种植的地点。有报道表明，柳枝稷的产量因品种、种植地点、施肥等因素不同而异，一般产量水平在 5.3—21.3 Mg DM/ha/ 年之间（Fike 等，2006；Lemus 等，2002；Lewandoski 等，2003）。

细叶芒属起源于东南亚的热带和亚热带地区。作为能源植物，因其高产和广泛的气候适应性而备受关注（Lewandoski 等，2000）。细叶芒 × 巨芒（以下称杂交细叶芒）是芭茅（Miscanthus sinensis）和荻（Miscanthus sacchariflorus）的杂种，是欧洲生物能源植物研究、开发和生产的先驱植物（Lewandoski 等，2003），如今在美国也受到极大关注（如 Heaton 等，2004，2008）。细叶芒杂种是雄性不育杂种，不能产生种子，因而只能用根茎无性繁殖。通常通过手工或通过机械对根茎或根茎节段进行单作（Lewandoski 等，2000）。因此，细叶芒植株是克隆单作（即遗传上完全相同的植株）。根茎种植在苗床上育苗，然后用机械收获再种到本田进行生物质生产（Lewandoski 等，2000）。冬天植株被冻死是细叶芒生产的主要问题（Heaton 等，2010；Lewandoski 等，2000）。杂交细叶芒一般每年在老熟后收获一次（Lewandoski 等，2000），其生物质产量因种植地点、灌溉与否、收货时间不同而异，报告产量在 7—21.3Mg DM/ha/ 年之间（Lewandoski 等，2000；Price 等，2004）。如果希望对杂交细叶芒的品种改良、农艺特征和生物质有更多了解，可参见 Lewandoski 等（2000）和 Jones & Walsh（2001）的研究报道。

作物残留也是重要的纤维素来源（图 1-4），包括农田收获后作物残体。例如，茎秆、叶子、脱粒后的玉米轴，均可用作纤维素乙醇生产。这些残体的利用限制了生物燃料对粮食安全带来的影响（Kim 和 Dale，2004）。全球植物残体数量估计在 38 亿 Mg / 年。但是，其利用程度因国家和地区不同而异，这种差异是因气候和土壤不同所致。气候和土壤可以影响特定植物的生长适应性。例如，水稻茎秆适合在亚洲，而美国、墨西哥和欧洲适合玉米秸秆（Kim 和 Dale，2004）。不同作物秸秆的潜在可用数量也各不相同（Lal，2005；参见下面的讨论）。植物残体用于生物能源一定要认真规划和管理，因为植物残体对土壤侵蚀控制和土壤质量维护具有重要作用，有的还可用作饲料、饲草等（Lal，2005）。

1.6.3 基于废弃物为基础的生物能源原料

基于废弃物的生物质包括工业加工剩下的物质、农业液体和固体废弃物（如牛粪）、市政废弃物和建筑废弃物（参见图 1-5）。许多工业加工和制造工艺产生的废弃物或辅助产品可以被用作生物能源。非木质的资源主要包括废纸、纸张和纺织品生产剩下的液体等。木质废弃物主要包括木柴片、锯末、刨花、家具生产残留物、复合木制品（含有树脂、粘结剂和填充物）等。这些废弃物的能源转化技术与原始木材完全一样（Antizar-Ladislao 和 Turrion-Gomez，2008）。

农业废弃物包括农业加工副产品和牲畜粪便，前者如动物加工、谷物加工、淀粉生产、糖生产产生的可被用作生物能源的副产品。例如，在糖生产中甘蔗和高粱压榨剩下的渣滓（纤维物质），有时就被用作糖厂的热源燃料，但是这些渣滓还可被转化成生物乙醇（Botha 和 Blottnitz，2006）。动物加工可产生大量的羽毛、骨头和其他物质。这些动物加工的副产品都是潜在的疾病传播源，对公共卫生和动物健康构成威胁（例如疯牛病），必须严格按照程序消除其传播疾病的危险。因此，这些动物副产品通常通过厌氧消解用作生物质原料。这种厌氧消解可以杀死潜在的病源，生产生物燃气（即甲烷）。生物燃气可以作为丙烷、煤油和薪柴的替代品用于供暖或发电，还可以压缩成为液体用作汽车燃料。

牛粪可以用作农田肥料，但是牛粪作为肥料使用受到严格管制，其丢弃对农场盈利构成挑战。在某些情况下，牛粪因田间冻结而不能直接施用到大田，或者牛粪的量远远超过田间可以消纳的数量，给附近水源带来污染威胁。因此，利用牛粪作为生物能源的原料为变弊为利带来机遇。牲畜粪便可通过厌氧消解转化成为生物燃气。

市政固体废弃物是生物质的主要来源。市政废弃物也成为垃圾或城市固体废弃物，是主要的家庭生活废弃物。市政固体废弃物生物可降解废弃物（如厨房食物废弃物、食品包装等）、衣物和玩具、可回收物质（如废纸、塑料、金属）、家用电器和家具、残渣等等。绝大多数市政废弃物直接送到填埋场填埋，但有些地方用来焚烧发电。有些不能焚烧的可以通过气化转化为合成燃气。合成燃气可与煤在锅炉共燃发电。

建筑废弃物由木头、塑料和金属残片组成。尽管金属和塑料也可被用来燃烧发电，但主要是木质废弃物用作生物能源的原料。不同地点的建筑废弃物构成有很大差异。尽管作为木质纤维素材料，木质建筑废弃物可以被转化成为生物燃料，但目前建筑废弃物的主要转化技术是燃烧供热、供蒸汽和生物发电（Antizar-Ladislao 和 Turrion-Gomez，2008）。

1.6.4 农林生物质原料

农林间作是农场多年生的非食用植物和食用作物的一种结合，这就是所谓间作，即在树林或灌木林之间种植农作物（Garret 等，2009；Headlee 等，2013）。同样，速生林植物也可在一个多样化经营的农场企业进行单作（Dickmann，2006）。如果不考虑生产系统，农林系统是一种用于第二代生物燃料生产的木质纤维素原料。速生树种（SRWC）通常生长十五年就会被收获，但因品种不同而异，最短的三年即可砍伐收获（Volk 等，2004）。就全球来看，桉树是最广泛种植的树种，而一些硬木树种主要在温带地区种植（Rockwood 等，2008）。短期速生树种包括杂交杨（Populus spp.）、杂交柳（Salix spp.）、枫树（Acer spp.）。绝大多数速生树种不耐荫，适宜在开阔的农场种植。许多温带速生树种具有很强的萌生能力（收获后从木桩萌生发芽）。因此可以在较短的时间内收获萌生枝桠作为生物质。

麻风树（Jatropha curcas）是一种重要的生物燃油植物，是农林间作系统中重要的含油植物（Achten 等，2007）。麻风树原产墨西哥，中美洲和部分南美洲国家，抗旱、易繁殖、适应性广（可以在各种土壤上很好地生长）。麻风树含有非食用油，对人畜有毒。用麻风树生产生物柴油还产生粕饼、籽壳等各种副产品。这使得麻风树成为备受关注的生物燃油植物（Manurung 等，2009）。生物冶炼一般将能源转化过程结合在一起，以使全株植物都被用于能源、化学品和其他有价值的附加产品。

1.6.5 来自保留地的生物质

图 1-6　威斯康星州用于生境管理的公共保护地上收获的草原生物质

（资料来源：照片引自 Williams, 2012）

为了避免同主要农地的食物和饲草生产争地，美国政府当局和研究人员正在考虑从保留地定期收获生物质的利弊，例如，为保护土壤、水质、野生动物、狩猎区在农地旁留出景观地或其他非农用地等（Adler 等，2009；Fargione 等，2009；Rosh 等，2009）。保留地（不管是私有还是公有）一般都要求进行管理，或要求保留植被或其他保护目标。收获保留地的植物可能是一种有效的生境管理办法（图 1-6）。源于生境管理的生物质可以用于各种生物能转化。因此土地经营者可以用这些定期收获管理来抵消其管理成本，但去除地上的生物质，其长期影响（如营养损失、土壤板结等）目前尚不清楚。因此，收获生物质对这些为野生动物保留的栖息地和其他管理目标留下的保护地的影响需要进一步深入观察。

1.6.6 由海藻制取高级燃油

满足生物能源需要面临的挑战包括生产基于植物生物质原料的对土地、水资源和其他资源的竞争（Dale 等，2011）。海藻作为生物质原料为我们提供了一种备受关注的可替代选择（DoE, 2010）。海藻不与食物、土地和水资源发生竞争。据估计，海藻燃料是其他生物燃料资源的 100 倍以上。海藻燃料有两个突出特点：燃点低、能量密度高，因而可以作为喷气飞机燃油、家庭取暖燃油，以及高寒地区一般交通用燃油。此外，海藻可以确保连续供应，可以俘获生产生物质时的二氧化碳废气，可以防止农场养分径流，还可以处理废水。

美国国家可再生能源实验室（NREL）水生生物研究项目（1978—1996）对由

海藻生产生物燃料进行了研究（Sheehan 等，1998），但是尚未找到有成本效益的技术。有关用于生物燃料的微藻培养的综述文章可参见美国能源部有关生物质的出版物《美国国家藻类生物燃料技术路线图》（National Algal Biofuels Technology Roadmap）（DoE，2010），这为克服把海藻转化为经济可行、环保无污染的生物燃料面临的挑战奠定了基础。这项工作投入了科学家、工程师、实业家、研究人员和投资人共计 200 多名。

用海藻进行生物燃料生产的最大障碍和基于海藻生产新型生物燃料生产的经济问题是用于生物燃料的海藻生物质开发生产（Dahiya 等，2012）。不过，这些障碍目前因耐油海藻株系的出现得到缓解，这种耐油海藻株系可以在有菌的环境下（如奶牛场的牛粪废弃物）以及其他木质素纤维物质（如植物残体、玉米轴、秸秆、动物粪便、食品加工废水、糖浆、甘蔗渣、木柴 / 树皮、干草等）上面很好地

生长（Dahiya 等，2012），从而可以有效地利用低成本碳氮磷营养源。绝大多数无菌光生物反应器比露天水塘海藻生物质产量要多得多（图1-7）。但是，许多前期的研究（Huntley 和 Redalje，2007；Chisti，2007；Schenk 等，2008；DoE，2010）指出，大规模无菌反应器成本效益低，因其要进行大规模基础设施研发；而经济的方案可能是露天有菌水塘，后者则需要考虑污染问题。

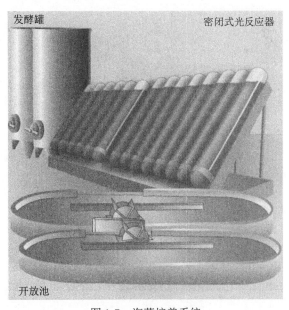

图 1-7　海藻培养系统

微藻和大藻正作为第三代生物燃料的经济可行的生物质原料被开发利用。生产海藻的低成本原料，如二氧化碳、含有营养的废水、来自木质纤维素废弃物的低成本碳源（玉米轴、甘蔗渣、禾草等），以及成本效益高的商业化生产系统是开发高级生物燃料的决定性因素。

1.7　生物质供应及可用性

2005 年，美国农业部和能源部联合发布了一个关于生物质原料供应满足可再生能源目标的可行性报告，这个目标是生物质研发技术顾问委员会提出的。生物质研发技术顾问委员会是美国国会为指导未来联邦资助生物质研发成立的一个专家

组。该报告题为"作为生物能源和生物制品产业原料的生物质：每年十亿吨供应的可行性研究"（Perlack 等，2005）。报告指出，到 2030 年，美国有能满足用生物燃料替代 30% 的石油消耗的土地资源来生产生物质。此外，这个 10 亿吨的研究报告得出结论认为，每年所需要的 10 亿干吨生物质原料要引发美国陆地林地使用和管理操作发生"适度改变"。2011 年，对这个"10 亿吨研究报告"进行了更新，其中考虑到了隐含的消耗变化（包括经济限制因素）和分析方法的变化。这个"10 亿吨更新研究报告"继承和支持 2005 年的报告，但对特别资源的数量进行了修正（Downing 等，2011）。其中，林木和作物残体的量比 2005 年的报告估值要少，但是能源作物的潜力比 2005 年的报告估值要高。这个"10 亿吨更新报告"得出结论认为，到 2030 年，生物质资源可以从当时的 4.73 亿干吨[1]增加到约 11 亿干吨，足以替代目前 30% 的石油消耗量。一些个别州进行了类似的研究，并决定对其资源进行创新（Willyard 和 Tilkasky，2006）。

2006 年，美国圣地亚国家实验室和通用汽车公司研发中心联合进行了一项生物系统分析，以评估美国大规模生产生物燃料的可行性、驱动因素和对经济社会的影响。分析结果得出了一个"900 亿加仑生物燃料开发研究报告"（Sandia National Labs，2009）。根据这个报告，每年可以生产和销售 900 亿加仑生物质衍生乙醇，其中，150 亿是玉米籽乙醇，其余是纤维素乙醇。每年生产 450 亿加仑纤维素乙醇需要 4.8 亿吨生物质，其中 2.15 亿吨来自多年生能源植物。生产这些多年生能源植物需要 4800 英亩土地，这些土地来自荒地、草原或非放牧林地。

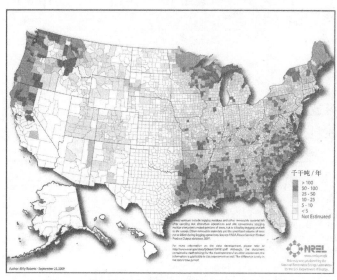

图 1-8　美国用于生物能源生产的林木残体分布图
（资料来源：美国国家可再生能源实验室）

美国林木残体供应最多的地方是西北地区、东北地区以及南方密西西比河以南沿岸州（图 1-8）。作物残体主要是玉米带供应，包括密西西比河流域中游沿河的县域地区（图 1-9）。多年生植物生物质原料一般因气候、土壤和农艺因素不同分布于全国各地。根据橡树岭国家实验室的报道，杂交杨除了南方外适于美国各地栽植，而南方适合硬木林生长。

1　原文为 4730 亿吨，明显为笔误。——译校注

在美国，最适合柳枝稷和草芦生长的地方位于大平原各州、德克萨斯州、玉米带各州以及中西部地区。最适于细叶芒和其他热带禾草生长的地区是南方各州。根据美国国家能源实验室的研究，这些县供应生物质最大潜力每年可生产500000吨以上。这些县具有很多林木残体、木材、纸张加工废弃物和城市建筑

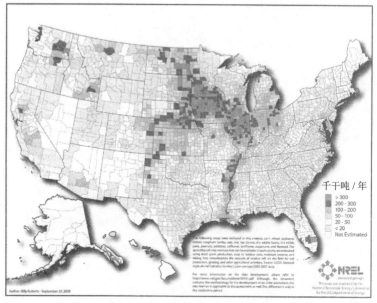

图1-9　美国用于生物能源生产的作物残体分布图
（资料来源：国家可再生能源实验室）

废垃圾。具有高产量作物残体的县也在生物质高产供应地之列，每年可生产生物质在 250000 — 500000 吨。

1.8 生物能量转化技术：概述

为了充分利用可用的生物质，必须利用技术手段，或者直接释放其中的能量，或者通过燃烧化为热量，或转化为其他形式的能量，如固体、气体和液体生物燃料。目前可以利用的转化技术主要有三种：热转化、化学转化和生物化学能转化（图1-10）。这些技术还可以组合应用。正如各自的名称所包含的意义，热转化过程主要是利用热量将生物质转化为其他形式。热转化包括燃烧、热解、干燥和气化。热解就是在高温和无氧条件下分解生物质。干燥是在低温下进行热解。气化是利用热量和不同浓度的氧将固体生物质转化成为各种气体。化学转化是利用化学试剂将生物质转化成为液体燃料。生物化学转化是利用细菌酶或其他微生物酶，通过有氧消化、发酵或者堆肥等将生物质分解。尽管现有的这些技术均可应用（有的需要继续开发），但有些成本效益不高，特别是对于大规模转化纤维素生物质尤其如此（Committee on America's Energy Future，2009）。

对木质纤维素生物质原料转化，必须进行预处理。通过预处理，将可发酵的物质中的纤维素和半纤维素分解为糖和分离态木质素以及其他植物成分。预处理技术包括物理方法、化学方法、生物学方法和综合方法。采用哪种方法取决于原料的性质。

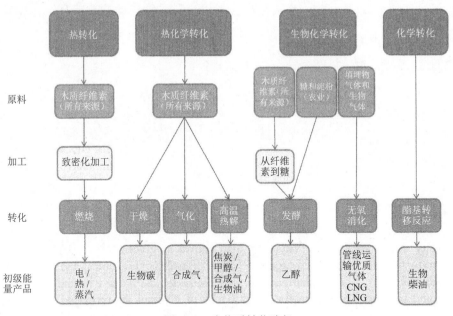

图 1-10　生物质转化路径

物理预处理方法包括 γ - 射线辐照；化学预处理方法包括利用酸、碱和离子液体进行处理；生物预处理包括利用微生物降解木质素和半纤维素（Zheng 等，2009）。有关预处理技术和生物能量作物的农艺品质的相关信息可参见 Coulman 等（2013）和 Sticken (2006) 的报道。

1.9　生物质转化的辅产品和副产品

生物能量生产一般会产生非能量态辅产品（即具有经济价值的产品）和副产品（即尚无经济价值的产品）。所有转化路径都可产生辅产品和副产品，但这里只讨论辅产品，包括酒糟、甘蔗渣、甘油和生物碳等。

玉米粒乙醇主要的辅产品是蒸馏过程中产生的谷物辅产品，最主要的是干酒糟（DDG）和湿酒糟（WDG）。干酒糟和湿酒糟均可用作动物（特别是牛）的饲料，但干酒糟的运输成本低于湿酒糟。绝大多数干酒糟和湿酒糟均用于奶牛场和饲育场。有关干酒糟和湿酒糟用作牛饲料的信息可参见 Schingoeh 等 （2009）的研究。

甘蔗渣是糖用甘蔗和能源用甘蔗榨碎并被提取汁液后剩余的纤维物质。甘蔗渣可以直接用作原料（即直接在生物发电厂燃烧发电），也可被用于纤维素生物燃料生产。甘蔗渣有时主要用作糖厂的热源和发电的燃料。甘油是生物柴油生产主要的辅产品。甘油是油脂和脂肪酰基转移反应产生的一种液体辅产品。甘油的用途很广，包括药用、化妆品，以及在食品加工业中的甜品剂、乳化剂、溶解剂等。美国每年大约生产 950000 吨甘油。然而，由于生物柴油生产的发展，甘油的产量远超过市场需求，因此有大量甘油过剩（Pinki 等，2010）。

气化和热解的主要辅产品是生物焦炭（或焦黑炭）。生物焦炭是一种木炭，经常用作肥料或土壤改良剂。生物碳产生数量因热转化温度不同而异，温度较低时生产的生物碳较多。利用生物炭可以螯合土壤中的碳。目前这一技术受到科学家的极大关注（Laird，2008）。

生物能源生产通常产生三种主要废弃物：飞灰（由燃烧产生）、废水（由厌氧消化和发酵产生）、废气（由燃烧、气化和热解产生）。这里只讨论飞灰和废水。

飞灰是固体燃料燃烧产生的极细的颗粒物，或者进入大气，或者落到燃烧炉 / 锅炉的底部。飞灰的主要成分是矽土，是一种空气污染物，对人身健康非常有害，受到美国环境保护署的管制。美国环境保护署发布了细土的收集和去除的具体指标。在美国，产生的飞灰回收不到二分之一，通常是作为硅酸盐水泥添加剂（Berry 和 Malhotra，1980）。

废水是第一代生物乙醇和生物柴油生产中面临的主要挑战。玉米谷粒被粉碎，然后与水混合进行发酵生产生物乙醇。发酵后，通过蒸馏将水从乙醇中脱除。水中含有蛋白质、糖、酶以及死亡的酵母细胞。在生物柴油生产中，水被用来将其中的甲醇和甘油等杂质去除。生物乙醇和生物柴油在被再利用或被释放到附近的地表水之前必须进行处理。生物燃料的主要处理办法是生物消化（即厌氧消化）。

1.10 生物能源对社会、经济和环境的影响

生物能源有利有弊，规划人员、政策制定者和决策者通常特别关注其对社区、经济和环境的影响。

1.10.1 对社区的影响

在美国全国农村地区，社区的领导者正在重新考虑经济活动的传统驱动因素，以寻找可持续、多样化和环境友好的办法。生物能源和可再生能源是社区经济发展的可行的选择。这些社区可以种植生物能源作物和发展能源产业，从而将这些能源作物加工成为燃料或用于发电。发展生物能源产业可能非常适于当地经济发展（只要有合适的投资人）。由于运输能源作物或加大成本支出，这使得在当地进行加工非常必要。因此经济活动和经济效益可以留在当地，尽管其净效益未必确保能够消除对社区生活和福利造成的负效应，如增加卡车和 / 或火车运输（由此带来噪音、空气质量下降和交通安全问题），以及由生物质转化设备产生的气味、噪音等（Bain，2011；Selfa 等，2011）。经济效益还必须考虑抵消水和其他资源的供应影响。每

个社区的情况各不相同，当地围绕能源作物、加工设备和市场的决策将会决定其经济效益，而州政府和联邦政府的政策可以提供激励或其他影响。

1.10.2 粮食安全

在发展生物能源引发的影响中，最受人关注的是粮食安全，或者说是否会因为发展生物能源导致粮食缺乏。这些关注在很大程度上源于 2008 年年中的粮食危机，当时粮食异常涨价，造成一些国家粮食供应短缺（Nonhebel，2012）。很多批评很快对准了生物能源，认为发展生物能源是导致粮食危机的主要原因，但是数年之后导致那场危机的原因依然悬而未决、争论不休。许多分析家得出结论认为，全球商品供应和贸易的密切联系、价格投机，以及一些其他因素产生了与生物质生产同样或更大的作用（Godfray 等，2010；Mital，2009；Mueller 等，2011）。然而，在世界经济全球化不断加快的进程中，生物能源也同样逃脱不开农业商品作物价格 / 供应复杂网络的波动。因此，生物能源的可持续性分析成为了解决世界粮食、能源供应和环境保护并举的多措之一（Groom 等，2008；Reijnders，2006；Tilma 等，2009）。更多关于粮食安全和生物能源挑战的问题可参见相关报道（Bryngelsson 和 Lindgren，2013；Foley 等，2011；Tilma 等，2009）。

1.10.3 生态环境影响

生物能源对生态系统（及其物种）和地球物理系统（如水和气候）具有正、负两方面的影响。其净影响可能是正，也可能是负，这取决于特定的系统或项目。特殊影响和净影响取决于生物质原料的类型、生物质生产系统、能源转化技术、运输 / 分销系统、辅产品和副产品是利用还是丢弃等。下面简要概述生物能源的主要生态和环境影响，包括土地利用和土地利用变化、温室气体排放、野生动物和生物多样性、侵入植物和转基因植物、边缘土地、水资源的数量和质量。

1.10.4 土地利用和土地利用变化

土地利用决策受多种因素影响，包括公共政策、农林商品价格、石油价格等（图 1-11）。特定土地利用模式的营利性、土地交替利用的非经济盈利与土地利用相关的机会成本也会影响决策。选择生产生物能源原料的决策者必须考虑土地利用和土地利用的变化。土地利用是以经济效益为目的的土地资源管理，包括耕作、养护、收获等活动和保护操作等。土地利用变化（LUC）包括原始生态系统转化为农业生态系统（即土地植被发生了变化）、农作生态系统转化为其他生态系统（或从林业生态系统转化为其他生态系统）（Walsh 等，2003）。与生物能源颜料生产有关的土地利用和土地利用变化会直接或间接增加或减少原生态系统和人工生态系统的非经济形态的效益。原生态系统和人工生态系统对人畜会产生更多效益。水和养分循环就是生态系统产生的两种效益，只是目前尚没有市场价值而已。

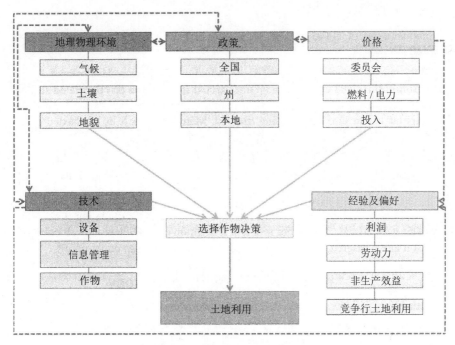

图 1-11　影响土地利用决策的各种因素及其相互作用

（资料来源：照片源自 Williams, 2011）

1.10.5 温室气体与气候变化

温室气体（GHG）是大气中吸收热辐射排放的气体，这一过程被称为温室气体效应——其机制是太阳能辐射被俘获，地球被加热到支持生命需要的程度。主要的温室气体包括水蒸气、二氧化碳、甲烷、二氧化氮和臭氧。这些气体在大气中的丰度和热效应各不相同。全球气候变化科学研究表明，随着温室气体水平的升高，全球气候变暖趋势明显。

气候变化研究人员发现，发电厂、工业生产和交通运输是温室气体排放的三大贡献者。这些贡献主要来自化石燃料，特别是煤炭、天然气和石油，它们将曾经储存在这些非再生能源中的碳以二氧化碳的形式释放到大气当中，因此强化了温室效应。生物能源能够通过用等量的碳素储存于土壤、植物、动物组织和其他材料（如海床）等来平衡生物能源产品释放的碳素，实现碳中和。也就是说，生物能源是全球碳循环中的组成部分——植物吸收大气中的二氧化碳，然后转化成为植物组织（即螯合碳元素）；当植物生物质直接燃烧或被转化成燃油再利用（即碳排放）释放到大气中，然后又被植物吸收（即螯合作用）。但是，如果对整个生命循环进行考察评估，生物能源可能是碳中性，也可能不是。生物能源与其他温室气体（如甲烷、二氧化氮等）的碳中性也备受质疑。评价生物能源作物碳中性最为重要的是土地利用的变化和生物质原料生产系统。

1.10.6 野生动物与生物多样性

由于生物能源作物可以提供给野生动物栖息地并促进生物多样性，因此环境主义者和政府领导人通常会大力推进生物能源作物和生物质作物。若干重要的研究提供了第一代生物燃料对野生动物和生物多样性的负效应（Brooke 等，2009；Meehan 等，2010）；而其他一些研究提供的证据表明，生物发电和第二代生物燃料对野生动物和生物多样性是正效应（如 Robertson 等，2008）。但是，目前缺少生物能源生产的环境指标方面的政策，也缺少对为保护野生动物栖息地和生物多样性保护采取措施的土地所有者和农场主的补偿机制。最为显著的是，土地转化可以减少原生态栖息地，进而减少生物多样性，降低生态系统的功能（Fargione 等，2010）。关键的问题是野生动物栖息地的丧失，被不断扩大的玉米和大豆种植面积所分割和碎片化；保护地项目的保留地丧失；持续在与传统管理的行播作物使用杀虫剂对环境造成的不良影响；多年生作物和森林适时收获；对农业径流相关的水质量的影响，等等（图 1-12）。

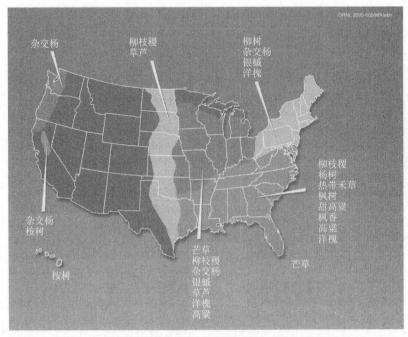

图 1-12　美国用于生物能源生产的多年生能源植物的分部
（资料来源：橡树岭国家实验室）

1.10.7 外来侵入植物和转基因植物

由于外来植物的生物质性状比较适于作为生物能源，外来侵入植物用于生物质生产越来越受到关注（Raghu 等，2006）。由于入侵植物种对环境生态的负效应，自然生态系统生产力及其产生的功能丧失，导致经济成本增加和对入侵植物控制成本增加（Pimentel 等，2005）。野生动物和生物多样性公共管理人员和分政府组织对外来植物侵入性问题特别关注（Smith 等，2013）。例如，暖季禾草单作对于野生动物栖息地价值不大（Fargione 等，2009；Hartman 等，2011）。遗传污染也备受人们关注。尽管柳枝稷是北美原生物种，但是许多柳枝稷生态型和改良种植资源被引入新地点种植；结果与当地的生态型发生异花授粉，对当地生物多样性造成侵蚀（Kwit 和 Stewart，2012）。转基因植物的应用，特别是农林生态系统的速生树种同样受到生态系统和野生动物的公共管理人员的关注（Hinchee 等，2009）。这些挑战不可能迎刃而解，许多决策者必须设法平衡生物燃料的效益与生物质生产带来的已知或潜在的风险。有关入侵植物和生物燃料方面进一步的信息可参考相关的研究报告（Gordon 等，2011；Smith 等，2013）。

1.11 可持续性问题

讨论生物能源可持续性相关挑战的复杂性不是本节的任务，这一节只是提供可持续性广义概念及其重要性。下面简要讨论可持续性面临的主要挑战，包括产量差、农民面临的风险和知识、边缘土地、水资源质量和数量、农村发展和社会公平等。

1.11.1 可持续性的定义

可持续性有多种定义，每一种都支持各种原理和概念。但是，最基本的定义可以表述为一系列目标及其支持这些目标的实践／行为。作为目标，可持续性表示我们所希望的现在和未来的环境条件和人类福祉（这种福祉是同环境相互作用的结果）。作为实践和行为，可持续性可表述为人类支持和加强环境及人类福祉的行动。可持续性非常重要，因为今天的选择和行动会影响到未来的一切。今天良好的决策可以防止未来出现不希望的后果。

生物能源通常被认为是改善环境条件和人类生活的重要手段（Domac 等，2005；Faaij 和 Domac，2006；Tilman 等，2009）。但是，人们对生物能源对环境和人类社会的影响的了解还远远不够。生物能源的可持续性最终取决于我们所确定的目标，何时、何地由谁确定这些目标，人们愿意并能够采取什么样的行动来支持实现这些目标，科学技术能在多大程度上帮助人类提高对生物能源和可持续性目标各种联系的认识。同时，政府、国际机构和非政府组织在不同层面发布的白皮书、工作指南也极大促进了生物生产的可持续性时间（Hull 等，2011；UNEP，2009；RSB，2011）。

1.11.2 产量差

为了满足粮食、饲料、纤维和能源植物生产土地利用的需要，许多专家认为，必须大幅提高作物产量。尽管人们认为，农林残留物和废物资源可以满足当前和未来一个时期生物能源的需要，但是否能同时满足人类食物和动物饲料的需要，科学界尚未达成共识。生物质的产量潜力受到植物遗传和其所生长环境（特别是太阳辐射、温度和水供应）的制约。

作物的环境和遗传产量上限（即潜力）远超过其现实平均产量（现在农民种植的实际平均产量）。产量差（现实平均产量与产量潜力之间的差值）源于环境压力（例如，水分供应不足）和管理（如播种期、耕作方法、害虫防治等）。目前缩小产量差距的努力主要集中在缩小平均产量和通过管理和技术改进（如解决像水分、养分等产量限制因素）能够达到的产量之间的差距；并（利用作物育种和生物技术方法）克服植物性状的限制，改良植物对环境压力的抗性。生物技术被认为对改良生物能源作物具有重要作用（包括一年生作物、多年生作物和木质非林生物质资源，如杨树等）。有关产量潜力和产量差的更多信息，可参见相关报道（Foley 等，2011；Lobell 等，2009）。

1.11.3 农业知识和风险

生物能源原料生产也隐含着风险。由于季节天气的不确定性（如洪水、干旱、冰雹等）、产量的波动（即不同年份之间的产量变化）、价格波动，因此通过农业生产生物质可能比基于林业生产生物质存在更多风险。如何将这些风险降到最小或消除这些风险，直接关系到农场盈利与否。美国农业部风险管理确定了农业生产的物种主要风险：生产风险、市场风险、金融风险、法律风险和人力资源风险（ERS，2013）。通过农业生产生物质作物在上述环节中均面临严峻挑战。风险管理的传统策略包括农作物保险、税入保险、生产合同和技术投资。这些策略不适于以纤维素生物能源为目标的农业生产。

对于生物质生产者而言，知识或许是多年生作物生产风险管控最有效的手段。不过有关作物品种、作物适应性、农艺措施及其相关的技术、预加工增值均不十分明确，而且也未得到广泛普及。也就是说，农民关于第二代生物能源作为种植的农艺管理和金融管理知识还非常有限。

1.11.4 边际土地

关于耕地生产力的边际效应的定义具有多种，但一般认为，边际土地是指这样的土地：这些土地具有一种或多种不利于作物生产的特性，像陡坡、土壤层薄、水分含量过多、干旱等，农业利用时对盈利具有负面作用。因此，边际土地通常价值很低（即每英亩的租价或税收很低）。在边际土地上进行粮食作物生产总被认为与土地退化和生产力下降有关（Pimentel，1991）。对于农民来说，多年生作物被视为资源保护和增加收入的潜在资源。

曾经有人建议，边际土地可被专门用于生物能源生物质生产，不仅可以满足可再生能源的目标，而且还可以作为避免土地利用中与粮食安全保障的矛盾的潜在手段（Achten 等，2012；Campell 等，2008）。例如，"美国 2007 农业普查"确定，美国有熟荒地、种植作物待改良土壤和休耕地约 1200 万公顷，这些都是可用于生物能源生物质生产潜在的土地（COA，2009）。将现在种植粮食作物（即行播作物）生产的陡坡、湿地转化成为集约化程度低的生物能源作物（如具有丰富多样性和低投入的多年生间作），被认为具有产生更多生态系统的潜力（Tilman 等，2009）。但是，一些研究人员警告，将边际土地，特别是那些留置计划土地（即现在的熟荒地或者种植多年生植物的土地），转化为集约化程度较高的生物能源作物生产系统可能会导致土地的永久退化、温室气体的净增加和粮食安全问题（Bryngelsson 和 Lindgren，2013；Zenone 等，2013）。现在需要政府、学术界和私营企业部类的共同研究，评估为满足将来生物能源的需要，是否以及在多大程度上依赖边际土地，而政策制定者和其他决策者应当解决为满足未来生物能源需要，是否以及在多大程度上依赖边际土地的问题。

1.11.5 水供应的量与质

生物能源生产可以通过生物质生产和生物质转化过程中的中水利用影响水分供应。源于生物发电中生物燃料燃烧的空气污染物排放也对水的质量具有潜在影响（主要是通过降水来实施影响）。许多生物能源原料生产在商业种植情况下需水较多。在降水充沛的地区，可能接近潜在产量水平。但是，在缺少降水的地区，要使产量达到具有商业价值的产量水平，必须进行灌溉（Service，2009）。

灌溉有可能降低地下水的供应能力，要从农作物水利用中分出部分水资源用于能源作物的种植，可能导致土壤盐碱化。在灌溉和雨养系统中，保持较长时间景观（即多年生作物）和那些提供良好植被的作物可以提高降水的结构性过滤，因此可以截留和保持并更好地控制沉降径流。草地一旦建植，因其强大的根系覆盖和根须密度，常比传统的一年生作物具有更好的水分供应功能。对于一年生的行播作物而言，除了沉降径流外，除草剂、化肥会给水资源带来威胁。美国环境署认为，最重要的水生态系统污染源之一是氮素。氮素过量不仅有害于生态系统，而且有害于人类健康。氮素和其他工业污染物（如磷）可以通过径流和渗漏进入水源。营养污染是影响大湖和墨西哥湾水质量的主要因素（Costello 等，2009）。目前最重要的关注集中在推进藻类生产以及随之而来的溶解氧的枯竭、鱼的死亡率、管道堵塞和观赏价值的降低。

生物发电需要用水产生高压蒸汽来驱动涡轮发电机以及低压蒸汽来加热（或制冷）并输送到集中供热/制冷区域。有些生物发电厂用水来进行冷却（特别是煤或天然气与生物质混合发电的电厂）。生物柴油生产的乙醇发酵和后酯基转移的发酵过程中也需要借助水来完成。不过，一定要注意，用于乙醇生产的水比用于许多其他工业生产过程要少得多。源于这些工业生产的污水必须进行处理才能排放到临近的地表水。发酵用水可能造成周围地表水或地下水的枯竭，从而限制了其他用水（包括引用水、野生动物栖息和娱乐等）。

1.11.6 农村发展与社会公平

在农村地区，社区领导人正在重新考虑传统的经济活动的驱动因素，以实现经济的可持续、多样化和环境友好。生物能源可能是农村社区有效经济发展方式的选择。这些社区种植能源作物，并将这些能源作物通过工业加工转化为电力或燃料。生物能源产业的发展可能最适合当地经济（只要有适当的投资者），由于能源作物的运输需要很大成本，这就使得就地加工极为必要。因此，经济活动和经济收益可以影响社区的生活和福利，如粮食安全、卡车或火车交通（噪音、空气质量、交通安全），以及气味和源于生物质转化的噪音（Selfa 等，2011）。经济效益必须平衡或超过对水供应的影响。每个社区及其实际情况各不相同，但是对于能源作物、加工系统的选择及市场决定了经济效益，而州政府和联邦政府政策可以提供激励，并影响结果。但是，另外一个问题是农村自主决定和授权。政府政策有忽视生物发展战略的社会考虑（Mol.，2007；Rossi 和 Hinrich，2011），导致宏观目标对当地实际产生负面作用。有关生物燃料引发的农村发展和社会公平问题参见其他研究报告（Dale 等，2013；Van der Horst 和 Vermeylen，2011）。

1.12 结 论

生物能源是源于当前活的生物物质或生物质的可再生能源。生物能源的形式包括电力、热力，以及固体、液体和气体生物燃料。随着人们对能源安全、能源独立，以及与使用这些非可再生能源相关的环境气候的影响的关切，生物能源越来越备受关注。政策、政府项目及其资助的研究是生物能源发展的主要动力。生物质物质在预加工成为始于各种转化技术后，便可以提供各种生物能源产品，服务于最终用户。绝大多数生物能源的生物质来源于林业、农业和城市废弃物。海藻和非林业保护地生物是新出现的重要生物能源原料的来源。主要的生物能源原料类型包括源于农作物的糖和淀粉，以及源于林木、农作物、农林间作植物、工业和建筑废弃物的纤维素 / 木质纤维素物质。

为满足能源需求、减少温室气体排放、改良土壤和水质、促进经济发展和增加社会收益，对生物能源需求的压力越来越大。是否能够以及在多大程度上同时满足需求，取决于从地区到全球水平上的科学技术、政策和社会经济的发展动力。生物质生产的拓展、生物能源原料的加工、处置、运输和储存，如果可持续供应，便可满足可再生能源目标的潜在需求。但是，可供利用的土地、竞争性土地利用、产量潜力、产量差、生产者盈利以及其他制约因素，都会影响生物质的潜在供应。最后，各个层级的决策者必须平衡某种特定生物质类型及生产系统的成本与效益、优势与不足，为当今和未来所期望的目标制定科学合理的决策。

致 谢

本章的材料基于美国农业部国家食品与农业研究所资助的工作（与 Carol L.Williams 和 Pam Porter 签订的，合同号第 2007-51130-03909）。其中的任何观点、发现、结论和建议系作者所为，不代表美国农业部，也不反映美国农业部的观点。

An Dahiya 对美国能源部、佛蒙特乔布斯可持续基金会、美国自然科学基金会、佛蒙特 EPSCoR 表示由衷感谢。

参考文献

Achten, W.M.J., Mathijs, E., Verchot, L., Singh, V.P., Aerts, R., Muys, B., 2007. *Jatropha* biodiesel fueling sustainability? Biofuels, Bioproducts and Biorefining 1, 283–291.

Achten, W.M.J., Trabucco, A., Maes, W.H., Verchot, L.V., Aerts, R., Mathijs, E., Vantaomme, P., Singh, V.P., Muys, B., 2012. Global greenhouse gas implications of land conversion to biofuel crop cultivation in arid and semi-arid lands – lessons learned from *Jatropha*. Journal of Arid Environments, 1–11.

Adler, P.R., Sanderson, M.A., Weimer, P.J., Vogel, K.P., 2009. Plant species composition and biofuel yields of conservation grasslands. Ecological Applications 19, 2202–2209.

Antizar-Ladislao, B., Turrion-Gomez, J.L., 2008. Second-generation biofuels and local bioenergy systems. Biofuels, Bioproducts and Biorefining 2, 455–469.

Atabani, A.E., Silitonga, A.S., Badruddin, I.A., Mahlia, T.M.I., Masjuki, H.H., Mekhilef, S., 2012. A comprehensive review on biodiesel as an alternative energy resource and its characteristics. Renewable and Sustainable Energy Review 16, 2070–2093.

Bain, C., 2011. Local ownership of ethanol plants: what are the effects on communities? Biomass and Bioenergy

35, 1400–1407.

Baker, A., Zahniser, S., 2006. Ethanol reshapes the corn market. Amber Waves 4, 30–35. U.S. Department of Agriculture, Economic Research Service. Available at: http://www.agclassroom.org/teen/ars_pdf/social/amber/ethanol.pdf.

Bergmann, J.C., Tupinamba, D.D., Costa, O.Y.A., Aleida, J.R.M., Barreto, C.C., Quirino, B.F., 2013. Biodiesel production in Brazil and alternative biomass feedstocks. Renewable and Sustainable Energy Reviews 21, 411–420.

Berry, E.E., Malhotra, V.M., 1980. Fly ash for use in concrete – a critical review. American Concrete Institute Journal Proceedings 77, 59–73.

Botha, T., Blottnitz, H.V., 2006. A comparison of the environmental benefits of bagasse-derived electricity and fuel ethanol on life-cycle basis. Energy Policy 34, 2654–2661.

Brooke, R., Fogel, G., Glaser, A., Griffin, E., Johnson, K., 2009. Corn Ethanol and Wildlife: How Increases in Corn Plantings Are Affecting Habitat and Wildlife in the Prairie Pothole Region. National Wildlife Federation, Washington, DC. Available at: http://hdl.handle.et/2027.42/62096.

Bryngelsson, D.K., Lindgren, K., 2013. Why large-scale bioenergy production on marginal is unfeasible: a conceptual partial equilibrium analysis. Energy Policy 55, 454–466.

Bush, G.W., 2007. Twenty in Ten: Strengthening America's Energy Future. State of the Union Address. Available at: http://georgewbush-whitehouse.archives.gov/stateoftheunion/2007/initiatives/energy.html.

Campbell, J.E., Lobell, D.B., Genova, R.C., Field, C.B., 2008. The global potential of bioenergy on abandoned agricultural lands. Environmental Science and Technology 42, 5791–5794.

Casler, M.D., Vogel, K.P., Taliaferro, C.M., Ehlke, N.J., Berdahl, J.D., Brummer, E.C., Kallenbach, R.L., West, C.P., Mitchell, R.B., 2007. Latitudinal and longitudinal adaptation of switchgrass populations. Crop Science 47, 2249–2260.

Christian, D.G., Riche, A.B., Yates, N.E., 2008. Growth, yield and mineral content of *Miscanthus x giganteus* grown as a biofuel for 14 successive harvests. Industrial Crops and Products 28, 320–327.

Chisti, Y., 2007. Biodiesel from microalgae. Biotechnology Advances 25, 294–306.

Clark, J.H., Budarin, V., Deswaarte, F.E.I., Hardy, J.J.E., Kerton, F.M., Hunt, A.J., Luque, R., Macquarrie, D.J., Milkowski, K., Rodriguez, A., Samuel, O., Tavener, S.J., White, R.J., Wilson, A.J., 2006. Green chemistry and the biorefinery: a partnership for a sustainable future. Green Chemistry 8, 853–860.

COA, 2009. 2007 Census of Agriculture. AC-07-A-51. U.S. Department of Agriculture, Washington, DC. Available at: http://www.agcensus.usda.gov/Publications/2007/Full_Report/usv1.pdf (accessed 08.09.13.).

Coleman, M.D., Stanturf, J.A., 2006. Biomass feedstock production systems: economic and environmental benefits. Biomass and Bioenergy 30, 693–695.

Committee on America's Energy Future, 2009. America's Energy Future: Technology and Transformation. National Academy of Science, National Academy of Engineering, National Research Council, Washington, DC. Available at: http://www.nap.edu/catologue/12710.html.

Cooke, P., Kohlin, G., Hyde, W.F., 2008. Fuelwood, forests and community management – evidence from household studies. Environment and Development Economics 13, 103–135.

Costello, C., Griffin, W.M., Landis, A.E., Matthews, H.S., 2009. Impact of biofuel crops production on the formation of hypoxia in the Gulf of Mexico. Environmental Science and Technology 43, 7985–7991.

Coulman, B., Dalai, A., Heaton, E., Lee, C.P., Lefsrud, M., Levin, D., Lemaux, P.G., Neale, D., Shoemaker, S.P., Singh, J., Smith, D.L., Whalen, J.K., 2013. Developments in crops and management systems to improve lignocellulosic feedstock production. Biofuels, Bioproducts, and Biorefining 7, 582–601.

Dahiya, A., 2012. Integrated approach to algae production for biofuel utilizing robust algae species. In: Gordon, R., Seckbach, J. (Eds.), The Science of Algal Fuels: Cellular Origin, Life in Extreme Habitats and Astrobiology, vol. 25. Springer, Dordrecht, pp. 83–100.

Dahiya, A., Todd, J., McInnis, A., 2012. Wastewater treatment integrated with algae production for biofuel. In: Gordon, R., Seckbach, J. (Eds.), The Science of Algal Fuels: Cellular Origin, Life in Extreme Habitats and Astrobiology, vol. 25. Springer, Dordrecht, pp. 447–466.

Dale, V.H., Kline, K.L., Wright, L.L., Perlack, R.D., Downing, M., Graham, R.L., 2011. Interactions among bioenergy feedstock choice, landscape dynamics, and land use. Ecological Applications 21, 1039–1054.

Dale, V.H., Efroymson, R.A., Kline, K.L., Langholtz, M.H., Leiby, P.N., Oladosu, G.A., David, M.R., Downing, M.E., Hilliard, M.R., 2013. Indicators for assessing socioeconomic sustainability of bioenergy systems: A short list of practical measures. Ecol Indicators 26, 87–102.

Dickmann, D.I., 2006. Silviculture and biology of short-rotation woody crops in temperate regions: then and now.

Biomass and Bioenergy 30, 696–705.

Demirbas, A., 2004. Combustion characteristics of different biomass fuels. Progress in Combustion and Energy Science 30, 219–230.

DoE: Algae Roadmap Publication, 2010. In: Algal Biofuels Technology Roadmap Workshop. US Department of Energy, Office of Energy Efficiency & Renewable Energy (EERE), Office of the Biomass Program. December 9–10, 2008. UMD. http://www1.eere.energy.gov/bioenergy/pdfs/algal_biofuels_roadmap.pdf.

Domac, J., Richards, K., Risovic, S., 2005. Socio-economic drivers in implementing bioenergy projects. Biomass and Bioenergy 28, 97–106.

Downing, M., Eaton, L.M., Graham, R.L., Langholtz, M.H., Perlack, R.D., Turhollow Jr., A.F., Stokes, B., Brandt, C.C., 2011. U.S. Billion-Ton Update: Biomass Supply for a Bioenergy and Bioproducts Industry. U.S. Department of Energy.

EISA, 2007. Energy Independence and Security Act. One hundred tenth Congress of the United States of America. Government Printing Office, Washington, DC. Available at: http://www.gpo.gov/fdsys/pkg/BILLS-110hr6enr/pdf/BILLS-110hr6enr.pdf.

Elghali, L., Clift, R., Sinclair, P., Panoutsou, C., Bauen, A., 2007. Developing a sustainability framework for the assessment of bioenergy systems. Energy Policy 35, 6075–6083.

ERS, 2013. Risk in Agriculture. Economic Research Agency, US. Department of Agriculture. Available at: http://www.ers.usda.gov/topics/farm-practices-management/risk-management/risk-in-agriculture.aspx.

Faaij, A.P.C., Domac, J., 2006. Emerging international bio-energy markets and opportunities for socio-economic development. Energy for Sustainable Development X, 7–19.

Fargione, J.E., Cooper, T.R., Flashpohler, D.J., Hill, J., Lehman, C., McCoy, T., McLeod, S., Nelson, E.J., Oberhauser, K.S., Tilman, D., 2009. Bioenergy and wildlife: threats and opportunities for grassland conservation. BioScience 59, 767777.

Fargione, J.E., Plevin, R.J., Hill, J.D., 2010. The ecological impact of biofuels. Annual Review of Ecology, Evolution, and Systematics 41, 351–377.

Fike, J.H., Parrish, D.J., Wolf, D.D., Blasko, J.A., Green Jr., J.T., Rasnake, M., Reynolds, J.H., 2006. Switchgrass production for the upper southeastern USA: influence of cultivar and cutting frequency on biomass yields. Biomass and Bioenergy 30, 207–213.

Foley, J.A., Ramankutty, N., Brauman, K.A., Cassidy, E.S., Gerber, J.S., Johnston, M., Mueller, N.D., O'Connell, C., Ray, D.K., West, P.C., Balzer, C., Bennett, E.M., Carpenter, S.R., Hill, J., Monfreda, C., Polasky, S., Rockstrom, J., Sheehan, J., Siebert, S., Tilman, D., Zaks, D.P.M., 2011. Solutions for a cultivated planet. Nature 478, 337–342.

FCEA, 2008. Food, Conservation, and Energy Act. One hundred and tenth Congress of the United States. Government Printing Office, Washington, DC. Available at: http://www.gpo.gov/fdsys/pkg/PLAW-110publ234/html/PLAW-110publ234.htm.

Garrett, H.E., McGraw, R.L., Walter, W.D., 2009. Alley cropping practices. In: Garrett, H.E. (Ed.), American Agroforestry: An Integrated Science and Practice, second ed. American Society of Agronomy, Madison, Wisconsin, USA, pp. 133–162.

Godfray, H.C.J., Beddington, J.R., Crute, I.R., Haddad, L., Lawrence, D., Muir, J.F., Pretty, J., Robison, S., Thomas, S.M., Toulmin, C., 2010. Food insecurity: the challenge of feeding 9 billion people. Science 327, 812–818.

Goh, C.S., Lee, K.T., 2010. A visionary and conceptual macroalgae-based third-generation bioethanol (TGB) biorefinery in Sahab, Malaysia as an underlay for renewable and sustainable development. Renewable and Sustainable Energy Reviews 14, 842–848.

Glover, J.D., Culman, S.W., DuPont, S.T., Broussard, W., Young, L., Mangan, M.E., Mai, J.G., Crews, E., DeHaan, L.R., Buckley, D.H., Ferris, H., Turner, R.E., Reynolds, H.L., Wyse, D.L., 2010. Harvested perennial grasslands provide ecological benchmarks for agricultural sustainability. Agriculture, Ecosystems and Environment 137, 3–12.

Gordon, D.R., Tancig, K.J., Onderdonk, D.A., Gantz, C.A., 2011. Assessing the invasive potential of biofuel species proposed for Florida and the United States using the Australian Weed Risk Assessment. Biomass and Bioenergy 35, 74–79.

Groom, M.J., Gray, E.M., Townsend, P.A., 2008. Biofuels and biodiversity: principles for creating better policies for biofuel production. Conservation Biology 22, 602–609.

Hartman, J.C., Nippert, J.B., Orozco, R.A., Springer, C.J., 2011. Potential ecological impacts of switchgrass (*Panicum virgatum* L.) biofuel cultivation in the Central Great Plains, USA. Biomass and Bioenergy 35, 3415–3421.

Headlee, W.L., Hall, R.B., Zalensy Jr., R.S., 2013. Establishment of alleycropped hybrid aspen "Crandon" in Central Iowa, USA: effects of topographic position and fertilizer rate on aboveground biomass production and allocation. Sustainability 5, 2874–2886.

Heaton, E., Voigt, T., Long, S.P., 2004. A quantitative review comparing the yields of two candidate C4 perennial biomass crops in relation to nitrogen, temperature and water. Biomass and Bioenergy 27, 21–30.

Heaton, E.A., Dohleman, F.G., Long, S.P., 2008. Meeting US biofuel goals with less land: the potential of *Miscanthus*. Global Change Biology 14, 2000–2014.

Heaton, E.A., Dohleman, F.G., Miguez, A.F., Juvik, J.A., Lozovaya, V., Widholm, J., Zabotina, O.A., McIssac, G.F., David, M.B., Voigt, T.B., Boersma, N.N., Long, S.P., 2010. Miscanthus: a promising biomass crop. Univ. of Illinois at Urbana-Champaign. Advances in Botanical Research 56, 76–137.

Hedenus, F., Azar, C., 2009. Bioenergy plantations or long-term carbon sinks? – A model based analysis. Biomass and Bioenergy 33, 1693–1702.

Hinchee, M., Rottmann, W., Mullinax, L., Zhang, C., Chang, S., Cunningham, M., Pearson, L., Nehra, N., 2009. Short-rotation woody crops for bioenergy and biofuels applications. In Vitro Cellular Development Biology – Plant 45, 619–629.

Hull, S., Arntzen, J., Bleser, C., Crossley, A., Jackson, R., Lobner, E., Paine, L., Radloff, G., Sample, D., Vandenbrook, J., Ventura, S., Walling, S., Widholm, J., Williams, C., 2011. Wisconsin Sustainable Planting and Harvest Guidelines for Nonforest Biomass. Wisconsin Department of Agriculture, Trade, and Consumer Protection. Available at: http://datcp.wi.gov/uploads/About/pdf/WI-NFBGuidelinesFinalOct2011.pdf.

Huntley, M.E., Redalje, D.G., May 2007. CO_2 mitigation & renewable oil from photosynthetic microbes: a new appraisal. Mitigation and Adaption Strategies for Global Change 12 (4), 573–608 (36).

Jack, M.W., 2009. Scaling laws and technology development strategies for biorefineries and bioenergy plants. Bioresource Technology 100, 6324–6330.

Jones, M.B., Walsh, M. (Eds.), 2001. Miscanthus for Energy and Fibre. James 7 Jams Ltd, London.

Kim, S., Dale, B.E., 2004. Global potential bioethanol production from wasted crops and crop residues. Biomass and Bioenergy 26, 361–375.

Kleinschmidt, J., 2007. Biofueling Rural Development: Making the Case for Linking Biofuel Production to Rural Revitalization. Policy Brief no. 5. Carsey Institute, University of New Hampshire, Durham.

Kwit, C., Stewart, C.N., 2012. Gene flow matters in switchgrass (*Panicum virgatum* L.), a potential widespread biofuel feedstock. Ecological Applications 22, 3–7.

Laird, D.A., 2008. The charcoal vision: a win-win-win scenario for simultaneously producing bioenergy, permanently sequestering carbon, while improving soil and water quality. Agronomy Journal 100, 178–181.

Lal, R., 2005. World crop residues production and implications for its use as a biofuel. Environment International 31, 575–584.

Lee, R.A., Lavoie, J.-M., 2013. From first- to third-generation biofuels: challenges of producing a commodity from a biomass of increasing complexity. Animal Frontiers 3, 6–11.

Lehtikangas, P., 2001. Quality properties of pelletised sawdust, logging residues and bark. Biomass and Bioenergy 20, 351–360.

Lemus, R., Brummer, E.C., Moore, K.J., Molstad, N.E., Burras, C.L., Barker, M.F., 2002. Biomass yield and quality of 20 switchgrass populations in southern Iowa, USA. Biomass and Bioenergy 23, 433–442.

Lewandowski, I., Clifton-Brown, J.C., Scurlock, J.M.O., Huisman, W., 2000. Miscanthus: European experience with a novel energy crop. Biomass and Bioenergy 19, 209–227.

Lewandowski, I., Scurlock, J.M.O., Lindvall, E., Christou, M., 2003. The development and current status of perennial rhizomatous grasses as energy crops in the US and Europe. Biomass and Bioenergy 25, 335–361.

Lobell, D.B., Cassman, K.G., Field, C.B., 2009. Crop yield gaps: their importance, magnitudes, and causes. Annual Review of Environment and Resources 34, 179–204.

Manurung, R., Wever, D.A.Z., Wildschut, J., Venderbosch, R.H., Hidayat, H., van Dam, J.E.G., Liejenhorst, E.J., Broekhuis, A.A., Heeres, H.J., 2009. Valorization of *Jatropha curcas* L. plant parts: nut shell conversion to fast pyrolysis oil. Food and Bioproducts Processing 87, 187–196.

McCormick, K., Kaberger, T., 2007. Key barrier for bioenergy in Europe: economic conditions, know-how, and institutional capacity, ad supply chain co-ordination. Biomass and Bioenergy 31, 443–452.

McKendry, P., 2002. Energy production from biomass (part 1): overview of biomass. Bioresource Technology 83, 37–46.

McLaughlin, S.B., Kszos, L.A., 2005. Development of switchgrass (*Panicum virgatum*) as a bioenergy feedstock in the United States. Biomass and Bioenergy 28, 515–535.

Meehan, T.D., Hurlbert, A.H., Gratton, C., 2010. Bird communities in future bioenergy landscapes of the upper midwest. Proceedings of the National Academy of Sciences 107, 18533–18538.

Meinhausen, M., Meinhausen, N., Hare, W., Raper, S.C.B., Frieler, K., Knutti, R., Frame, D., Allen, M.R., 2009. Greenhouse-gas emission targets for limiting global warming to 2 °C. Nature 458, 1158–1163.

Mittal, A., 2009. The 2008 Food Price Crisis: Rethinking Food Security Policies. G-24 Discussion Paper Series, Research papers for the Intergovernmental Group of Twenty-Four on International Monetary Affairs and Development. United Nations, New York and Geneva. Available at: http://www.g24.org/Publications/Dpseries/56.pdf (accessed 08.09.13.).

Mol, A.P.J., 2007. Boundless biofuels? Between environmental sustainability and vulnerability. Sociologia Ruralis 47, 297–315.

Mueller, S.A., Anderson, J.E., Wallington, T.J., 2011. Impact of biofuel production and other supply and demand factors on food price increases in 2008. Biomass and Bioenergy 35, 1623–1632.

Nonhebel, S., 2012. Global food supply and the impacts of increased use of biofuels. Energy 37, 115–121.

Parrish, D.J., Fike, J.H., 2005. The biology and agronomy of switchgrass for biofuels. Critical Reviews in Plant Sciences 24, 423–459.

Perlack, et al., 2005. Biomass as Feedstock for a Bioenergy and Bioproducts Industry: The Technical Feasibility of a Billion-ton Annual Supply. DOE/GO-10200502135. US DOE, Oak Ridge, TN. Available at:http://www1.eere.energy.gov/biomass/pdfs/final_billionton_vision_report2.pdf.

Pimentel, D., 1991. Ethanol fuels: energy security, economics, and the environment. Agricultural and Environmental Ethics 4, 1–13.

Pimentel, D., Zuniga, R., Morrison, D., 2005. Update on the environmental and economic costs associated with alien-invasive species in the United States. Ecological Economics 52, 273–288.

Pinki, A., Saxena, R.K., Sweta, Y., Firdas, J., 2010. A greener solution for a darker side of biodiesel: utilization of crude glycerol in 1,3-propanediol production. Journal of Biofuels 1, 83–91.

Price, L., Bullard, M., Lyons, H., Anthony, S., Nixon, P., 2004. Identifying the yield potential of *Miscanthus x giganteus*: an assessment of the spatial and temporal variability of *M x giganteus* biomass productivity across England and Whales. Biomass and Bioenergy 26, 3–13.

Prochow, A., Heiermann, M., Plochl, M., Amon, T., Hobbs, P.J., 2009. Bioenergy from permanent grassland – a review: 2. Combustion. Bioresource Technology 100, 4945–4954.

Raghu, S., Anderson, R.C., Daehler, C.C., Davis, A.S., Wiedenmann, R.N., Sumberloff, D., Mack, R.N., 2006. Adding biofuels to the invasive species fire? Science 313, 1742.

Reijnders, L., 2006. Conditions for the sustainability of biomass based fuel use. Energy Policy 34, 863–876.

Robertson, G.P., Dale, V.H., Doering, O.C., Hamburg, S.P., Melillo, J.M., Wander, M.M., Parton, W.J., Adler, P.R., Barney, J.N., Cruse, R.M., Duke, C.S., Fearnside, P.M., Follett, R.F., Gibbs, H.K., Goldemberg, J., Mladenoff, D.J., Ojima, D., Palmer, M.W., Sharpley, A., Wallace, L., Weathers, K.C., Weins, J.A., Wilhelm, W.W., 2008. Sustainable biofuels redux. Science 322, 49–50.

Rockwood, D.L., Rudie, A.W., Ralph, S.A., Zhu, J.Y., Winandy, J.E., 2008. Energy product options for *Eucalyptus* species grown as short rotation woody crops. International Journal of Molecular Science 9, 1361–1378.

Rosch, C., Skarka, J., Raab, K., Stelzer, V., 2009. Energy production from grassland – assessing the sustainability of different process chains under German conditions. Biomass and Bioenergy 33, 689–700.

Rosillo-Calle, F., Pelkmans, L., Walter, A., 2009. A Global Overview of Vegetable Oils, with Reference to Biodiesel. Report for the IEA Bioenergy Task Force 40. International Energy Agency, Paris, France.

Rossi, A.M., Hinrichs, C.C., 2011. Hope and skepticism: farmer and local community views on the socio-economic benefits of agricultural bioenergy. Biomass and Bioenergy 35, 1418–1428.

RSB, 2011. Consolidated RSB EU RED Principles & Criteria for Sustainable Biofuel Production. RSB-STD-11-001-01-001 (Ver 2.0). The Round Table on Sustainable Biofuels, Lausanne, Switzerland. Available at: http://rsb.org/pdfs/standards/RSB-EU-RED-Standards/11-05-10-RSB-STD-11-001-01-001-vers-2-0-Consolidated-RSB-EU-RED-PCs.pdf (accessed 08.09.13.).

Salvi, B.L., Panwar, N.L., 2012. Biodiesel resources and production technologies – a review. Renewable and Sustainable Energy Reviews 16, 3680–3689.

Sanderson, M.A., Adler, P.R., 2008. Perennial forages as second generation bioenergy crops. International Journal of Molecular Sciences 9, 768–788.

Sandia National Labs, 2009. 90-Billion Gallon Biofuel Deployment Study. U.S. Department of Energy Publications 84. U.S. Department of Energy, Washington, DC. Available at: http://digitalcommons.unl.edu/cgi/viewcontent.cgi?article=1083&context=usdoepub.

Searcy, E., Flynn, P., Ghafoori, E., Kumar, A., 2007. The relative cots of biomass energy transport. Applied Biochemistry and Biotechnology 136–140, 639–652.

Schenk, P.M., Thomas-Hall, S.R., Stephens, E., Marx, U.C., Mussgnug, J.H., Kruse, O., Hankame, B., 2008. 2nd generation biofuels: high-efficiency microalgae for biodiesel production. BioEnergy Research vol. 1, 20–43.

Schingoeth, D.J., Kalscheur, K.F., Hippen, A.R., Garcia, A.D., 2009. The use of distillers products in dairy cattle diets. Journal of Dairy Science 92, 5802–5813.

Selfa, T., Kulcsar, L., Bain, C., Goe, R., Middendorf, G., 2011. Biofuels Bonanza? Exploring community perception of the promises and perils of biofuels production. Biomass and Bioenergy 35, 1379–1389.

Service, R., 2009. Another biofuels drawback: the demand for irrigation. Science 326, 516–517.

Sheehan, J., Dunahay, T., Benemann, J., Roessler, P., 1998. A Look Back at the U.S. Department of Energy's Aquatic Species Program-Biodiesel from Algae. National Renewable Energy Program.

Smith, A.L., Klenk, N., Wood, S., Hewitt, N., Henriques, I., Yan, N., Bazley, D.R., 2013. Second generation biofuels and bioinvasions: an evaluation of invasive risks and policy responses in the United States and Canada. Renewable and Sustainable Energy Reviews 27, 30–42.

Stephen, J.D., Mabee, W.E., Saddler, J.N., 2010. Biomass logistics as a determinant of second-generation biofuel facility scale, location and technology selection. Biofuels, Bioproducts and Biorefining 4, 503–518.

Sticklen, M., 2006. Plant genetic engineering to improve biomass characteristics for biofuels. Current Opinion in Biotechnology 17, 315–319.

Suntana, A.S., Vogt, K.A., Turnblom, E.C., Upadhye, R., 2009. Bio-methanol potential in Indonesia: forest biomass as a source of bio-energy that reduces carbon emissions. Applied Energy 86, 5215–5221.

Taylor, C.M., Pollard, S.J.T., Angus, A.J., Rocks, S.A., 2013. Better by design: rethinking interventions for better environmental regulation. Science of the Total Environment 447, 488–499.

Tilman, D., Hill, J., Lehman, C., 2006. Carbon-negative biofuels from low-input high-diversity grassland biomass. Science 314, 1598–1600.

Tilman, D., Socolow, R., Foley, J.A., Hill, J., Larson, E., Lynd, L., Pacala, S., Reilly, J., Searchinger, T., Somerville, C., Williams, R., 2009. Beneficial biofuels – the food, energy and environment trilemma. Science 325, 270–271.

Tumuluru, J.S., Wright, C.T., Kenny, K.L., Hess, J.R., 2010. A Technical Review on Biomass Processing: Densification, Preprocessing, Modeling and Optimization. ASABE Paper NO. 1009401. American Society of Agricultural and Biological Engineers, St. Joseph, Michigan.

UNEP, 2009. Towards Sustainable Production and Use of Resources: Assessing Biofuels. United Nations Environment Programme. Available at: http://www.unep.org/pdf/biofuels/Assessing_Biofuels_Full_Report.pdf (accessed 08.09.13.).

U.S. Department of Energy, 2011. U.S. Billion-Ton Update: Biomass Supply for a Bioenergy and Bioproducts Industry. RD Perlack and BJ Stokes (leads). ORNL/TM-2011/224. Oak Ridge National Laboratory, Oak Ridge, TN.

Van der Horst, D., Vermeylen, S., 2011. Spatial scale and social impacts of biofuel production. Biomass and Bioenergy 35, 2435–2443.

Virgilio, N.D., Monti, A., Venturi, G., 2007. Spatial variability of switchgrass (Panicum virgatum L.) yield as related to soil parameters in a small field. Field Crops Research 101, 232–239.

Volk, T.A., Verwijst, T., Tharaken, P.J., Abrahamson, L.P., White, E.H., 2004. Growing fuel: a sustainability assessment of willow biomass crops. Frontiers in Ecology and the Environment 2, 411–418.

Walsh, M.E., De La Torre Ugarte, D.G., Shapouri, H., Slinsky, S.P., 2003. Bioenergy crop production in the United State. Environmental and Resource Economics 24, 313–333.

Waxman, H.A., 1991. An overview of the Clean Air Act amendments of 1990. Environmental Law 21, 1721–1766.

Williams, C., Porter, P., 2011. Introduction to Bioenergy. Module 1. In: Lezberg, S., Mullins, J. (Eds.), Bio- energy and Sustainability Course. On-line curriculum. Bioenergy Training Center. http://fyi.uwex.edu/biotrainingcenter.

Willyard, C., Tilkalsky, S., 2006. Bioenergy in Wisconsin: The Potential Supply of Forest Biomass and its Relationship to Biodiversity. State of Wisconsin, Department of Administration, 48 pp.

Wright, L., Turhollow, A., 2010. Switchgrass selection as a "model" bioenergy crop: a history of the process. Biomass and Bioenergy 34, 851–868.

Zheng, Y., Pan, Z., Zhang, R., 2009. Overview of biomass pretreatment for cellulosic ethanol production. International Journal of Agricultural and Biological Engineering 2, 51–68.

Zenone, T., Gelfand, I., Chen, J., Hamilton, S.K., Robertson, G.P., 2013. From set-aside grassland to annual and perennial cellulosic biofuel crops: effects of and use change on carbon balance. Agricultural and Forest Meteorology 182–183, 1–12.

第二章

生物柴油概述与专业术语词汇

美国国家生物柴油委员会

2.1 生物柴油相关术语

● 什么是生物柴油？—— 生物柴油是一种柴油替代品，由植物油、动物脂肪、使用过的烹调油等家用或可再生资源甚至是海藻提炼而成。生物柴油不含石油成分，但可以同化石柴油混合。生物柴油混合制品燃烧清洁，使用简单，可进行生物降解，无毒，基本上无硫化物及芳香族化合物。

● 哪些不属于生物柴油？——生物柴油不是粗制植物油。燃料级生物柴油必须按照严格的工业标准（ASTM D6751）生产，以确保其性能。只有满足这一标准的生物柴油才能在环保署登记注册成为法定汽车燃料。

• 生物柴油也不同于乙醇，它是由多种原料制成用于柴油发动机的燃料，特性与乙醇不同，且效益优于乙醇。

● 生物柴油——一种产自植物油脂和动物脂肪的长链脂肪酸甲酯组成的燃料，符合 ASTM D6751 标准，被定为 B100（即纯燃料）。

● 生物柴油混剂——一种生物柴油与以柴油为基础的石化燃料混合而成的燃料，被标定为 BXX。其中 XX 为生物柴油的体积百分比（例如，B5 = 5% 的生物柴油与 95% 的化石柴油混合；B20 = 20% 的生物柴油与 80% 的化石柴油混合，等等）。

● 原料——用于生产生物柴油的原材料。在美国，常见的生物柴油原料包括：

• 植物油，包括大豆油、油菜籽油、葵花油、棉籽油等；

• 由乙醇生产留下的干酒糟（DDG）玉米油；

• 使用过的烹调油 / 黄油；

• 动物脂肪，包括牛油，猪油，禽类脂肪等；

• 未来的原料包括海藻、薪莫、麻风树、BROWN GREASE、盐土植物、低毒蓖麻油等。

● 酯基转移反应——生物柴油通过一种叫作酯基转移反应的化学过程制成。在这一过程中，甘油从脂肪或植物油脂中分离出来。这一过程留下两种产物——甲酯（生物柴油的化学名称）和甘油（一种非常有价值的副产品，通常用于生产肥皂或其他产品）。

● 高级生物燃料（环境保护署定义 40 CFR 80.1401）——高级生物燃料是可再生燃料，而不是来自玉米淀粉的乙醇，其生命周期绿色温室气体排放至少要低于基准生命周期绿色温室气体排放（即柴油）的 50%。

· 生物柴油首先是在美国国内生产和用于商业化的高级生物燃料，符合环境保护署的要求，在可再生燃料标准（RFS-2）下包装和使用。

· 与化石柴油相比，美国的生物柴油可以减少生命周期碳排放 57%—86%。

● 能源平衡——对于某一物体、某一反应器或其他加工系统能量投入与能量产出的数量平衡。如果有能量释放则为正，如果有能量吸收则为负。

· 生物柴油在所有商业化可用燃油中能量平衡值最高，达 5.54:1，即生产生物燃料时每一个单位的化石能源投入可以有 5.54 个单位的可再生能源产出。由于化石柴油的能源平衡为负（0.88），每使用 1 加仑生物柴油可增加 4 加仑以上的石油储备。

● 十六烷值——在压缩点火期间柴油燃料燃烧质量测定值。这是柴油燃烧质量十分重要的一个指标。与柴油燃料相比，生物柴油一般具有较高的十六烷值（平均 50 以上，柴油为 42—44），因而生物柴油是一种更加清洁的燃料。

● 黏度——黏度是抗液体流动的程度的一种度量。低黏度的液体被称为"稀"，高黏度液体被称为"稠"。适当加工的生物柴油具有与常规柴油相同的黏度；但是，未加工的植物油脂比柴油的黏度要高很多。

● 冷流特性——决定柴油燃料和生物柴油燃料操作性的三个重要冷气候参数:
· 始凝点——初现结晶的温度。
· 冷滤堵塞点——柴油车可以工作的最低操作温度。
· 流点——燃料可见流动的最低温度。
· 与 2 号柴油混合的 B20 的用户会在大约 2—10°F 观察到这些特性有明显提高。
· 在冷天时，使用 B20 混合燃料时要采取与使用化石柴油相类似的预防措施。

● 润滑性——润滑性是润滑油摩擦力减小的度量值。在现代柴油发动机中，燃料是发动机润滑的组成部分。柴油天然含有可以提供良好润滑特性的硫化物，但是根据美国法规，这些硫化物必须加以去除。

· 生物柴油具有良好的润滑特性，甚至低比例（1%—2%）的混合柴油，其润滑性完全可以弥补今天的超低硫柴油（ULSD）损失的润滑性。如果不加生物柴油，超低硫柴油具有很低的润滑性，为了防治发动机过度磨损，需要加润滑增强剂。

● ASTM——ASTM 国际（从前被称为美国材料与检验协会），是制定和发布国际标准的全球公认的领导者。利用 ASTM 先进的电子基础设施，以及公开透明的工作机制，ASTM 成员可以发布支持世界范围企业和政府的检测方法、标准、指南和规范。

ASTM 制定的有关生物柴油的标准如下：

● ASTM D6751 为 B100 混合至 B20 认证标准，自 2001 年生效。

· 基于性能的标准：原料和工艺均为中性。

● ASTM D975 涵盖化石柴油和最大含有 5% 生物柴油的混合燃料，用于路上行走和非位移柴油发动机。B5 现在可替代化石柴油。

● ASTM D396 涵盖供暖柴油和最多 5% 生物柴油的混合燃料。B5 现在可替代石化供暖燃油。

● ASTM D7467 涵盖含有 6%—20% 的生物柴油的混合燃料，用于路上行走和非位移柴油发动机。

· 规定：如果 B100 符合 D6751、化石柴油符合 D975，那么 B6—B20 混合柴油就能满足各自的标准；重要的质量指标控制在 B100 水平。

● BQ-9000R——BQ-9000R 是生物柴油燃料实验室检验者、生产商和销售商合作、自愿制定的燃油质量管理计划，该计划是生物柴油 ASTM 标准、ASTM D6751、质量体系计划的有机结合，它包括储存、取样、检测、混合、运输、分销和燃料管理的规范。在美国超过 81% 的生物柴油是由 BQ-9000 合格供应商供应。有关更多 BQ-9000 的信息，可以登录 www.bq-9000.org.

● RFS-2——可再生燃料标准（RFS）。最早的 RFS 计划是根据"能源政策法案"（2005）（EPACT）创立的，在美国建立了第一个可再生燃料的强制规定。

根据"能源独立于安全法案"（2007），RFS-2 计划可扩展为以下几个关键的方面：

● EISA，除了汽油外，将 RFS 计划扩展至包括柴油和生物柴油。

● EISA 将需混入运输用燃料的可再生燃料从 2008 年的 90 亿加仑提高到 2022 年的 360 亿加仑。

● EISA 确立了可再生燃料新分类，对每一类都建立了单独的标准（生物柴油符合生物质为基础的柴油和非纤维素高级生物燃料规范下的 RFS-2 标准）。

● EISA 要求美国环境保护署应用生物周期温室气体性能阈值标准，以确保每种可再生能源比其所替代的化石燃料排放较少的温室气体。

● EPACT Credits——EPACT 代表 1992 年的能源政策法案，后来 2005 年颁布 EPACT 修正案。根据 1992 EPACT 第 III 章，美国城市区 75% 的联邦轻载车采购必须是替代燃料车。

● 为使用 B20 生物柴油混剂，环境保护部门（AGENCIES）要求每年收集轻型、中型和重型荷载的 CREDITS。由于使用生物柴油无需对车辆进行任何改装或增加特别装置，所以只是将柴油车队换成使用 B20 生物柴油就是符合 EPACT 标准的 FLEETS 最经济的一种选择。更多的信息可访问：www.fleet.wv.gov.

● CAFE CREDITS（社团法人平均油耗经济 CREDITS）——美国环境保护署和交通部在 2012 年 8 月制定了一项新的燃油效率标准——社团法人平均油耗经济（CAFE）标准。该标准将会在 2025 年把汽车和轻型卡车的燃料经济提高 54.5 mpg。

● 目前，美国环境保护署向制造生物燃料（特别是 B20 生物柴油混剂）汽车的制造商提出 CAFÉ CREDITS 温室气体排放激励机制。但是，这种激励对于轻型汽车 GHG 计划将在 2015 年终止。

2.2 生物柴油标准

● ASTM D6751：ASTM D6751 系 B100 混合至 B20 通过方标准，自 2001 年生效，系基于性能的标准：原料和工艺均为中性。

● D975：涵盖化石柴油和最大含有 5% 生物柴油的混合燃料，用于路上行走和非位移柴油发动机。B5 现在可替代化石柴油。

● D396：涵盖加热柴油和最多 5% 生物柴油的混合燃料。B5 现在可替代石化取暖燃油。

● D7467：涵盖含有 6%—20%（B6—B20）的生物柴油的混合燃料，用于路上行走和非位移柴油发动机。规定：如果 B100 符合 D6751、化石柴油符合 D975，那么 B6—B20 混合柴油就能满足各自的标准。

● 重要的质量标准控制在 B100 水平。

2.3 BQ-900 燃料质量控制计划

生物柴油工业制定了优异的燃料质量管理计划 BQ-9000（www.bq-9000.org）。

● BQ-9000 计划帮助生物柴油燃料生产商、销售商及实验室遵从燃油质量管理计划，确保加在顾客油箱中的最高质量的生物柴油符合 ASTM 标准。

● 该质量控制系统涵盖了生物柴油制造、抽样、监测、混合、储存、运输和分销的所有方面。

● 该计划产生了 ASTM 分级燃料，均由 BQ-9000 认证企业生产与供应。

● 许多原始设备制造商（OEM）现在均要求或强烈鼓励其客户从 BQ-9000 认

证企业购买燃料。

致 谢

本章内容的出版得到全国生物柴油委员会（http://www.biodiesel.org）许可。本书编著者对 Ray Albrecht，P.E.（美国东北地区的技术代表）和 Jessica Robinson（交通委员会主任）为本书的出版花费的时间和努力表示感谢。

第三章

生物能源：从生物质到生物燃料

术语和换算系数

美国能源部 [1,2]

[1] 美国能源部橡树岭国家实验室；[2] 美国能源部能效与再生能源办公室

3.1 术　语

酸解（acid hydrolysis）：利用酸溶液（通常是无机酸）处理纤维素、淀粉，或半纤维素物质，将多糖降解为单糖。

有氧发酵（Aerobic fermentation）：发酵过程需要氧存在。

农作物残留（Agricultural residue）：农作物残留是指未随主要产品（粮食和纤维）从田间移除的植物的器官（主要是茎和叶）。

醇（Alcohol）：一种由碳与羟基（氢和氧，–OH）键合的有机化合物。例如，甲醇（CH_3OH），乙醇（CH_3CH_2OH）。

醛（Aldehyde）：一类均具有羧基（CHO）的高活性有机化合物，常用于制造树脂、燃料和有机酸。

海藻（Algae）：一种含有叶绿素的低等光合植物，通常生长很快，能生活在淡水、海水和沼泽土壤，可以是单细胞、多细胞，甚至很大（如巨藻）。

碱（Alkali）：一种具有"碱性"特征的可溶性矿物盐，是定义碱性金属的标志。

厌氧消化（Anaerobic Digestion）：由微生物降解生物废物，通常在潮湿条件下，无空气（氧）的存在，产生气体为甲烷和二氧化碳。

古生菌（Archaea，以往拼作 Archaebacteria）：一类单细胞微生物，其中的一个单个个体或一个种常被称为古菌（Archaeon，有时拼作 Archeon）。它们的细胞内没有细胞核或其他细胞器。

芳香族物质（Aromatic）：在其分子结构中具有苯环的化学物质（苯、甲苯、二甲苯）。

灰分含量（Ash content）：以指定的方法测定样品燃烧后的残留物数量。

B20：以体积比计算 20% 的生物柴油与 80% 的化石柴油混品。

原油桶当量（Barrel of Oil Equivalent，BOE）：一桶原油所含的能量的量，即大约 6.1GJ（5800000 英热单位），等于 1700kWh。"一桶原油"等于美国 42 加仑（35 英加仑或 159 升），7.2 桶原油约等于 1 吨。

批量加工（Batch process）：单位操作，在其操作中要在下一个周期开始前完成一个原料制备、加工、发酵或蒸馏整个周期。

生物能源（Bioenergy）：产自有机物质的有用且可再生的能源。有机物质可以直接作为燃料利用，也可以加工成为液体或气体形态。

生物产品(Bioproduct)：产自可再生原料中的物质，例如，纸张、乙醇、棕榈油等。

生物炼制厂（Biorefinery）：将生物质加工和转化成高附加值产品的设施。这些产品可以从生物物质到生物燃料，如乙醇或化学产品等物质的重要原料。生物炼制厂可以基于一系列利用机械、热量、化学和生物化学工艺的加工平台。

英热单位（British thermal unit）：在一个大气压和 60—61°F（15.5—16.1℃）[1]条件下，将 1 英磅水提高 1°F 所需的热量。

资本成本（Capital cost）：完成一个项目并使其达到商业化状态所需的全部投资。

催化剂（Catalyst）：可以提高化学反应速度的物质，它并不为化学反应消耗，也不为化学反应生成。酶是生物化学反应的催化剂。

十六烷（Cetane，Hexadecane）：一种烃基碳氢化合物，分子式为 $C_{16}H_{34}$，由 16 个碳原子的链组成，两端碳原子上各键合 3 个氢原子，其余 14 个碳原子各键合 2 个氢原子。十六烷常作为十六烷值的简写，用作柴油燃料的指示值。十六烷在压缩条件下极易点燃；因此，其十六烷值被定为 100，作为其他燃料混合物的参照。

炭（Char）：固体生物质不完全燃烧残留物（例如，木头不完全燃烧留下的木炭）。

考得（Cord）：由 128 立方英尺（3.62 立方米）组成的木材堆垛。一个考得的尺寸为 4 英尺 ×4 英尺 ×8 英尺，包括空隙和树皮。

玉米秸秆（Corn stover）：玉米收获籽粒后剩余的残留物。

裂解（Cracking）：打破分子键以降解分子量。裂解可借助热、催化剂或水解来完成。分子量重的碳氢化合物（如燃油）可以裂解成分子量轻的碳氢化合物（如

---

1 摄氏度 =5/9（华氏度－ 32），华氏度 =（9/5× 摄氏度）+32。——译者注

汽油）。

农田（Cropland）：农田包括五种类型：收获后的农田、歉收的农田、休耕的农田、草场农田和闲置农田。

脱水作用（Dehydration）：除去任何物质中的水分子。

脱氢作用（Dehydrogenation）：除去化学物质中的氢原子。

变性剂（Denaturant）：使乙醇变成不再适宜燃烧状态的物质。

除水作用（Dewatering）：通过过滤、离心、压滤等方式分离固体废麦芽浆、沉淀物和釜馏物中的自由水。

蒸炼器（Digester）：一种生化反应器，其中厌氧菌被用作分解生物质或有机废物变成甲烷和二氧化碳。

双糖（Disaccharides）：一类复合糖，水解后产生两个单糖单元，例如蔗糖、麦芽糖和乳糖。

贴现率（Discount rate）：一种把未来成本或受益变成现值所用的利率。

蒸馏（Distillate）：将液体以蒸汽形式除去并在蒸馏期间实现浓缩。

蒸馏工艺（Distillation）：一种通过煮沸将液体混合物成分分离并使产生的蒸汽再浓缩的工艺。

干酒糟（Distillers dried grains，DDG）：谷物发酵过程的酒糟副产品，可用作高蛋白动物饲料。

下吸式气化炉（Downdraft gasifier）：一种气化炉，其气体产物通过位于炉底部的燃烧区。

替代燃料（Drop-in fuel）：传统燃料的替代品，完全可以同传统燃料互换且相容。替代燃料无须改变发动机、燃油系统和燃料分销网络，可像现有的发动机那样使用纯石化燃料或混合其他燃料。

干燥（Drying）：除去生物质中的水分以提高其可适性及其效用。

干吨（Dry ton）：2000 英磅无水生物质。

E-10：以体积计，含有 10% 乙醇和 90% 汽油的混合燃料。这是最常见的乙醇 - 汽油混合燃料。

E-85：以体积计，含有 85% 乙醇和 15% 汽油的混合燃料。

流出物（Effluent）：加工活动排出的液体或气体，通常含有这种用途的残留物。也指来自化学反应器的排放。

排放物（Emissions）：释放到空气和水中的废弃物。

能源植物（Energy crop）：特别为用于燃料价值种植的商品作物，包括像玉米、甘蔗等食用作物和杨树、柳枝稷等非食用作物。

酶解（Enzymatic hydrolysis）：利用酶来促进转化，通过与水发生化学反应将一种化合物分解成两种或两种以上的小分子物质。

酶（Enzyme）：能加速发生在生物体中化学反应的蛋白质或以蛋白质为基础的分子。酶在单一化学反应中起着催化剂的作用，将特定的反应物转化成为特定的产物。

酯（Ester）：酸与醇反应生成的化合物。在羧酸酯中，酸的羧基（–COOH）与醇的羟基（–OH）失去一个水分子变成一个酯键（–COO）。

乙醇（Ethanol，CH_3CH_2OH）：糖发酵产生的无色、可燃液体。乙醇可用作氧化燃料；醇存在于烈性酒中。

外部性（Externality）：不以产品或服务价格计算的成本后收益。常常指污染或其他环境影响引发的成本。

脂肪酸（Fatty acid）：一种具有长碳氢侧链的羧基（–COOH）酸。

原料（Feedstock）：任何可以直接用作燃料或转化成为其他形式燃料或能源产物的物质。生物能源原料是生物质的原初来源。例如，生物能源原料包括玉米、作物残留物和木本植物。

发酵（Fermentation）：将复杂有机大分子（例如，碳水化合物）分解成简单的物质（例如，乙醇、二氧化碳、水）的生物化学反应。细菌和酵母可以将糖发酵变成乙醇。

固定碳（Fixed carbon）：以特定的方式加热热解不稳定成分并蒸馏可挥发物后剩余的碳。

闪点（Flash point）：当明火置于可燃液体的上方时其开始燃烧的温度。乙醇闪点为51°F。

飞灰（Fly ash）：悬浮在燃烧产物中的小灰分颗粒。

林地（Forest land）：存有至少10%森林的任何大小的地段，包括那些从前曾经有深林覆盖或者那些自然或人工再生林。林地还包括茂密森林到无林地的过渡地带，以及那些至少有10%树木或森林的近城区域和建设用地。

林木残留（Forestry residues）：林木残留包括从商业采伐的阔木材叶和针叶木材上去除的树冠、枝干以及其他树木管理操作（如采伐前修剪）树木物料，以及去除的死亡植株等。

化石燃料（Fossil fuel）：来自于地下由死亡植物和动物残体形成的碳或碳氢燃料。化石燃料的形成经历了数百万年。石油、天然气、煤都是化石燃料。

真菌（Fungi）：类植物微生物，其细胞具有清晰的细胞核被核膜包被，真菌不能进行光合作用。真菌包括酵母、霉菌等，可以消解微生物残体。

燃料循环（Fuel cycle）：发电所需的一系列步骤。燃料循环包括开采或获得粗燃料、加工和净化燃料、燃料运输、发电、废物管理、工厂退役。

燃料处理系统（Fuel handling system）：从卡车卸载木头燃料并将燃料运输到仓储堆或仓储室，在仓储室输送到锅炉或其他能源转化设备的系统。

燃料处理评价系统（Fuel treatment evaluator，FTE）：一种可帮助鉴别、评价和优选燃料处理机会的战略性评价工具。

燃烧炉（Furnace）：一种密闭燃烧室或燃烧容器，以控制方式燃烧生物质为一定空间供热或加热。

半乳糖（Galactose）：一种六碳糖，分子式为 $C_6H_{12}O_6$，是生物之中半纤维素分子中半乳糖体水解产物。半乳糖体是半乳糖聚合物，以 $C_6H_{10}O_5$ 为单位的重复聚合而成。

气化工艺（Gasification）：任何将原料转化为气态燃料的化学工艺或热工艺。

气化炉（Gasifier）：将固体燃料转化成气体的装置。

吉瓦（Gigawatt，GW）：电力计量单位，等于 10 亿瓦（1000000kW）。大型煤电厂或核电站通常有 1GW 的发电量。

葡萄糖（Glucose，$C_6H_{12}O_6$）：一种可发酵的六碳糖。

甘油（Glycerin）：生物柴油生产的液体副产品。可用于制造炸药、化妆品、液体皂、燃料和润滑油。

绿色柴油（Green diesel）：利用传统蒸馏方法从原料制取的替代柴油燃料。

绿色汽油（Green gasoline）：由生物质（例如柳枝稷和杨树）生产的与化石汽油一样的液体化学产品。在美国，绿色汽油尚处在研制阶段。绿色汽油也称为可再生汽油。

电网（Grid）：用于分配电能的电力系统。

硬木植物（Hardwood）：一类双子叶树种，与针叶植物相对，生长阔叶。植物学名叫被子植物。木头与实际的硬度无关。短生长周期速生硬木树种正在作为将来的能源植物来培育。

公顷（Hectare）：常用公制面积单位，等于 2.47 英亩。100 公顷 = 1 平方公里。

半纤维素（Hemicellulose）：半纤维素由短而高度分支的糖链组成。与只有葡萄糖分子聚合的纤维素相比，半纤维素由五种不同的糖聚合物组成。它含有五碳糖（通常是 D- 木糖和 L- 阿拉伯糖）、六碳糖（D- 半乳糖、D- 葡萄糖和 D- 甘露糖），以及糖醛酸。糖多被乙酸取代。与纤维素相比，半纤维素的分支特性被认为其无定形和比较易水解成其组成成分（糖）。水解时，硬木中的半纤维素主要释放出木糖（一种五碳糖），而软木中的半纤维素则主要释放出更多的六碳糖。

马力（Horsepower，hp）：机械能输出测量的单位，通常用来描述发动机或电动机的最大输出功率。1 马力 = 550 尺磅每秒 = 2545 英热单位每小时 = 745.7 W = 0.746kW。

碳氢化合物（Hydrocarbon，HC）：一种只含有氢和碳的化合物分子。

碳氢排放（Hydrocarbon emissions）：在汽车排放尾气中，气体通常是来自不完全燃烧和液体汽油的气化产生的碳氢化合物蒸汽。碳氢排放贡献于地面臭氧。

氢化裂解（Hydrocracking）：在高压和适当温度下，通过对有机物分子加氢的一种工艺；氢通常用作催化裂解的附加物。

氢化作用（Hydrogenation）：用氢和适宜的催化剂在高温高压下处理某种物质达到双键饱和。

水解（Hydrolysis）：一种释放复杂的分子链中糖分子的化学反应。在乙醇生产中，水解反应通常分解生物质中的纤维素和半纤维素分子。

间接液化（Indirect liquefaction）：通过合成气体中间步骤将生物质转化为液体燃料。

工业木材（Industrial wood）：除了作为燃料之外的所有商业用圆木产品。

接种体（Inoculum）：从纯培养物种生产的微生物；用于在更大培养容器中对其培养繁殖。

焦耳（Joule，J）：公制能量单位，等于 1 N 的力用于位移 1m 的距离所做的功，即 1 kg m^2/s^2 制能量。1 J = 0.239 cal（1 cal = 4.187 J）。

JP-8（或 JP8，喷气发动机燃料 8）：一种基于煤油的喷气燃料，由美国政府 1990 年指定替代 JP-4 燃料；美国空军于 1996 年秋季以 JP-8 作为低易燃、低危险的燃料全部代替了 JP-4，以提升安全性和作战性能。美国海军使用类似的配方 JP-5.

千瓦（Kilowatt，kW）：电力测量单位，等于 1000W。1 kW = 3412 Btu/h（英热单位每小时）= 1.341 马力。

千瓦时（Kilowatt hour，kWh）：能量测量单位，等于 1 h 消耗 1 kW 能量。例如，1 kWh 可以点亮一盏 100-W 的灯泡 10 h。1 kW = 3412 Btu。

填埋废物气体（Landfill gas）：由填埋有机物自然降解产生的生物气体。

生命循环评价（Life-cycle assessment，LCA）：对一定的产品和服务的存在引起或所必需的环境影响进行的调查和评价，也叫生命循环分析、生态平衡分析、从摇篮到坟墓分析。

木质纤维素（Lignocellulose）：指主要由木质素、纤维素和半纤维素组成的植物材料。

兆瓦（Megawatt，MW）：电能度量单位，等于一百万瓦（1000 kW）。参见"瓦"。

甲烷（Methane，CH4）：天然气的主要成分。甲烷可以由厌氧消化生物质形成，或由煤炭和生物质产生。

甲醇（Methane，wood alcohol）：在高温高压条件下和催化剂作用下，一氧化碳与氢以 2:1 比例形成的一种醇。

微生物（Microorganisms）：任何一种显微镜下才能观察到的生物，例如，酵母、细菌、真菌等。

米尔每千瓦时（Mill/kWh）：美国电定价的常用方法。每千瓦时十分之一美分。

干燥基（Moisture-free basis）：生物质组成和化学分析数据通常以无水或干物质基础报道。在分析测试前通过将样品加热到 105℃ 将水分（以及其可挥发物质）除去使质量恒定。我们定义这种干燥的样品被认为是无水的。

单作（Monoculture）：单一栽培的一种作物。

单糖（Monosaccharide）：简单糖，如五碳糖（木糖、阿拉伯糖）或六碳糖（葡萄糖、果糖）等。而蔗糖是双糖，由两个单糖（葡萄糖和果糖）组成。

城市固体废弃物（Municipal solid waste，MSW）：包括来自城市污物收集系统的污水、工业和商业污物等任何有机物质。城市污物不包括农林污物和残留物。

氮氧化物（Nitrogen oxides，NO_x）：外界中的一氧化氮光化学反应的产物；光化学烟雾的主要成分。

不可再生资源（Non-renewable resource）：资源被利用后不可被替代。尽管化石燃料（像煤和石油）实际上是由生物质资源石化而成，但他们形成的速度太慢，因而实际上是不可再生的。

有机化合物（Organic compound）：含有化学上的碳氢键的化合物。通常还含有其他元素（特别是氧、氮、卤素、硫等）。

氧化剂（Oxygenate）：分子结构中含有氧的化合物。乙醇、生物柴油在与传统燃料混合时起着氧化剂的作用。被氧化的燃料可提高燃烧效率、减少尾气排放。

微粒（Particulates）：细微液体或固体颗粒，如空气或排放气体中的尘埃、烟尘、雾、烟、烟雾。

石油（Petroleum）：通过加工分离、转化、升级、精化从原油获得的复杂的碳氢混合物组成的物质，包括汽车燃料、喷气燃料、润滑油、石油溶剂和废机油。

光合作用（Photosynthesis）：许多植物和细菌借助光能用来从二氧化碳和水合成碳水化合物的一种复杂过程。光合作用是生物质生长初始的关键步骤，可用以下公式来表示：

$$CO_2 + H_2O + 光 + 叶绿素 = （CH_2O） + O_2$$

中试规模（Pilot scale）：一个介于小型实验室规模和大规模系统之间的系统规模。

聚合物（Polymer）：由较小的分子（单体）连接而成的大分子。

工艺开发单元（Process development unit）：一种为中试规模或示范工厂建立的用于概念证明、工艺经济、工程可行性的试验设施。

工艺过程用热（Process heat）：工厂制造过程中所需的能量（通常是热空气或蒸汽形态）。

发生炉煤气（Producer gas）：由于空气不足或通过固体燃料燃烧床的空气混合物和蒸汽燃烧的固体燃料产生的含有高浓度的一氧化碳（CO）和氢气（H_2）组成的燃料气体。

校验（Proof）：在 60°F 条件下液体乙醇的含量被定义为是酒精体积百分比浓度的两倍。

组分分析（Proximate analysis）：以指定方法测定水分、挥发物质、固定碳（用差值法）和灰分。不包括测定化学元素或除了上述指明以外的物质。分析的分类由 ASTM D3712 确定。

热解（Pyrolysis）：在无氧条件下通过加热分解复杂分子，生成固体、液体或气体燃料。

夸德（Quad）：能量单位，1 夸德 = 10^{15} Btu = 1.055 EJ，或大约 172 × 10^6 石油桶当量。

垃圾燃料（Refuse-derived fuel，RDF）：从城市废物中制备的燃料。将非可燃物质（如岩石、玻璃和金属）除去，固体废弃物中剩余的可燃部分粉碎。垃圾燃料设备通常每天可加工 100 到 300 吨城市废弃物。

生物质残留物（Residues，biomass）：从那些具有能量潜能的生物质形态加工获得的副产品。例如，从圆木加工得到的树皮、刨花、锯末、废纸浆液体生产固体木制品和纸浆等。由于这些残留物在加工节点收集，因此是使用方便、成本低廉的能量的生物质来源。

投资报酬率（Return on Investment，ROI）：一个项目净现值为零时的利率。Y 也可能是多值。

循环（Rotation）：木材种植到被认为成熟可伐和再植的时间年限。

糖（Saccharide）：可被水解成单糖单元的简单糖或复杂化合物。

糖化作用（Saccharification）：在长链碳水化合物分解为可发酵的糖分子时利用酸、碱、酶进行转化的过程。

软木植物（Softwood）：一般是一类树种，多数是针状叶或鳞片状叶，针叶植物树种就属此类。这一术语与木头的实际硬度无关。硬木的植物学名称叫裸子植物。

可持续的（Sustainable）：一种生态系统，在这种生态系统中始终保持着多样性、可再生性和资源的高生产能效性。

焦油（Tar）：热加工含碳物质产生的液体产品。

克卡（Therm）：一个克卡单位的能量 = 100000Btu = 105.5 MJ，主要用于计量天然气。

热化学转换（Thermochemical conversion）：利用热化学反应将物质变成能量产物。

用材林地（Timberland）：可以生产或能够生产工业木材植物和不因法律法规撤销林材使用的林地。适合用材林地面积每年每英亩生产20立方英尺的工业木材。近来有不可砍伐的林地包含在其中。

吨（Ton，Tonne）：一美国吨（短吨）= 2000磅。一英国吨（长吨或装载吨）= 2240磅。一公制吨 = 1000kg（2205磅）。一烘干吨（Oven-dried ton，ODT）（有时成为骨干吨，Bone-dried ton）是指一吨不含水分的木材。一鲜物吨是指未干燥（新鲜）生物质的重量。如果用鲜重计量燃料的重量，须表明材料的含水量。

总固物量（Total solids）：将生物质在105℃加热到恒重样品中的挥发物质全部去除后剩余的固体物质的量。（资料来源：Ehrman, T. Standard Method for Determination of Total Solids in Biomass, NREL-LAP-001. Golden, CO：National Renewable Energy Laboratory, October 28, 1994.）

酯基转移反应（Transesterification）：一个包括醇和甘油三酯化学反应生成生物柴油和甘油的过程。醇和甘油三酯含在植物油脂和动物脂肪当中。

甘油三酯（Triglyceride）：甘油醇和三个脂肪酸的复合物。大多数动物脂肪主要由甘油三酯组成。

挥发（Volatile）：固体或液体容易蒸发的特性。

废物流（Waste streams）：一个工艺过程中无用的固体或液体副产品。

瓦（Watt，W）：公制中力的功的常用单位。1 W = 1 J/s，或在电路中1A电流通过1 V电压差所做的功。1 W = 3.412 Btu/hr。

木材（Wood）：自然产生于树木中和灌丛植物的固体木质纤维素物质，由40%—50%的纤维素，20%—30%半纤维素和20%—30%的木质素组成。

致谢：名词术语基于橡树岭国家实验室和能效与可再生能源局编纂的词汇而成。

3.2 用于生物能源换算系数速查表 [2]

这里的生物能源换算系数速查表由橡树岭国家实验室的生物能源原料开发项目组编制，设计简洁、使用方便。绝大多数换算系数仅给出三种数值。对这些独立数值的核对，使用者可以查询其他原始来源。我们发现，下面的链接网站非常有用（许多大学网站具有很好的指南和系数换算表）：

- 美国国家标准与技术研究院（NIST）；
- 英国埃克赛特大学创新与数学教学中心；
- 美国密执安大学地质科学系；
- 度量单位转换网：Convertit.com.

除非有其他特别说明，这里所表示的能源含量系低热值（Lower Heat Value，LHV）（在大多数情况下，最接近实际能量产量）。高热值（Higher Heat Value，HHV）（包括燃烧产品的压缩形态）要超过5%（煤）—10%（天然气）的范围，主要取决于燃料中氢的含量。对于大多数生物质原料，其差异一般在6%—7%之间。但对燃料进行比较、计算热效率时，利用低热值（LHV）还是利用高热值（HHV）更合适，取决于实际应用。对于稳态燃烧，排放气体在释放之前进行冷却（例如，发电站），这时利用高热值进行计算比较合适。如果不打算从排出的热气体中提取任何物质（如汽车尾气排放），利用低热值进行计算比较合适。在实践当中，许多欧洲的出版物经常使用低热值，而北美的出版物多用高热值。

3.2.1 能量单位

3.2.1.1 度量衡

- 1.0 焦耳（J）= 1.0 米距离施加 1.0 牛顿的力 （= $1.0 kg\ m^2/s^2$）
- 1.0 焦耳（J）= 0.239 卡（cal）
- 1.0 = 4.187 J
- 1.0 吉焦耳 = 10^9 J = 0.948×10^6 Btu = 239 百万卡 = 278 千瓦时（kWh）
- 1.0 英热量单位 （Btu）= 1055 焦耳（J）（1.055 kJ）
- 1.0 夸德（Quad）= 10^{15} Btu = 1.055 艾焦耳（EJ），或大约 1.72 亿桶石油当量 （boe）
- 1000 英热单位 / 英磅（Btu/lb）= 2.33 吉焦耳 / 每吨（GJ/t）
- 1000 英热单位（Btu）/ 美国加仑 = 0.279 兆焦耳 / 每升（MJ/l）

---

2 本节作者：生物能源原料信息网；橡树岭国家实验室

3.2.1.2 功 率

- 1.0 瓦（W）= 1.0 焦耳 / 秒（J/s）
- 1.0 千瓦（kW）= 3413 英热单位 / 小时（Btu/h）=1.341 马力（hp）
- 1.0 马力(hp)= 550 英尺 - 磅 / 秒 = 2545 英热单位 / 小时（Btu/h）=745.7 瓦（W）= 0.746 千瓦（kW）

3.2.1.3 能量成本

- 1.00 美元 / 百万英热单位（$/Btu）= 0.948 美元 / 吉焦耳（$/GJ）
- 1.00 美元 / 吉焦耳（$/GJ）= 1.055 美元 / 百万英热单位（$/Btu）

3.2.2 常用度量单位

- 1.0 美国吨（短吨）= 2000 英磅（lb）
- 1.0 英国吨（长吨，海运吨）= 2240 英磅（lb）
- 1.0 公吨 （吨）= 1000 千克（kg）= 2205 英磅（lb）
- 1.0 美国加仑 = 3.79 升（L）= 0.833 英国加仑
- 1.0 英国加仑 = 4.55 升（L）= 1.20 美国加仑
- 1.0 升（L）= 0.264 美国加仑 = 0.220 英国加仑
- 1.0 美国蒲式耳 = 0.0352 立方米（m^3）= 0.97 英国蒲式耳 = 56 磅（lb） 或 25 千克（玉米或高粱）= 60 英磅（lb） 或 27 千克（小麦或大豆）=40 英磅（lb）或 18 千克（大麦）

3.2.3 面积与作为产量

- 1.0 公顷（ha）= 10000 平方米（m^2，100m×100m，或 328 英尺 ×328 英尺）=2.47 英亩
- 1.0 平方千米（km^2）= 100 公顷（ha）= 247 英亩
- 1.0 英亩 = 0.405 公顷（ha）
- 1.0 美国吨 / 英亩 = 2.24 吨（t）/ 公顷
- 1.0 公吨 / 公顷（t/ha）= 892 英磅 / 英亩
- 例如，一个"目标"为 5.0 美国吨 / 英亩（10000 磅 / 英亩）的生物能源作物产量 = 11.2 吨 / 公顷（t/ha）=1120 克 / 平方米（g/m^2）

3.2.4 生物质能源

- 考得（Cord）：由 128 立方英尺（3.62 立方米）组成的木材堆垛。一个考

得的尺寸为4英尺×4英尺×8英尺，包括空隙和树皮。1考得（Cord）含有大约1.2美国吨（烘干）= 2400 英磅（lb）=1089 千克（kg）

- 1.0 公吨木头 = 1.4 立方米（固体木头）
- 木材燃料的能量含量（高热值，干燥）= 18—22 吉焦耳/吨（GJ/t）=7600—9600 英热单位/英磅（Btu/lb）
- 木材燃料的能量含量（空气晾干，20% 含水量）= 约 15 吉焦耳/吨 =6400 英热单位/英磅（Btu/lb）
- 农业残留物的能量原料（因含水量不同范围较宽）=10—17 吉焦耳/吨（GJ/t）=4300—7300 英热单位/英磅（Btu/lb）
- 1 吨木炭 = 30 吉焦耳/吨 = 12800 英热单位/英磅（Btu/lb）[一般有 6—12 棵空气干燥的木头，即 90—180 吉焦耳（GJ）原始能量含量]。
- 1 公吨乙醇 = 7.94 桶石油 = 1262 L
- 乙醇能量含量（LHV）11500 = 英热单位/英磅（Btu/lb）= 75700 英热单位/加仑（Btu/gallon）= 26.7 吉焦耳/吨（GJ/t）= 21.1 兆焦耳/升（MJ/L）；乙醇高热值（HHV）= 84000 英热单位/加仑（Btu/gallon）= 89 兆焦耳/加仑（MJ/gallon）=23.4 兆焦耳/升（MJ/L）
- 乙醇密度（平均）= 0.79 克/毫升（g/mL）= 0.79 公吨/立方米（t/m³）
- 1 公吨生物柴油 = 37.8 吉焦耳/吨（GJ/t）= 33.3—35.7 兆焦耳/升（MJ/L）

3.2.5 化石燃料

- 1 桶石油当量（boe）= 约 6.1 吉焦耳（GJ）= 580 万英热单位（Btu）= 1700 千瓦时（kWh）；1 桶石油 = 42 美国加仑 = 35 英国加仑 = 159 升（L）；大约 7.2 桶石油等于 1 吨石油 = 42—45（GJ）
- 1 美国加仑汽油 = 115000 英热单位（Btu）= 121 兆焦耳（MJ）= 32 兆焦耳/升（MJ/L）（低热值，LHV）；高热值 = 125000 热单位/加仑（Btu/gallon）= 132 兆焦耳/加仑 = 35 兆焦耳/升（MJ/L）
- 1 公吨汽油 = 8.53 桶 = 1356 升（L）= 43.5 吉焦耳/吨（GJ/t）（LHV）=47.3 吉焦耳/吨（GJ/t）（HHV）
- 汽油密度（平均）= 0.73 克/毫升（g/mL）= 0.73 公吨/立方米（t/m³）
- 柴油 = 130500 英热单位/加仑（Btu/gallon）= 36.4 兆焦耳/升（MJ/L）= 42.8 兆焦耳/升（MJ/t）
- 柴油密度（平均）= 0.84 克/毫升（g/mL）= 0.84 公吨/立方米（t/m³）
- 注：每单位质量的石油能量含量（热值）是一个常数，但是其密度大不相同，因此 1 升、1 加仑的能量含量因燃料种类（汽油、柴油、煤油）不同而异。

● 1 公吨煤 = 27—30 吉焦耳（GJ）（含沥青 / 无烟煤）；15—19 吉焦耳（GJ）（亚烟煤 / 褐煤）（上述范围分别等于 11500—13000 英热单位 / 英磅和 6500—8200 英热单位 / 英磅）

· 注：每单位质量能量含量（热值）因煤的种类不同而异。"标准煤"（一般不特别指明）通常是指无烟煤，是发电厂最常用的燃料 [27 吉焦耳 / 吨（GJ/t）]

● 天然气：HHV = 1027 英热单位 / 立方英尺（Btu/ft^3）= 38.3 兆焦耳 / 立方米（MJ/m^3）；LHV = 930 英热单位 / 立方英尺（Btu/ft^3）= 34.6 兆焦耳 / 立方米（MJ/m^3）

· 用于天然气、甲烷的热量 = 100000 英热单位（Btu）= 105.5 兆焦（MJ）

3.2.6 化石燃料的碳含量和生物能源原料

● 煤（平均）= 25.4 公吨碳 / 特焦耳（t/TJ）

· 1.0 公吨煤 = 746 千克碳

● 油（平均）= 19.9 吨碳 / 特焦耳（t/TJ）

● 1.0 美国加仑汽油（0.833 英国加仑，3.79 升）= 2.42 千克碳

● 1.0 美国加仑柴油 / 燃料油（0.833 英国加仑，3.79 升）= 2.77 千克碳

● 天然气（甲烷）=14.4 吨碳 / 特焦耳（t/TJ）

● 1.0 立方米（m^3）天然气（甲烷）= 0.49 千克碳

● 生物能源原料碳含量：木本植物或者木质废弃物大约含碳量 50%；禾草或农业残留物含碳量大约为 45%。

以上资料来源：橡树岭国家实验室生物能源原来信息网。

参考文献

Oakridge National Laboratory, Bioenergy Feedstock Information Network. https://bioenergy.ornl.gov/main. (accessed 15.06.2014.).

Office of Energy Efficiency & Renewable Energy. http://www.energy.gov/eere/bioenergy/full-text-glossar (accessed 15.06.14.).

第二篇　作为生物燃料的木本和草本生物质

　　按照美国能效和可再生能源局[1]的定义，木材（Wood）是指自然产生于树木中和灌丛植物的固体木质纤维素物质，由40%—50%的纤维素，20%—30%半纤维素和20%—30%的木质素组成。世界粮农组织（FAO）[2]则将木材能源定义为"来自与其相一致的热量值的木材燃料的能源"，将能源草本植物定义为"禾草能源作物"。这两种固体生物质能源的选择——木本植物和草本植物，以及它们如何用作生物燃料，将在第二部分以较大篇幅阐述。有关生物质转化过程（包括气化、热解、化学预处理、生物学预处理、水解、发酵等）将在第五部分介绍。

　　第四章（木本植物生物能源）将木材能源定义为"从乔木和灌木的生物质直接或间接转化产生的能量"。在介绍木材能源来源之后，讨论美国和全球木材能源应用情况，以及木材生物能源的价值和优势。这一章还讨论了如何管理作为生物能源的木材生物质，如何收获、运输和使用木质生物质。木质生物能源加工过程包括"直接燃烧"（用于煮饭、取暖或发电）、"转化成液体和气体生物燃料"、"生物化学工艺加工"（包括木质纤维素原料的厌氧消解及发酵、有氧消解及发酵）、热化学加工（热解、气化、液化、热液浓缩加工）。本章最后讨论了木本生物能源经济学和可持续性利用问题。

　　第五章（多年生草本生物质生产与利用）首先对草本能源植物做了这样的介绍："那些用来生产生物质的草禾植物是一类草本生物质，包括来自直接用于能源种植的所有非木本植物、植物器官和残体。"接着讨论了生物质能源系统用于对草本植物生物质系统进行开发和评价的四要素（原料供应、生物质转化、分销和最终利用），并介绍了不同的草本能源植物，包括柳枝稷、芒草、草庐，它们可以用于转化成颗

图 II-1　用于燃料的木本和草本生物质

（A. Dahiya 绘制）

---

1 http://www.energy.gov/eere/bioenenrgy/full-text-glossary.

2 ftp://ftp.fao.org/docrep/fao/007/j4504e/j4504e00.pdf.

粒、团块、方块形式的固体燃料，以及乙醇、甲醇、烷烃等高级形态的液体燃料。之后讨论了草本植物生物质特性及其对环境的影响。最后讨论了草本植物的经济学和未来发展趋势。

第六章（木本和草本植物能源相关服务的学习计划及其案例研究）首先介绍了学生承担的木本和草本植物能源相关的项目（作为大学本科水平"生物能源——从生物质到生物燃料"课程的组成部分）。之后详细讨论了三个案例研究示例。这些案例研究了利用木本植物和草本植物进行颗粒形生物燃料生产，并对一个 130 英亩的现场生物质资源基地进行了评价，还对堆肥热量进行了探讨。

第四章

木本植物生物能源

William G. Huubard

美国，佐治亚州，雅典，佐治亚大学南方林业推广站

4.1 引 言

从来自乔木和灌木生物质直接或间接转化产生的能量被称为木本植物生物能源。这种能量可以来自木头的直接燃烧或者木头与煤等其他燃料混合燃烧，还可以来自一系列热转化或化学转化过程。木本生物能源被认为是一种自然界中多种可再生能源或"取之不尽、用之不绝"的能源。消耗的木本生物质产生的二氧化碳和其他排放物可以被栽植的幼树所利用。这种"碳中和"循环成为木本植物生物能源被认为是不断枯竭的传统能源的最可行的替代品的主要原因。这也是美国和世界范围内正在热议的一个话题。

木本生物能源来自木材生物质，这种生物质产自树木和灌木的生长过程。它有其最简单的形态，是水、纤维素、半纤维素和木质素结合的产物。木本生物质产于所有树木，具有多种重要功能，包括力学支撑以及树木的木质部和韧皮部细胞作为工具将水分和养分携带到植物体的各个器官。生物质都是通过光合作用过程形成的。光合作用是借助太阳光使水和二氧化碳结合为植物体合成能量的过程。木质生物质是由树的主干、树皮、枝干、叶子和根中累积的有机质构成的。

4.2 木质植物能源：一种广泛和可再生能源

许多木质生物能量经济的原料直接或间接来自林地树木。林地的定义是地上至少有 10% 的树木覆盖（Smith 等，2009）。美国有三分之一的土地覆盖森林，占美国大约 750000000 英亩或 3000000 平方公里土地。从全球来看，不同国家差别很大，俄罗斯、巴西和加拿大具有近 40 亿英亩（14000000 平方公里）的森林，而有些国

家实际上根本没有森林（图 4-1）（Food and Agriculture Organization of the United Nations，2012）。这些森林极富多样性，代表着丰富的物种和生态系统。这些物种和生态系统与各种各样的气候、地貌、当地环境条件有着密切关系。

表 4-1　世界不同地区森林覆盖率

地　区	森林面积（万公顷）	森林覆盖率（%）
非洲	674419	17
东部和南部非洲	267517	7
北非	78814	2
西部和中部非洲	328088	8
亚洲	592512	15
东亚	254626	6
南亚和东南亚	294373	7
西亚和中亚	43513	1
欧洲	1005001	25
俄罗斯联邦	809090	20
俄罗斯以外的欧洲地区	195911	5
北美和中部美洲	705393	17
加勒比地区	6933	0
中美洲	19499	0
北美	678961	17
大洋洲	191384	5
南美洲	864351	21
全世界	4033060	100

资料来源：Food and Agriculture Organization of the United Nations, 2012

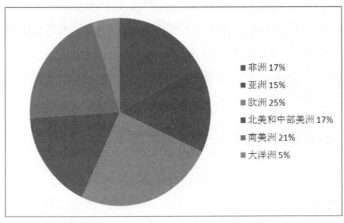

图 4-1　世界不同地区森林分布

（资料来源：Food and Agriculture Organization of the United Nations, 2012）

　　这些森林的所有权因不同的国家甚至一个国家内的不同地区而不同。例如，在美国东部，绝大多数森林为私人所有，而在西部绝大多数林地为机构（如美国林业局、美国土地管理局、美国国家公园局）代表公共所有（图 4-2）（Nelson 等，2010）。私有包括个体所有、公司所有、投资公司所有、非政府组织所有。这些林地面积大小各异，管理也因所有者的目的不同而异。根据市场和所有者的兴趣，林地所有者可能希望采取某种形式的管理（如庄园式管理），或者将其靠自然控制。例如，在美国东北地区，4500 多万英亩再植松树，为木材市场的仓库（图 4-3）（Smith 等，2009）。这些森林的所有者栽树希望用作商品，包括纸浆、纸张、木材、木板或木质生物质。许多林地所有者常常等数年直到树木长大至商用，如果行情不好甚至等更长时间。然而，与农场主不同，森林所有者可以让其树木"坐等时机"，直到市场行情好转。这往往导致树木长成更大、价值更高的产品，如高质量的木材、胶合板和用于公共设施。

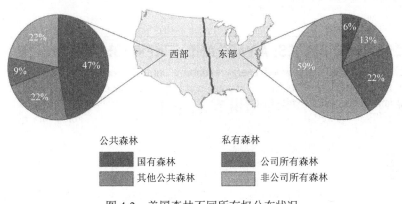

图 4-2　美国森林不同所有权分布状况

（资料来源：Forest Service, Northern Research Station）

　　在美国和许多其他国家，具有专业的森林管理和政策以确保公共和私人的森林可持续发展。美国的绝大多数林地在砍伐后或者人工再生，或者自然再生。所采取的"最优管理"（非强制性的）确保了水质不因森林管理而降低。此外，各种林业技术的应用确保了森林可以抵御病虫害的爆发以及其他人为引起的环境压力因素。

　　然而，美国和世界范围的许多森林被认为"存量过剩"或不健康——也就是说，生长过密而不能保证最佳健康状态。过密的林分又导致火灾风险、生长迟缓，还成为害虫和病害及外来植物的滋生地（图 4-4）。这种过密且管理不到位的森林已经导致大量荒废。1988 年美国西部的黄石大火几乎烧掉 800000 英亩（3200 平方公里）森林。如果采取积极的管理措施（如控制杂物焚烧，修剪树体，甚至限制商业采伐），这次大火完全可以避免或大大减低严重程度。

图 4-3　美国东北地区 4500 多万英亩再
植松树是重要的木材市场的仓库
（资料来源：Natural Resource Conversation Service）

图 4-4　过密的林分又导致火灾风险、生长迟
缓，还成为害虫和病害及外来植物的滋生地
（资料来源：http://www.bugwood.org）

在世界各地，另外一个森林健康问题是"趋高分级"，就是将森林中最大和 /
或最好的树株选出，剩下那些树体小、有病不健康的树株继续生长，来恢复森林。
这已对森林和生态系统构成、结构和功能产生副作用；并且限制了林地所有者实现
长期的经济可持续性的能力。趋高分级森林（特别是世界阔叶林区）常常通过去除
病株和弱小植株，以及重新造林等实现最优管理。在这些地区，木本生物质市场为
林地所有者提供了其改良森林的经济动力。

4.3　木本生物能源在美国和世界的应用

木头自亘古就作为能源被利用。利用木头取暖、烧饭不仅可被追溯到文明前
期，而且即使今天的许多发达和发展中国家依然继续使用木头来满足取暖、烧饭
的目的。事实上，在许多欧洲国家，因空气清洁法规，又重新恢复用木头取暖。欧
洲的这种需求主要是通过从美国和加拿大进口颗粒化木质生物质来满足。美国的许
多林业企业充分利用热电联供（Combined heating and power，CHP）系统中加工所

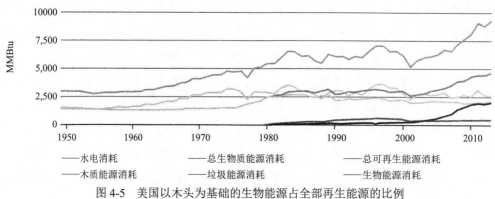
图 4-5　美国以木头为基础的生物能源占全部再生能源的比例
（资料来源：U. S. Energy Information Administration, 2012）

获得的木头薄板、厚板、刨花、锯末。这减少了或根本不需要他们对外部能源供应的依赖，甚至在某些情况下他们还有机会向其他企业售卖能量。在美国，以木头为基础的生物能源约占全部再生能源的23%（图4-5）（U.S. Energy Information Administration，2012）。

4.4 木本生物能源的价值与效益

利用像木头这样的自然资源生产能量具有很高的价值和很多优点。正如前面提到的，利用木头能源替代传统的煤炭或石油能源具有的环境益处，就是不会从地下将存储的碳挖竭。不断发展的科学告诉我们这样的事实，人类社会对温度带来很大影响，部分原因就是因为化石能源燃烧所致（Stocker等，2014）。如果管理得当，木质生物能源将提供更加清洁的替代能源。管理得当的森林和林地可以利用燃烧过程产生的碳元素。木质生物能源最终可以抵消过量的碳元素和其他微粒对全球气候变化的影响。

利用木质生物能源，除了环境效益外，还有许多社会、政治、和经济效益。由于近年来全球冲突，能源安全和自给自足成为许多国家的政治议程。在美国和加拿大这样的国家，森林资源非常丰富，并且管理先进，因而可以通过木质生物能源提供总能源需求的一部分，从而减少对从国外进口能源的依赖。农村社区、土地所有者、林业资源专业联盟也可以从不断增长的木质生物能源获得益处。森林生物质生产可以增加就业，支持当地经济发展。传统林业生产可以向工厂供应木质纸浆、锯材原木。这些产品的价格和需求数量往往依开放市场的需求而波动。木质生物质生产可向林地所有者、木材采伐者等提供增值产品。这些增值产品可以为他们、为土地和森林，以及为社区及生产利用能源的企业带来益处。有些情况下提高森林的利用，而另一些情况下则利用传统的废弃物作为能源供应。

4.5 木质能源

木质能源可来源于各种生物质源。这些生物质源可产生于土地、工厂或填埋物。现在利用的大部分木质生物质多来自那些被称为伐木残留物和修剪下的残留物，包括数以吨计的整树、枝干、细枝、树叶、树冠（图4-6）。这些生物质残留物常常被遗留腐烂在伐木原地，但完全可以用作木质生物能源产品，如木质颗粒、液体燃料等。虽然科学研究正在测定从伐木原地去除这些生物质材料对环境的短期和长期影响，但目前林业专业人士的一致意见是，只要按照推荐的方法和指南实施，就可以将负面作用降低到最小。

其他木质生物能资源来自修剪残留物（清除这些残留物有利于减少火灾风险），

图 4-6　伐木残留物和修剪下的残留物，包括
数以吨计的整树、枝干、细枝、树叶、树冠
（资料来源：Jeremy Stovall, Stephen F. Austin University）

还有从自然灾害收集的残体——这些努力包括清除活的、病伤的和枯死的树株，否则会造成新的灾害。尽管外行人看不明白，但是如果黄石森林能够适当修剪，其灾害情形（图 4-7）就会大大减低。像美国南方的飓风和东北的冰雹这样的灾害因造成大量树株伤亡，经常引起火灾、虫灾和病害。

其他木质能源还包括木材加工废弃物和城市/景观废弃物，这些废弃物通常送往填埋垃圾场。木材加工废弃物包括锯末、

小木片、木板和其他未用于纸张生产、圆木和家具制造的材料。许多林业企业可以将这些肥料转化成能源为自己的工厂提供动力。有些完全可以自给自足，另外一些还将多余的电能卖给别人。木质生物质还来源于建筑残留物和景观建造材料。对这些材料有必要做进一步处理，去掉水泥、金属、塑料等非木质材料。

最后，还有一种木质生物能源直接来源于专为能源栽种的森林。这些森林实际

图 4-7　黄石森林火灾害情形
（资料来源：Billy Humphries）

上属于短期轮木本植物系统（SRWC）。SRWC 通常由具有所希望的能源性状的速生树种组成，如杂交杨树、桉树、美国枫香树等。为了更加容易运输和储存，还特别设计了用于伐树的专用设备（图 4-8）。

图 4-8　伐树专用设备
（资料来源：U. S. Forest Service）

4.6　用于生物能源的木质生物质的经营管理

有兴趣积极从事用于生物能源系统的木质生物质生产的农场主、林场主、伐木工等非常赞同这样的事实：许多现行的林场管理生产系统只需稍加改良，甚至不需任何改变，就可满足生物能源系统的需要。造林学（或称森林管理）包括对特定景观有目的的操作

以实现一个或多个目标。很多时候，这些目标包括一种或多种林业产品的生产，如木质纸浆或锯材等。而林场主的目标可能还包括改良野生动植物的生活习性、改进休闲活动以及美学目的，或者改良土壤以利于子孙后代。不管什么情况，林场主将致力于景观的改进，在其可控的范围把当下的情况改良到其未来希望的样子。林业工作者和其他专业人士为林场主提供建议，并负责帮助林场主达到这些目的。

符合林场主目的的造林操作强度有各种不同层次。有些系统（如美国南方精细管理的松林庄园）还包括农业操作，将那里最具生产力的秧苗栽植到最具生产力的地块。这些秧苗成行栽植，每英亩达数百株。地块整理如同农田，必要时还施用肥料。必须经常进入森林进行监测以确保森林木材产品产量最大。森林管理包括对林分疏化处理，去掉那些形成售卖产品的树株，以保证剩下林分树株生长成为具有更高价值的产品（如那些用于锯材和家具的木材）。在美国，这样的庄园绝大多数是松林；而在世界其他地区则主要是阔叶林，其中至少有一部分是为能源需要来生产木质生物质的。这些林木达到可售卖的树龄便进行砍伐。可售卖的树龄因种植条件、地理位置和市场情况而异。森林可以全部砍伐，或者部分砍伐，如条伐、片伐，留下采种树、庇护林等。每一种办法均有其优缺点，各自可以生产用于能源的木质生物质。

除了造林制度，林场主还可根据当地的生理和性能做出其他的选择。有一种或多种树种混种的森林是非常独特的系统，包括生物区系和非生物区系的多样性。森林可分为硬木林和软木林两类树种。一般来说，硬木林系阔叶树种，而软木林系针叶树种。例如，阔叶树种包括橡树、山核桃、美洲山核桃、杨树等；而软木树种包括松树、冷杉、雪松等。一般来说，硬木林生长比软木林生长慢，但在 SREC 区域对数种硬木林改良取得很大进展。生物质和与生物能源相关特性在不同的树种之间有很大差异，软木林一般更具有所期望的生物能源性状和特征。

4.7 用于生物能源的木质生物质的采伐、运输和储存

木质生物质的采伐、运输和储存系统由设备和活动组成，这些设备和活动是根据林场主经营目标、资源效率以及设想对环境的影响来设计安排的。系统的规模从传统的大型系统到新的小型系统情形各不相同。在北美许多地方的林业操作均为大规模的机械化系统，充分利用了规模经济的优势。每英亩的盈利水平与很多因素有关，包括预期的林产品数量和质量、距离公路和市场的远近、地形地貌等。为了盈利，采伐专业人员和伐木工必须大笔投资机械设备。以单向来经营木质生物质成本会很高，但往往又期望如此经营。在这种制度中，像砍伐机、集材机、采集机、削片机等机械在林地的路上要科学操作，以便实现产品选择的最大化（图 4-9）。这样可以将大、中、小树株分开，并且将树冠、枝干、和细枝收集用于生物质目的。

图 4-9 采伐机械

（资料来源：U. S. Forest Service）

该目标在于一次完成收集和区分，把机器运动、产品运输和对环境的影响减到最小。双行程法包括首选收集主要产品，然后收集林业残体。该方法目前尚未被证明其经济可行性。

为了减少前期成本和去除那些树干或畸形的树株，小规模系统依然被选择使用。小规模系统包括改良的拖拉机、小型履带式集材机，甚至是畜力（如马、骡等）。小规模采收系统除了要投入更多的管理人员和对操作人员的培训成本外，还可能对采收地产生一些负面作用。然而，小规模采伐系统常常缺少有经验的操作人员，并且由于职业安全与健康署很难对他们监管，因此他们的安全档案还存在疑问。小规模木质生物质采收系统依然是可行的选择，对这一领域继续研究面临良好前景。

由于木本生物质所处的地理条件、木头的体积和重量，运输和储存用于生物能源的木本生物质也面临各种难题。因为生物质材料的体积、水分含量、土沙含量、质量等因素，生物质必须进行预加工，直到能够进行运输。木头切片机、切割机、粉碎机等设备用于粉碎或切割木质材料。切割颗粒的大小非常重要，这其中有各种原因。除了当下利用时能够直接装入锅炉或其他生物能源加工机械外，颗粒大小还影响到干燥和装载活动。这些颗粒不能太湿、太大或太小，因为那样不能在生物转化机械中燃烧或有效流动。木质生物质还可以非切割方式处理和以所谓打捆运输转运到生物能源加工厂，然后再做进一步处理。此外，木本生物质还可以非加工形态（枝干、细枝、主干和叶子）运输。在美国和加拿大，后两种形式因不经济而很少被采用。

木质生物质采伐后用拖拉机或拖车运送到生物能源最终的加工点。以未加工的形式运输的生物质容积密度低，而未粉碎的生物质，不仅容积密度低，而且还存在不耐储藏的问题。捆扎材料和整圆木主要是用拖拉机 - 拖车或者原木拖车运输，而切片、粉碎的材料和锯末则通过箱式货车或开口散货箱式货车运输。材料的运输必须符合州政府或联邦政府的法规，运输期间减少或杜绝遗撒或扬尘。

最后我们要强调与木质生物质储存有关的重要概念。供需决定了一定时间和地点必须转化为能量产品的木质生物质的数量。在很多情况下，木质生物质的采收、加工、运输和利用在很短时间内完成，无须长时间储存。如果是这种情况，生物质以松散形式运输比较有利。在这种情况下，叶子、针叶会干燥脱落，因而减少灰分含量，这时灰分会成为一个问题。松散生物质的干燥可以降低水分含量，增减热容量。长期储存生物质小片和切碎的材料有很多缺点，高温时会因真菌和霉菌导致干物质损失，还有自燃的风险，要特别注意储藏垛，温度避免过高。

4.8　木质生物质的利用

木本生物质是一种最为常见但十分复杂的可再生能源，其纤维素、半纤维素、木质素和矿物质等成分因物种不同而异，可以直接燃烧供热和发电，也可以通过机械、热力、化学和生物加工间接转化成能量。木质生物质中的纤维素、半纤维素是由键合的糖分子组成的，其结构比一年生草本植物更为复杂，例如，玉米、高粱等所含多是简单的淀粉。因此，把木质生物质加工转化成为能量更加困难，成本也更高。

在当今，很多情况下森林和木材加工的残料是木质能源的主要原料。在另外一些情况下，也用来自森林的整体树株，甚至来自 SRWC 能量植物的生物质。林业加工残料就是那些采收纸浆木料后在林地留下的残体。木材或工厂加工残料是来自木材、纸张及其他木料产品，一般都位于加工点。木本生物质主要被用作三种形态的燃料：固体、液体和气体。固体木质生物燃料包括木柴、木炭、生物炭、烘焙生物质、生物焦炭 (与焦炭结合)。来自木质生物质的液体燃料包括来自木质纤维素的乙醇、丁醇、甲醇、生物柴油、热解油，以及非燃料性的化学物质（如乙酸乙酯、乙烯等）。来自木质生物质的气体燃料包括沼气、合成气、煤气、天然替代物（Basu，2013）。后面几节将讨论用于木质生物质转化为木质能源的各种加工工艺。

4.9　直接燃烧

4.9.1 取暖、烧饭和发电

木头用于家庭取暖和烧饭已有数千年历史。在无氧条件下对木头加热可以将其转化成木炭——这就是所谓的热解。世界上许多国家现在依然用木炭烧饭，在木质生物能源产业有多种热解方法在应用。

木头可以在家中以多种形式直接燃烧或混燃，或者用于传统或改造过的发电厂发电，或者在学校或医院等机构用于烧锅炉。为了把木柴直接用于取暖或发电，其外形通常要通过机械改变并加以干燥。木柴可以以积木块（大块儿可以烧壁炉或火炉）燃烧，或者机械加工成锯末、木板、木片、木块。通常情况下，用于生物能源的木头多为其他工业加工的残料（如木板加工的下脚料），所以其形状已经为我们所需。正如我们前面所提到的那样，美国南方大多林业产业用于取暖和发电，自给自足，主要是因为能够利用自己经营中多产的木材。我们还可以通过机械方式将木柴变成小块便于运输、储存或混燃。这就是人们为什么对木柴颗粒情有独钟的原因。

4.9.2 木质颗粒

欧洲对木质颗粒需求不断增加，这使得人们对其兴趣不断增加，并且成为木质生物能源利用的基本形式。木质颗粒主要由刨花、锯末、小片、木片等制成。将这些木材粉碎，或用其他机械方法打碎成小颗粒。这一过程包括干燥，将木柴原料中的水分减少 50% 或更低，最终达到 10% 左右。然后将材料加热、压缩，成型（利用木头细胞中的自然存在的木质素作为粘合剂），最终获得的颗粒大约为铅笔粗细，长约一英寸左右（图 4-10）。这些颗粒可以通过各种技术（如火炉或锅炉）用于家庭或商务机构，还可以在大型发电厂与煤炭共燃，以满足环境法规要求；还有一种利用方式是用于联合供热和发电系统。这些颗粒还可以基于本章后面介绍的一种或多种工艺转化成为气体、液体或燃油。现在已经开发出改良的木材颗粒，与碎煤一起燃烧效率更高，但该技术尚未被证明商业上是否可行。

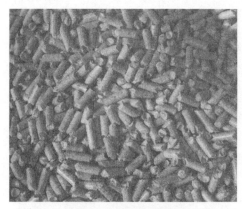

图 4-10　将材料加热压缩成型铅笔粗细、长约一英寸左右的颗粒
材料来源：U. S. Forest Service

由于世界范围内对木质颗粒兴趣不断增加，木质颗粒生产也迅速增加。人们之所以对这种木材颗粒兴趣大增，是因为欧洲的环保法规要求减少对化石燃料的依赖。北美（主要是美国和加拿大）是木质颗粒的出口国。相关政策和公众认识将主导未来这一产业的发展，但是产业专家预计其数量还会继续增加，因为全球其他国家也在寻找环境友好的化石能源替代品。

时下，木头通过锅炉蒸汽来供热和发电正被用于更多的热电联供工业。商业规模的热电联供系统运行良好，那里有大量森林供应且目前传统市场尚未达到那个需求。对这一木料能源利用形式的兴趣将会在某一地区随成本、可获得性和对化石燃料的供热负荷增加而不断增强（Jacobson，2013）。在佛蒙特州开始的学校燃料计划现在已经拓展到美国许多非学校地点，这是因传统燃料昂贵而利用木料对教育机构供热和发电的典型例子。

4.10 液体和气体生物燃料转化

在美国和其他地方，对现行化石燃料及第一代生物燃料的补充、替代方案的探索一直不断，主要包括从木质纤维素材料研制第二代或更高级的燃料。将木质生物质转化为可使用的燃料，主要有两种途径：生物化学途径和热化学途径。消化（无氧和有氧）与发酵是生物化学转化过程的核心。热化学转化关键在于利用热能、压力、不同浓度的氧和化学反应物。

木质生物质生产高级染料一般依赖于热解木材中的纤维素和半纤维素。然而，与水解玉米中的淀粉不同，木材纤维素中的化学键要强力得多。这需要用各种化学试剂（例如，酸）或酶对原料进行预处理，便于转化为糖，最终转化为醇或其他可用的燃料。

4.11 生物化学技术工艺

无氧消解是在没有氧气存在的条件下，利用细菌分解木质生物质，产生的生物能源包括甲烷（沼气），将其收集起来就可以利用。消解产生的产品类型和质量取决于诸多因素，包括保温的时间、液流的化学成分、毒素的存在和收集系统等。另一方面，有氧消化是利用环境中的氧气分解木质生物质，释放热量、二氧化碳和不能用于堆肥的固体。消化系统主要在有氧或无氧条件下利用这一分解过程，这在木质生物质生物能源领域迄今尚未有规模化应用。

木质纤维原料的发酵首先要将木头分解成纤维素、半纤维素和木质素，然后借助酶反应混合于水中转化为糖，再将其蒸馏，用作能源产品。酶反应可以基于酵母、真菌或细菌。这些微生物消化糖产生乙醇、二氧化碳、氢气和其他产品。这些过程残留的木质素这一副产品可以作为锅炉燃料用于发电和蒸汽生产。而二氧化碳作为这一过程的另一副产品可以卖给饮料制造商。

4.12 热化学工艺

4.12.1 热　解

木料在无氧条件下进行快速热分解被称为热解。热解可以产生生物油液体、气体和炭。先对木料进行粉碎，然后放入高热（温度在 932 ℉，即 500℃）的反应器中。在此温度条件下，木料变成了气体。在此转化之后进行冷凝，便收集到生物油液体、气体和炭。快速热解这一术语来自这样的事实：加热和冷却之间的时间非常短，结果可以产生较多所期望的生物油液体产品（Jacobson，2013）。一个热解过程的实例就是生产烧饭用的焦炭。

4.12.2 气 化

当木料在焚化炉经历高温处理时便可发生气化，其中的温度在 1112—1832 ℉（600—1000℃）；由于其中只有极为有限的氧气和 / 或蒸汽，所以是一种特别的燃烧过程（Basu，2013）。在此高温条件下木料直接转化成了生物气体。这种生物气体包括氢气、甲烷、一氧化碳和二氧化碳。这些气体可以被压缩储存、运输，或者就像我们常见的情况，与其他转化过程相结合生产各种以生物气体为基础的合成气体。通常有数种气化工艺，包括液化床反应器、挟流气化炉、移动气化炉、混合气化炉或新型气化炉（Phillip，2012）。这一工艺的副产品包括灰分、焦油、碳和其他碳氢产品（Hubbard 等，2007）。

4.12.3 液 化

这一工艺类似于原油自然形成的过程，只不过是发生在几分钟之内，而不是几百万年。生物质经过高热高压，目标变为碳氢油和其他副产品。直接液化也被称为热解聚作用。业已表明，热解聚已经成功应用于液体油生产。另外，一种新的间接液化技术已成功应用于生产合成气、乙醇和甲醇（Hubbard 等，2007）。

4.12.4 费希尔 - 特洛普希工艺（Fischer-Tropsch Process）

Fischer-Tropsch 工艺于 20 世纪 20 年代在德国建立。该工艺将一氧化碳和氢转化为可以替代石油的油或燃料产品。反应过程要利用含铁或钴的催化剂，并以来自临近的气化炉的部分氧化的煤或木质为基础的燃料（如乙醇、甲醇、合成气）作为反应物。这一过程可以生产"绿色生物柴油"或者是合成气，这取决于反应过程中的温度和氧浓度水平（Hubbard 等，2007）。

4.12.5 热解改质工艺

热解改质工艺（HTU）可将大量的生物质原料转化成液体燃料，这种液体燃料可以被改质成为高质量的柴油燃料。在热解改质工艺中，原料在 100—180 巴的气压下被加热到 572—662 ℉约 5—20 分钟，从而去掉原料中的氧元素。将大多数的氧去除，其数量等于二氧化碳和水（Hubbard 等，2007）。

4.13 木质生物质经济学

4.13.1 概 述

有多个因素影响木质生物质转化为生物能源的经济可行性，包括原料栽植生产、运输、储存相关的成本和与转化产品的转化、运输和储存相关的成本。特定的成本因所期望的木质生物能源产品、所使用的特定原料的种类、转化工艺、计划和实施的生产规模等不同而异。许多替代燃料经济的成功案例与规模经济和在市场价格条件下生产和运输的能力有密切关系。

与木料经过加热（或化学、生物学）工艺转化为液体或气体木料不同，以原料形态投入废热发电设备，或者锯木厂或纸浆厂在室内把残料和锯末用于能源目的，已经形成了完整的不同供求关系和价格结构。目前，有两个木质生物能源领域受到极大关注：一是木柴发电和供热，另一个是木柴转化为液体燃料。下面从经济学角度对这两个方面加以讨论。

4.13.2 木柴发电和供热经济学

随着美国可再生能源投资增长和可再生燃料的标准化，政策制定者和能源企业有必要研究用可再生能源（如木料）供热和发电的经济学。正如我们前面提到的那样，欧洲对木质颗粒的消耗自 2010 年就大幅增加。当前，在欧洲许多国家的政策和经济形势下，其能源企业从美国和加拿大购买木质颗粒非常划算。这涉及各种协议，包括同林地主人的协议、与林业行业的协议、与颗粒生产企业的协议，以及与陆海运输从业者的协议，等等。此时要有几项长期供货合同，以确保颗粒化木质生物能源在可预见的将来手边有货。由于缺乏政策法规，目前在北美还尚未出现用于供热和发电的木质颗粒大规模生产。但是，北美已经有数个废热发电厂正利用木料和煤炭混合原料从事生产。

4.14 木质生物能源生产经济学

有数个因素影响木料生物能源生产系统的最终成功，除了与木质生物质和木料能源产品采收、运输、转化、利用外，还与原料生产与采购有关。这些因素因木质生物质的来源（例如，城市木料废物，SRWC，传统木材材料，等）和考虑期望的终端能源产品不同而不同。

购买自林业残留物的木质生物质经济学因林地特征和生产目标不同而不同。许多私营林地所有者在收获锯材和纸浆木材后并不希望从树冠、树枝以及其他残体中收到很多回报。在某些情况下，林地所有者可能付钱请人将这些残体清走。森林疏伐、当地市场需求、清除的材料的体积、类型决定清除这些残体是付费还是收费及其付费或收费的价格。例如，庄园中商业化前的疏伐是为了促进留下的林分的生长，通常伐除的树株没有什么市场价值。在自然林的情况下，在林分的一生各个阶段都有木材伐除，因而可能有商业价值，也可能没有商业价值。许多林分常常过密，不仅不健康，而且还容易发生火灾、虫灾、病害。各种性质的疏伐都可以促进林分生长，为当地能源生产系统提供生物质源。

城市目标废物也是一种可用低价甚至无成本获得的生物质源，是否有成本与其质量、地点等因素有关。许多大型景观企业和土地清洁企业通常乐于免费提供这些能源木料。在这种情况下，免去了运输和填埋成本。从传统的纸浆木和锯材收获系统可分为能源植被木料和树木，二者理论上获得成本较高，因而需要较高的能源价格或对目前尚不成熟的市场有较高的要求。

除了与原料生产和获得有关的经济问题外，还有若干其他因素必须加以考虑。例如，采收成本涉及设备、人员，以及与去除和将原料运输到能源生产地企业费用有关。一些城市木料废物可能还需要加工去除其中的杂物（如建筑垃圾）。最后，对于采伐像柳树和杨树这样的木质能源植物，还需要特定的设备。

原料采收获得之后，则准备运输。原料是否要进行原地劈碎、捆扎、干燥和进一步精细加工，这要看原料的来源。不少研究比较了原地劈碎和干燥与运到木质生物能源工厂的成本效率（COST EFFECTIVENESS）。研究结果也各异，取决于数个因素，包括原料的来源地、运送距离，以及要生产的木料能源产品。

运送成本必须加以考虑，包括运输到原料聚集地和能量转化地，或者最终的目的地。这些成本与运输距离和运送时间（季节——译者注）、燃料成本、过路费、税费、劳动力等许多其他因素有关。同时还与被托运的原料和原料的形态有关（例如是碎化处理的原料，还是整树运送等）。

材料运到物料生物能源工厂以后的成本包括储存、进一步精细加工、材料的预处理，以及其他加工需要。在美国不同地区，已经建立各种木质生物能源产品的成本曲线。例如，把传统的煤炭工厂变为燃烧木质生物质的焚化炉，耗费巨大，需要大量投资和／或低息贷款、基金和补贴。纤维素乙醇设施的建造需要规模经济途径，建成可能要花上数百万美元和几年的时间。在现行的市场、政策和社会条件，木质生物质转换成液体燃料（如乙醇）实现盈利是一项非常具有挑战性的事业。

木质生物质还对农村经济发展具有影响。可转化为能源的木质生物质的栽植、采伐、运输、加工、销售对增加和保持就业、人员收入、税费收入，以及农村经济中许多其他直接和间接的方面具有重要影响。

木质生物质可在美国多地和世界各地种植。与煤炭和化石燃料相比，木质生物质在当地许多情况下可以采用。这导致更多的金融资源停留和用于当地。

4.15 木质生物能源的可持续性

除了与从生物质源生产能源相关的金融和经济学研究外，人们还对与木质生物质转换为生物能源系统对环境、社会、经济可持续性的影响也做了大量研究。可持续性探讨十分复杂并且是多层面的。目前，公共和民营机构正在开展关于木质原料的管理、采伐活动对林业生态系统、野生动植物、水资源、生物多样性、大气等影响的研究。

系统的集约程度、地理地貌、规模等因素的影响较小。例如，集约型短期ROTATION 木质庄园（如桉树），如果管理不当可能影响当地水的供应。对野生动植物和生物多样性可能产生正面作用，也可能产生负面作用。疏伐过密的森林可以提供原料，森林的空隙可以透过阳光，有利于植物生长，进而有利于鹿和其他食草动物生存。然而，另外一些动物则需要成熟且未扰动的森林。从成熟的森林采收过多的生物质会对它们的生活习惯产生负面影响。

木质生物质生物能量对社会和经济发展的影响也通过研究和分析进行了阐释。当启动木质生物质转化为生物能源生产系统时，对生活质量、能源独立性、就业、工资水平、工资总额都会产生影响。经济影响分析工具 [如投入 - 产出（I-O）模型和社区可持续指数]，已经被用来估算各种情况下的综合指标和效益。社区的影响是基于所建造工厂的规模和拟生产的燃料类型形成的。

4.16 小 结

总而言之，用于替代能源的木质生物质系统依赖于富有思想的交流、调研、研究、政策实施和公众接受程度。用于能源的木质生物质已经在世界多地被社会接受且经济上可行。由于社会和政治上的强制要求减少影响空气和水的污染物，固体木料的消耗在欧洲正快速增长。原来廉价的非可再生能源，如石油和天然气，由于供应变得稀缺以及对环境的污染监管更加严格，其价格将变得更加昂贵。木质生物能源俘获太阳光能源储存在树木当中，数年或数十年后释放出来，对环境产生的负面影响很小。

参考文献

Basu, P., 2013. Biomass Gasification, Pyrolysis and Torrefaction Practical Design and Theory (pp. 1 Online Resource). Retrieved from. http://alias.libraries.psu.edu/eresources/proxy/login?url=http://www.sciencedirect.com/science/book/9780123964885.

Food and Agriculture Organization of the United Nations, 2012. State of the World's Forests. Food and Agriculture Organization of the United Nations, Rome (pp. v.).

Hubbard, W., Biles, L., Mayfield, C., Ashton, S. (Eds.), 2007. Sustainable Forestry for Bioenergy and Bio-based Products: Trainers Curriculum Notebook. Southern Forest Research Partnership, Inc, Athens, GA.

Jacobson, M., 2013. Wood-Based Energy in the Northern Forests. Springer, New York.

Nelson, M.D., Liknes, G.C., Butler, B.J., 2010. Map of Forest Ownership of the Conterminous United States

[Scale 1:7,500,000] (Res. Map NRS-2). USDA Forest Service, Newton Square, PA. Northern Research Station Retrieved from. http://www.nrs.fs.fed.us/pubs/rmap/rmap_nrs2.pdf.

Phillips, J., 2012. Different Types of GasIfiers and Their Integration with Gas Turbines. Department of Energy. Retrieved from. http://www.netl.doe.gov/File Library/research/coal/energy systems/gasification/gasifipedia/ 1-2-1.pdf.

Smith, W.B., Miles, P.D., Perry, C.H., Pugh, S.A., 2009. Forest Resources of the United States, 2007. Forest Service, U.S. Dept. of Agriculture, Washington, D.C.

Stocker, T.F., Qin, D., Plattner, G.-K., Tignor, M., Allen, S.K., Boschung, J., Nauels, A., Xia, Y., Bex, V., Midgley, P.M. (Eds.), 2014. Climate Change 2013-The Physical Science Basis: Working Group I Contribution to the Fifth Assessment Report of the Intergovernmental Panel on Climate Change. Cambridge University Press, Cambridge, UK.

U.S. Energy Information Administration, 2012. Annual Energy Review. Retrieved January 17, 2014, 2014, from. http://www.eia.gov/beta/MER/index.cfm?tbl=T10.01-/?f=A&start=1949&end=2013&charted=6-14-15-11-12-13.

第五章

多年生草本生物质生产和利用

Sidney C. Bosworth

美国，佛蒙特州，伯灵顿，佛蒙特大学植物与土壤系

5.1 引 言

禾草生产的生物质是草本生物质，包括专门种植的用于能源的非木本植物及这些植物的器官或残体。草本生物质作物包括一年生和多年生两种，通常每年收获一次，可以被分成三类：糖料/淀粉作物、油料作物、纤维/纤维素植物。糖料/淀粉作物最常被转化为乙醇和其他醇类产品，与那些用于食物和饲料的粮食作物或用于甜品剂的糖料作物一样。在美国，最常见用于生物质的一年生作物是玉米（*Zea mays*），尽管其他作物，如糖用甜菜（Beta vulgaris）或甜高粱（Sorghum bicolor）也非常有潜力。在巴西，甘蔗（Saccharum spp.）是一种广泛用于乙醇生产的多年生作物。油料作物通常生产生物柴油，包括油菜籽、向日葵和大豆。纤维/纤维素作物包括许多种禾草及其他禾本科植物。在成熟发育的各个阶段，禾草中的纤维素、半纤维素和木质素的含量可占到干物质的65%—70%。通常，是收割地上部分的整体植株用于直接燃烧供热或发电，纤维素可转化成为乙醇，通过化学工艺可以获得补充燃料，或通过厌氧消化获得甲烷。

2005年美国能源部的一份报告估计，每年须生产9.1公吨（10亿每吨）生物质原料，到2030年才能实现联邦政府替代现在全美30%的石油消耗的目标，这既包括木质生物质源，也包括非木质生物质源。根据他们的分析，美国具有年生产如此多的生物质的潜力，并且还可满足食物、饲料和出口的需求。这些生物质源包括作物残体、谷物、动物粪便、加工残料、多年生植物（主要是多年生草禾与多年生木本植物——像柳树）。大约有38%的生物质源来自多年生植物，需要2220万公顷（5500万英亩）农田、熟荒地，和/或草地。这些多年生植物系多年生草禾，我

们在第五章对其进行详细讨论。

5.2 多年生草本生物质系统的开发与评价

如果不考虑生物质的类型，一种生物质系统的四要素包括原料供应、生物质转化、分销和最终使用（图 5-1）。对于任何一种经济上可行、生态上可持续的生物质系统，必须对这四个要素进行认真评估和有效管理。对于一个特定的系统，其中的每个要素对系统成功或失败的相对作用也各不相同。草本植物生物质系统成功与否高度取决于系统的四个要素。

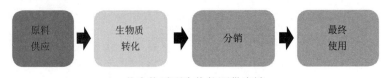

从生物质到生物能源供应链

图 5-1　生物质系统四要素

5.2.1 原料供应

原料供应包括生物质转化之前其生产、收获、运输和储存。生物质原料供应必须可靠，能够满足特定能量转化产品（对此我们将在下一章讨论）的最低质量要求。可利用于生物质生产的土地的多少和生物质产量决定了每年生物质的需求总量。适于生产生物质的土地的数量必须位于将生物质运输到生物质转化地点的经济上可行的距离，一般认为在 80 千米以内。

生物质的产量因地点不同而异，受地形、地貌、温度、植物种类、土壤肥力水平和收获管理等因素的影响很大。生物质产量还因不同种植年份而不同。因此，必须建立一个稳定而富有弹性空间的生物质系统，其生产土地可能要比年实际需要多出 20%，以抵消歉收年份造成的减产。这样，当生物质供应超过正常年份的储存能力时，需要一个交替市场。生物质生产者需要有一个适当的价格，才能抵消其生物质生产、收获和运输的成本。

5.2.1.1 多年生草本生物质生产的植物种类

几乎所有的植物都可用于生物质生产。但是，经济效益高且符合可持续性生物质生产的植物种类却不多。据 Heaton 等（2004）报道，用于生物质燃料最理想的植物应当具有持续转化太阳能为可收获的生物质原料的能力，且生物质生产效率最高、投入最少，并且对环境的影响最小。他们概括总结出以下选择最适于生物质的植物种类或品种的若干因素：

● 能量正向盈余：系统的能量投入低，产出高；

● 光能利用率最高：产量高，光能输入利用效率高；

● 收获后的生物质比较干燥：可以使人工干燥原料消耗的能量最少；

● 水的利用效率（每单位的水生产的作物量）高；

● 氮素和其他营养成分吸收和利用率高；

● C4 光合植物：因为这种植物把 CO_2 转化为可收获的生物质的效率最高；

● 利用耕作人工和除草剂最少；

● 非侵入性植物种类，或者对传播到环境敏感区的风险最小；

● 具有其他环保效益，如有利于野生动物栖息、水土保持作用、缓解营养径流和碳元素固定等；

● 原料质量特征有利于最终产品利用，不论是固体燃料（如用于燃烧或气化），还是液体燃料。

最适合用于（生物能源）的植物（种）是多年生禾草，这些植物适应边角地带的土壤生长，通常可以至少生活 10 年之久，这样可以通过每年收获将成本分摊在比较长的周期内。多年生草本植物，对土壤负面影响较小，一般有助于形成环境友好的生态系统。这些草禾也需要对各种气候条件具有较强的适应性和对病虫害的抵抗力。

高产是选择植物种类最重要的标准之一。生物质产量是影响生物质单位成本的最重要的变量，因此，高产对于确保生物质生产商获得合理的回报非常重要。为了收获最多生物质的需要，这些草禾一般每年收获一次到两次。大多数高产草禾均为热带或亚热带起源物种，通常被称为"暖季"草，具有 C4 光合途径（表 5-1）。这与"冷季"草的 C3 光合途径截然不同。C4 草禾在夏季生长速度快，在光合过程中碳利用效率高。与 C3 草禾相比，C4 草禾对土壤氮素和其他养分的利用效率也较高。但是，北美或欧洲的高纬度地区生长季节短，冬季寒冷，只有有限的 C4 草禾能够适应，因而一些 C3 草禾可能更适于生物质生产。

表 5-1　C3 与 C4 草种的主要差别

冷季草种（C3）	暖季草种（C4）
CO_2 转化成为三碳化合物（三磷酸甘油）	CO_2 转化成为四化合物（草酰乙酸）
有光呼吸	无光呼吸
最适温度：18—24℃，72°F	最适温度：32—35℃，90°F
成熟期：6 月、7 月	成熟期：7 月、8 月、9 月
叶肉细胞多	维管束多
纤维较少	纤维较多
对氮素投入反应敏感	氮素利用率高
氮含量适中	氮含量低

下面介绍美国经常种植的 3 种产量最高的草种。

（1）柳枝稷

柳枝稷（Panicum virgatum）是一种暖季草种（C4），通常生长在美国的高草草原（图 5-2）。因柳枝稷产量高，对边角土壤适应性强，因而是美国最主要的多年生生物质植物（Mitchell 等，2013）。它还被用作牲畜的牧草种植，也是一种很好的水土保持植物，并且还可以成为野生动物栖息之地。对柳枝稷长达 70 多年的研究和育种工作主要是将其用于牧草（包括甘草），最近开始用于生物质生产（Mitchell 等，2008）。

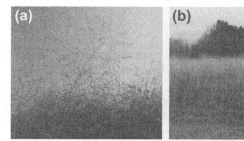

图 5-2　柳枝稷种穗。（a）和（b）为两个品种的长势，
左边为 Cave-N-Rock，右边为 Kanlow。
（资料来源：University of Vermont）

柳枝稷最适宜美国中部和东部地区（西经 70°—西经 103°）（图 5-3）。柳枝稷有两个生态型：山地型和低地型。正如我们从其名称所看到的，山地生态型通常在山地种植，不耐水涝灾害，而低地生态型适于泛洪平原。在北纬 38.2°以下地区，如美国的中西部和南部地区，低地生态型品种的产量优于山地生态型，成熟季节也晚于后者，其茎秆较高、较粗（参见图 5-2）。山地品种则比较适应于美国北部地区，如北部大平原、中西部高纬度地区、西北地区，以及加拿大安大略和南魁北克等省份（Parrish 和 Fick，2005）。

在美国，柳枝稷的产量因地理位置、温度、降水、生长期长度、土壤肥力、品种和生长年龄不同而异。据报道，产量最高达到 39Mt/ha（10.4 美吨 / 英亩）。在美国利用大量的数据建模研究（Wullschleger 等，

图 5-3　柳枝稷的广泛适应性
（资料来源：U. S. Department of Agriculture）

2010）业已表明，柳枝稷的最大产量潜势（高达 23 Mt/ha）发生在美国东北（西经 75°—西经 98°）的中纬度（北纬 35°—北纬 40°）。除了这一地区以外，柳枝稷的产量潜势都比较低。据报道，在佛蒙特（这个地区代表着柳枝稷适应性的外部边界），适应性最好的品种生长周期为 3 年或 3 年以上干生物质的产量约为 11Mt/ha（5 吨 / 英亩）（Bosworth 和 Kelly，2013）。

柳枝稷可以与其他暖季草，如大须芒草（Andropogon gerardii）、假高粱（Sorghastrum nutans）混种（图 5-4）。这三个草种在北美高草草原地区混合生长数千年之久。混合生长比单一种植的长势对土壤条件和气候的变化、病害、虫害更具抗性。由于种子质量、出苗缓慢和产量不稳定等因素，大须芒草和假高粱几乎不可能作为生物质单一种植，而可以作为柳枝稷的补充构成混合种群（Bosworth，2013）。产量因品种和种植地点不同而异。

图 5-4 大须芒草（a）、假高粱（b）及柳枝稷与大须芒草形成的混合种群草地（c）

（资料来源：University of Vermont）

（2）巨芒

巨芒（Miscanthus giganteus）是近年来倍受关注的另一种草本生物质草禾，起源于亚洲，是 20 世纪 30 年代作为观赏植物引种到美国和欧洲的一种 C4 暖季草种。其茎秆高而直立，穗头为银色。20 世纪 70 年代石油危机之后，欧洲开始评价巨芒的生物质潜在价值。在欧洲，巨芒现在已经被用于寝具、取暖和发电。直到 2001 年，美国的伊利诺伊大学才开始在美国中部研究评价巨芒的生物质的利用潜能，并且很快发现巨芒比传统的柳枝稷品种的产量高出两倍，且投入很少。生物质产量能与其堪比的能源植物只有甘蔗和能源用甘蔗（Saccharrum spp.），但是巨芒的种植地域更广。据估计，这样高的产量，到 2030 年可以满足美国生物燃料目标的 30%，并且无须新增种植土地面积，因而无须挤占粮食供给。在美国，巨芒主要作为纤维乙醇的原料。但是在欧洲，德国的研究人员认为，如果用作固体燃料，巨芒具有很好的燃烧特性，水分、灰分和矿物含量都很低（Heaton，2010）。

巨芒是四倍体的荻（Miscanthus sacchariflorus）与二倍体的中国芒（Miscanthus sinesis）产生的一个不育的三倍体物种。因此，巨芒只能用根茎切段来繁殖。然而，如果管理得当，巨芒可以生存 20 年之久，因此，生活周期长，产量高，完全抵消了繁殖的高成本（Heaton 等，2004）。

图 5-5　上图显示是三种生长期为两年的巨芒长势（佛蒙特）：（a）生长在湿润的土壤，生长最好；（b）生长在排水良好的干燥地块；（c）生长在高纬度地区遭受冻害造成减产（佛蒙特大学）

适宜种植的地点非常重要（图 5-5）。与柳枝稷和其他高草相比，巨芒需要更多的水分，在干旱的土壤上生长欠佳。一个生长季至少需要 32 英寸的降水。巨芒也不像高草那样抵抗北方的气候，尽管已经小面积试验在佛蒙特的香普兰峡谷已经至少种植 5 年的时间，但是，在佛蒙特高纬度地区，则出现严重冻害，产量很低（参见图 5-5）。据报道，在密执安州和威斯康星州，第一年收割后越冬存活率很低（Heaton 等，2014）。在佛蒙特，两年龄的巨芒在 10 月底收割，与 11 月底收割相比，减少了存活率，或发生更加严重的冻害（Bosworth 等，2013）。

（3）䕛草

䕛草（Phalaris arundinacea）是一种冷季草，C3 植物，多年生草种，在美国东北和中西部高位地区作为牧草种植。䕛草适宜在湿润地区生长，但在山地能够有一定的抗旱能力。䕛草可以忍耐广泛的土壤 pH 值范围，从 pH4.9 到 pH8，通过根传播繁殖形成草地。同其他冷季草种相比，其生物质产量潜力较高，已经在欧洲做了多年的评价。

作为一种冷季草种，䕛草一般从春天开始生长，抽穗比柳枝稷和巨芒都早（图 5-6），完全成熟在 8 月初。为了生物质或牧草的质量，䕛草保证在 8 月份收获非常重要，此时草株已经彻底成熟。如果拖延到中秋或晚秋收获，繁殖茎就会倒伏，新生叶就会在倒伏的材料中萌发而出。与成熟的繁殖蘖相比，新生长出的枝丫主要是叶子，导致生物质的灰分、矿物质和氮素较高。

䕛草必须补充氮素以确保最佳产量。在佛蒙特，为了获得䕛草最佳产量，需要

图 5-6　䕛草一般从春天开始生长，抽穗比柳枝稷和巨芒都早

（资料来源：University of Vermont）

在 4—5 月份藨草开始生长时施用氮素 84kg/ha（75 英磅 / 英亩）。一般来说，藨草比暖季草种的灰分、矿物质和氮素的含量要高。然而，地块的选择、适当的肥力管理和适时收获，均可使灰分、矿物质和氮素含量降到最低。

5.3 生物质转化

由草本植物转化为生物燃料具有数种途径（U.S. Department of Energy，2010）。草株可以用作固体燃料，直接单独燃烧，或与其他燃料源混合燃烧。草株还可以借助热化学或生物化学方法被用来生产合成燃料。最佳应用取决于美国种植草禾的地区和其他燃料的竞争力。中西部或南方地区具有大面积的非耕地，非常适于草本植物生物质生产，这里适合建造液体燃料加工厂，因为那里原料稳定供应的距离内有足够的土地。在西北地区，农用土地之间的距离较远，小型工厂或移动加工设备更为合适。

5.3.1 固体燃料

直接燃烧是草本原料能量利用效率最高的方式。通常，草株在干燥状态（含水量在 10 %—12 %），或者直接为干草，或者直接在地里切碎。既可以整捆燃烧，也可切碎或粉碎燃烧，无须其他加工过程或压缩，欧洲就有整捆燃烧的锅炉，通常是大型工业锅炉。这种利用方式成本较低，但是储存大批原料需要很大的仓储设施。

草本原料的硬固化处理包括粉碎和压缩，使其成为硬固形态。硬固化处理可使生物质原料呈现为更加外形一致的物理体积。硬固化处理后可以提高处理储存、运输效率，还有利于控制燃烧过程。生物质最常见的硬固有弹丸形、煤饼性和方块形（图 5-7）。弹丸形体积最小，密度也最高，但需要较多的加工成本。与弹丸相比，煤饼形和方块形密度较小，最适于大型的生物质燃烧设备。煤饼形和方块形压制成本低，因为原料无须粉碎得像压制弹丸形颗粒那样细。煤饼形通常切成 30 厘米长

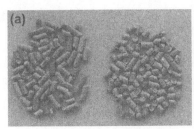

图 5-7 （a）柳枝稷草（左）和藨草弹丸形颗粒，直径 7 毫米，密度 610 千磅 / 立方米；（b）柳枝稷草煤饼形原料，直径 56 毫米，密度 560 千磅 / 立方米

（资料来源：University of Vermont）

短（被称为"冰球"），以便使其容易储存（Cherney 等，2014）。

硬固化加工过程包括若干步骤。在大多数情况下，收获的原料形态为干草，可以较大的圆形或方形包装或者更加方便的小形方捆来收获和储存。干草通常喂入桶形粉碎机，先将其粉碎成为小颗粒，以便再喂入碾磨粉碎机或锤式粉碎机中进行粉化处理。对于木料来说，在这一步骤中还要增加一个干燥过程；而干草已经足够干燥，无须额外的干燥工艺。从桶形粉碎机出来的颗粒通常适宜直接压制煤饼形原料，这就是其成本较低的原因之一。对弹丸形颗粒而言，上述粉碎的材料需要用锤式粉碎机进一步粉碎，粉碎后的材料必须可以通过孔径为 3.5 毫米的筛孔。除去颗粒中的空气也非常重要，这一过程是使粉碎的原料通过安装在锤式粉碎机或弹丸压制机上方的旋风分离器完成的（Cherney 等，2014）。

然后，粉碎的原料通过一个金属模子产生压力和摩擦热。压缩过程挤压并排除任何孔隙，热、压和湿度的结合引起其中的某些成分会软化，这就会使原料可以"流动"，增加物理接触，强化颗粒之间的接触。一旦弹丸形颗粒形成，通常会通过输送机检查颗粒的大小，并使其冷却至环境温度，如果冷却太慢，就会吸收空气水分，从而降低其强度和稳定性。

煤饼或弹丸形颗粒的体积大小取决于模子的孔径及厚度。一般来说，弹丸形颗粒长 20 毫米，直径 6—8 毫米。

5.3.2 液体燃料

草本生物质还可以被转化成液体燃料，如乙醇、甲醇、烷烃和其他高级染料。大部分成熟的草株通常由细胞壁物质组成，细胞壁由复杂的碳水化合物——纤维素、半纤维素和木质素组成。生物化学转化是利用酶和热以及其他化学物质把纤维素、半纤维素分解为糖以及其他中间产物。转化的整个过程可分为以下若干步骤（DOE，2010）：

（1）原料——有成本效益的特定质量和成分的原料供应是转化的首要条件。原料的形态因加工厂的需要而不同，生产、收获、装卸和运输设备必须有成本效益，使投入的价格具有竞争力。

（2）预处理——原料通常加热，并用酸或碱分解纤维细胞壁，使纤维素更容易水解。

（3）水解——预处理后的原料用酶或催化剂将纤维素和半纤维素分解成简单的糖，如葡萄糖和木糖。

（4）发酵——在厌氧条件下加入微生物，将糖转化成醇或其他燃料。

（5）化学催化——作为微生物发酵的替代过程，糖还可以利用化学催化作用转化成其他燃料。

（6）产品回收——将燃料产品从水、溶剂和其他残留的固体混合物中分离出来。

（7）产品分配——最终的液体燃料产品有若干选择。有些可以送至混合设备，其余则可以送往传统的精炼厂。

（8）供暖和发电——上述过程中剩余的固体物质主要是由木质素组成，可通过燃烧为发酵过程供热、供电。

生物质转化工厂的大小不同，从一个固定地点工厂（如工业规模的纤维素乙醇工厂）到可以在不同农场之间移动的机械设备（如由拖车牵引的煤饼坯料机等）。转化产品的最终成本与其他燃料源相比，必须具有竞争力，这些产品的成本最受设备购买和维护保养及劳动力成本的影响。加工效率非常关键，通常用单位时间内的产量来衡量。原料特性的改变对加工效率具有很大影响。例如，有效制作弹丸形颗粒的草株很大程度上取决于草种和收获时间。一座高效的加工厂必须能够适应草禾原料的高度变化。

5.4 用于草本生物质的原料的质量特性

原料的质量非常重要，可以影响能量的转化效率、成本、设备的磨损、侵蚀，以及不需要的微粒排放导致空气质量降低。草本生物质所需的质量特性，某种程度上取决于其最终的用途，特别要看是固体燃烧还是在加工液体燃料（如乙醇）。

含水量也非常重要，特别是直接燃烧利用更是如此（Giolkosz，2010）。如果水分含量过高（超过12%），燃烧效率就会很低，从而降低生物质产品中的能量含量。作为干草收获的草株在储藏时的含水量一般在10%—12%。与湿木生物质（如考得木料和木片）相比，草本生物质在能源效率方面具有优势。但是，与木料弹丸形颗粒（含水量只有6%—8%）相比，如果含水量标准与木料一致的话，草本生物质在硬固化成为弹丸形颗粒之前还需要进一步干燥（Giolkosz，2010）。

灰分含量和灰分中的某些矿物质对用于直接燃烧的草本生物质的燃料特性具有很大影响。灰分就是完全燃烧后的矿物质残留。灰分含量因草的种类不同而差异很大，从1.0%以下到10%以上（以干物质基础计算）。土壤污染可以增加灰分含量，曾有报道称高达20%。不仅灰分的数量影响原料的燃烧效

图5-8 因草本生物质灰分增加熔化
产生的熔渣

（资料来源：University of Vermont）

率，而且灰分的成分（特别是矿物质）的影响更大。在燃烧过程中，灰分中的碱性金属钾（K）、钠（Na）与硅（Si）和硫（S）结合，引起低燃点下因融化或熔渣而烧结（金属凝结）（图 5-8）。此外，氯元素在这一过程中起着催化剂的作用（Cherney 和 Verma，2013）。

碱性金属影响灰分的软化与熔点，增加对燃烧炉的腐蚀性，引起造渣，并且产生恶臭气味（Cherney 和 Verma，2013）。在碱性金属中，K 最为重要，因为其在植物体的含量较高，金属 Na 的含量相对较少。草株的干基含 K 量一般在 0.2%—3.0% 之间，但通常情况下以收获时的生物质测定。植物对 K 的吸收远远超过其正常代谢和生长的需要，因此富含 K 的土壤通常导致植物体含 K 量较高。不过，一些其他因素也会影响植物的含 K 水平，特别是成熟收获时期、物种及收获管理方式等。收获得越晚，矿物质的含量也就越少。这就是为什么建议推迟到第二年春天收获多年草本生物质原料的原因。生物质原料最适宜或可以接受的 K 含量水平还取决于燃烧使用的锅炉或燃烧炉。

硅与碱性金属结合形成的碱性硅酸盐可以在较低的温度条件下熔化。多年生草本植物一般硅的含量较高，植物体重硅的含量也受土壤类型、水分吸收和植物种类的影响。硅在水中为流动性养分，因此，植物如果生长在湿润的土壤中，其硅的含量一般比较高。此外，某些草种喜硅并在体内积累。暖季草（如柳枝稷）吸收水分较少，因而体内硅含量也就较少。种植生物质原料土壤如果遭到污染也会增加草株体内硅的含量。

硫与碱性金属反生成碱性硫酸盐，会附着在炉内格栅或其他热导体上。生物质原料中硫含量上限通常约为干物质的 0.2%。对于硫的另一个需要关注的方面是可能对空气造成污染。草体中硫的含量高会导致二氧化硫（SO_2）排放，这往往归咎于酸雨。

氯元素有利于碱性金属与硅和硫的反应，另外在草本生物质燃烧时，氯元素还产生气体，腐蚀锅炉的热交换管和排烟道。用于燃烧的生物质原料中 Cl 的水平通常少于 300ppm。草株中 Cl 的含量与土壤 Cl 的水平以及使用的化学或农家肥有关。从植株的残体中也可以浸提出氯元素，因此收获管理方式不同，最终原料中氯元素的水平差异也就很大。

草株氮元素含量高会增加生物质原料高温燃烧时氮氧化物（NO_x）的排放。氮氧化物包括一氧化氮（NO）和二氧化氮（NO_2），二者都对空气中的细颗粒物、烟雾和酸雨的形成有贡献。草的种类、施用氮肥和收获时的成熟程度以及大田收获管理都会影响原料中氮元素的最终含量。一般来说，我们希望草株原料中的氮元素含量小于 1.5%（Cherney 等，2014）。

对于草本颗粒而言，细粉或粉尘的数量十分关键。细粉是极为细小的颗粒，通常产生于粉碎或致密化加工过程中，或来自运输和储存的过程中颗粒的破碎。过多的粉尘会影响燃烧效率（BERC，2011）。

将草用作固体燃料遇到的挑战之一，就是草的质量参差不齐。草的种类、土壤和生长条件以及收获管理，都对灰分、矿物质、氮元素含量有很大影响（Bosworth等，2013）。表5-2的资料显示了草的种类和土壤类型对草株中灰分和氮元素的影响。所有这些数据都是来自10月初的一天之内收获的草株测定得到的。如果延迟到晚秋甚至到第二年春收获，其灰分含量和矿物质含量就会较低（图5-9）。草本生物质残体的利用（如用于炉子燃烧用的颗粒）将会要求较高的技术标准，包括利用那些体内累积较低水平矿物质的草种。但是，以现在的价格，同其他形式的能源相比似乎昂贵得多。另一方面，大中型工业锅炉已经研制出来，这种锅炉可以处理各种矿物质含量水平的草本生物质。

表 5-2　佛蒙特州两个地点 10 月收获的暖季草灰分和氮素含量

草的种类	灰分含量（占物质的 %）		氮含量（占物质的 %）	
	土壤含水量低	土壤含水量高	土壤含水量低	土壤含水量高
柳枝稷 a	3.6	4.8	0.69	0.61
须芒草 b	3.0	4.4	0.50	0.47
假高粱 c	3.9	6.3	0.58	0.69
巨芒 c	3.9	4.1	1.22	1.03
蔺草	3.9	6.5	1.23	1.15

a. 四个品种平均值；b. 两个品种平均值；c. 单个品种

资料来源：Bosworth 和 Kelly, 2013

图 5-9　柳枝稷改良品种种植在排水良好的土壤（a）和在晚秋
尚未等到翌年春天收获柳枝稷的土地（b）

对于草本生物质原料用生物化学方式转化为液体燃料而言，最终使用的产品是发酵产物（如乙醇）。细胞壁中的复杂碳水化合物（纤维素、半纤维素）必须分解成为简单的糖。为达到这一目的，除了加热和其他化学物质（如石灰、酸或氨）

外，还必须利用酶（生物催化剂）才能完成。木质素和灰分会降低消化的效率，这两种成分是不能被分解的，而且木质素还限制纤维素的消化。新技术能够帮助水解木质素的问题。首先，研究找到新一代的酶和酶的生产技术大有希望，这种酶可以更加有效地水解结构复杂的碳水化合物。其次，转化后留下的木质素可以用来为发酵过程中的热源或动力提供燃烧燃料。

5.5 草本生物质的环境影响

有许多环境因素对利用多年生草本生物质生产有影响，既有有利的因素，也有潜在的不利因素。下面是这方面一些主要问题的总结（Cherney，2014）：

温室气体排放——在理想的情况下，大气中的二氧化碳（CO_2）被草本植物生物质原料在生长期间所固定，这样便平衡掉了生物质燃烧时所释放到大气中CO_2的量。因此，净获得量是"中性的"。对于草本植物（如柳枝稷和巨芒）来说，需要CO_2输入很少，当能量转换为直接燃烧时则很容易实现平衡。事实上，有证据表明，在草株早年生长期间主要是根系发育，因而CO_2的平衡为正，即CO_2被固定的多，损失的少。然而，如果系统管理不当，如过量施用氮肥或使用无效的转化技术，那么许多固定的二氧化碳会被损失掉[1]。

能源转换效率——用于直接燃烧的草本生物质是最有效的可再生能源系统之一。能源产出与能源输入的比率（EOIR）是评价任何可再生能源系统的重要标准。用于直接燃烧的颗粒化草本生物质的 EOIR 为 14:1，转化为生物柴油时为 3:1，制成玉米乙醇时 EOIR 为 1.2:1。这就意味着从草本生物质生产单位能量的能耗非常小。对于多年生草种，绝大部分能量投入是在其形态建成阶段（这个阶段分布在其整个生命周期）、收获和运输期间以及能量转换期间。如果草株转化为纤维素乙醇，EOIR 要远远低于直接燃烧。

水土资源保护——多年生草皮草种可以为土壤提供很好的覆盖和土壤持水性，因而可以防止土壤侵蚀，改善土壤通透性，减少养分流失和沥滤。此外，这些草不需要太多的杀虫剂。用除草剂除草可以促进早期形态建成，但是一旦植株长大，就再无须除草剂除草。

野生鸟类筑巢——如果草株生物质延迟收割，将会为草原鸟类筑巢提供便利，它们就会在草地内筑巢。

适合非农土地——有些种类的草喜欢生长在不适于农作物生产的边缘荒地，因此，这些草的种植并不干扰我们的粮食生产。

气体排放——与树木相比，种植草本植物可能有增加氮氧化物（NO_x）和 SO_2

---

1 即作为温室气体被排放掉。——译者注

的排放的风险，因此降低草株氮素和硫元素吸收的耕作措施以及合理设计容易清洗的燃烧炉，对于降低氮氧化物（NO_x）和 SO_2 排放至关重要。

入侵植物——在评价生物质生产的潜在物种时，必须严格评估其在广泛环境中的扩散传播能力。[2]

5.6 草本生物质的经济学考量

草本植物不是高回报作物。把投入控制在最低水平并确保产量最优对于一个有活力的生产系统至关重要。如果肥料投入保持相对较低的水平，那么草本生物质生产的主要成本包括种植管理和收获投入。种植管理成本包括整地、种子、石灰、肥料和除草剂 (Bosworth，2013)。对于种子草本植物，成本一般在 400—500 美元 / 英亩。而对于无性繁殖的巨芒来说，成本可能高达 1500—2000 美元 / 英亩。

产量是影响经济回报最敏感变量。表 5-3 表明了五种不同产量对生产成本影响的情况。第一种和第二种情况播种当年没有收获。对于巨芒来说，这种情况并非罕见，在高产地点，如第二种情况，随着时间的推移，可以补偿第一年的欠产。第四和第五种情况，其总产量最高，因此单位生产成本也就最低。所不同的是，第五种情况额外增施了 50 英磅氮肥。很明显，这是成本效益，因为其单位总成本最低。

表 5-3　柳枝稷五种不同产量对生产成本的影响

时间	第一种情况	第二种情况	第三种情况	第四种情况	第五种情况
生物质产量（吨 / 英亩）					
定值年	0.0	0.0	1.5	1.5	1.5
第 2 年	2.0	2.0	2.5	2.5	2.5
第 3—10 年	4.0	5.0	4.0	5.0	6.0
十年合计	34	42	36	44	52
年平均	3.4	4.2	3.6	4.4	5.2
年平均成本					
以面积计（美元 / 英亩）	261	261	261	261	286
以产量计（美元 / 吨）	77	62	73	59	55

定植成本：350—400 美元 / 英亩；养护和收获成本：170—270 美元 / 英亩

---

2 言外之意要注意防止广泛扩散形成危害。

5.7 展 望

作为可再生能源资源，多年生草本植物有着巨大潜力。在生产供给侧，有许多针对生物质产量和品质性状遗传改良的研究。尽管巨芒品种培育还处在初期，但与传统的生态型相比，新培育的巨芒杂交品种已经显示出其较高的产量潜力。针对其营养效率和水分效率的改良也将会提高这些作物的 EOIR。

关于液体燃料的研究，已经在开发水解工艺中的高效酶和酶生产系统方面做了大量的努力。美国能源部正在把焦点放在鉴别筛选自然界产生的高产水解酶，并利用分子生物学技术提高其生产效率。还有许多研究集中在更加高效的发酵生物的培育。

特别是在欧洲，新的燃烧技术正在提升这些燃烧锅炉的燃烧能力，以应对生物燃料中各种灰分和矿物质带来的困扰。

参考文献

BERC, 2011. Technical Assessment of Grass Pellets as Boiler Fuel in Vermont. Biomass Energy Resource Center, Montpelier, VT. URL: http://www.vsjf.org/assets/files/RFPs/VT%20Grass%20Pellet%20Feasibility%20Study%202010.pdf.

Bosworth, S., 2013. Establishing warm season grasses for biomass production. In: The Vermont Crops and Soils Home Page, Plant and Soil Science Dept., University of Vermont. http://pss.uvm.edu/vtcrops/articles/EnergyCrops/Establishing_Warm_Season_Grasses_Biomass_Production_UVMEXT.pdf.

Bosworth, S., Kelly, T., 2013. Evaluation of warm season grass species and cultivars for biomass potential in Vermont 2009–2012. In: The Vermont Crops and Soils Home Page, Plant and Soil Science Dept., University of Vermont. http://pss.uvm.edu/vtcrops/articles/EnergyCrops/Vermont_WSG_Biomass_Report4.2013revised.pdf.

Cherney, J.H., 2014. Benefits of grass biomass. Bioenergy Information Sheet #2, Cornell University Cooperative Extension, Cornell University, Ithaca, NY.

Cherney, J.H., Verma, V.K., 2013. Grass pellet Quality Index: a tool to evaluate suitability of grass pellets for small scale combustion systems. Appl. Energy 103, 679–684. http://dx.doi.org/10.1016/j.apenergy.2012.10.050.

Cherney, J.H., Paddock, K.M., Kiraly, M., Ruestow, G., 2014. Grass Pellet Combustion – Summary of NYS Studies. Bioenergy Information Sheet #30. Cornell University. http://forages.org/files/bioenergy/Bioenergy_Info_Sheet_30.pdf.

Ciolkosz, D., 2010. Characteristics of Biomass as a Heating Fuel. Renewable and Alternative Energy Factsheet. Penn State Biomass Energy Center, The Pennsylvania State University.

Heaton, Emily, 2010. Giant miscanthus for biomass production. AG201 Factsheet, Iowa State University Extension, Ames, Iowa.

Heaton, E.A., Clifton-Brown, J., Voigt, T.B., Jones, M.B., Long, S.P., 2004. *Miscanthus* for renewable energy generation: European union experience and projections for Illinois. In: Mitigation and Adaptation Strategies for Global Change, vol. 9. Kluwer Academic Publishers, The Netherlands, pp. 433–451.

Heaton, E.A., Boersma, N., Caveny, J.D., Voigt, T.B., Dohleman, F.G., 2014. Miscanthus (*Miscanthus X Giganteus*) for Biofuel Production. In eXtension website: http://www.extension.org/pages/26625/miscanthus-miscanthus-x-giganteus-for-biofuel-production#.U3dQvSigf8e.

Mitchell, R.B., Vogel, K.P., Sarath, G., 2008. Managing and enhancing switchgrass as a bioenergy feedstock. Biofuels, Bioproducts, and Biorefining 2, 530–539.

Mitchell, R., Vogel, K., Schmer, M., 2013. Switchgrass (*Panicum irgatum*) for Biofuel Production. In eXtension website: http://www.extension.org/pages/26635/switchgrass-panicum-virgatum-for-biofuel-production#.U3dMiCigf8d.

Parrish, D.J., Fike, J.H., 2005. The biology and agronomy of switchgrass for biofuels. Critical Reviews in Plant Sciences 24, 423–459.

US Department of Energy, 2005. Biomass Program Factsheet, EE 0830. Energy Efficiency and Renewable Energy Information Center, US Department of Energy.

US Department of Energy, 2010. Biomass as Feedstocks for a Bioenergy and Bioproducts Industry: The Technical Feasibility of a Billion Ton Annual Supply. US Department of Energy.

Wullschleger, S.D., Davis, E.B., Borsuk, M.E., Gunderson, C.A., Lynd, L.R., 2010. Biomass production in switchgrass across the United States: database description and determinants of yield. Agronomy Journal 102, 1158–1168.

第六章

木本和草本植物能源服务的
学习项目及其案例研究

Anju Dahiya[1,2]

[1] 美国,佛蒙特大学;[2] 美国,GSR Solutions 公司

6.1 概　述

　　由木质和草株生物质制成铅笔粗细的弹丸形原料已是目前制取供暖原料的一项成熟技术。根据世界能源协会所做的全球统计报告(WBA,2014),2012 年全美洲生产大约 1850 万吨这样的颗粒燃料原料。美国南方区域林业推广站木质能源专家 Willianm Hubbard 博士[1](参见第四章有关木质能源的有关内容) 认为,"由于清洁空气法规的制定,在欧洲又恢复了以木材为燃料的取暖方式。这种需求主要是通过美国和加拿大生产并运输到欧洲的弹丸形颗粒燃料来满足的。"来自美国东北的草本能源专家 Sid Bosworth 博士[2](参见第五章有关草本植物能源的内容)认为,燃用草本弹丸形颗粒燃料与生物柴油的比例为 14:1,与玉米乙醇为 3:1,这表明,由草本植物生产的弹丸形颗粒燃料能源还远占不到十分之一。

　　参加生物质和生物燃料研究方向的学生发现,木本和草本植物能源的问题非常有趣。本章讨论与固体燃料相关的学习计划。类似的计划还要同当地固体生物燃料企业一起参与。

　　在 2013 年春季学期的一次讨论课上,一名学生在对有关木本生物质的讲课提问时说道:"利用木头作为生物燃料,对绝大多数人来说,听上去就像'石器'时代的想法,这种 60 年前使用的东西同当今相比,存在着巨大的技术鸿沟。这种技

1　http://www.extension.org/pages/68832/bill-hubbard#.U5xc5fkvJp8.

2　http://www.uvm.edu/~pss/? Page=faculty/facultybosworth.php.

术鸿沟似乎很大，让人们理解这概念似乎要投入大量的金钱和知识普及。因此，我不知道使用木材作为生物质能源是否是我们找到的最合适的能源替代品。"事实上，在一年前的2012年春季学期已经有两位同学将木材作为生物能源的想法付诸实践。他们将自己的技术付诸实施，作为实习生参与生物质能源中心（BERC）的非营利工作，推进泛美地区社区生物质能源应用。生物质能源中心（BERC）保留着美国和加拿大生物质取暖的数据库资料。这些学生参加的项目名称叫"生物质能源中心——木质生物质能源"和"生物质能源中心——供暖"，并参与更新了当前制造商和分销商的数据库，完成了社区规模项目的最新信息。之后，这两位学生继续作为BERC的实习生开展工作。

2011年春季学期，另一位从事生物能源转化的学生，名字叫汤姆·泰勒，他是佛蒙特可持续供暖行动项目（VSHI）的执行主任，他开启了一项雄心勃勃的学习计划。作为他必修课程的组成部分，他比较了两个从事弹丸形颗粒燃料的公司以建立一个县级水平弹丸形颗粒燃料的生产基地。他发现，一个县作为其课程学习计划的组成部分，其合作模式至关重要。于是，汤姆为建立一个弹丸形颗粒生产企业，制定了一个募集14250000美元的计划——这个计划是非营利的，作为生物质燃料转化的研究、教学和生产的基地。这个案例将在下面进一步讨论。第二年，又有学生参与到该VSHI项目，帮助推进这一计划。

在2011年的课程当中，两位一年级本科生（埃里克·克罗肯伯格和泰德·库克）开始了另一项关于促进生物质利用的创新服务学习计划，计划的名称叫"燃料原料开发与基于堆肥的供热及甲烷俘获系统"，此系非营利的堆肥发电和佛蒙特大学可持续农业发展中心研究的组成部分，目的是为了分析佛蒙特农民各种堆肥原料的热量产潜力。他们试图把法国农民让·佩恩于20世纪70年代提出的"从木本生物质回收热量"的概念提高到一个更新的水平。他们分别对三种含有不同比例的木本生物质（劈柴）、农残留物（牛粪、干草、刨花）的原料组合进行了探讨。埃里克和泰德利用完成课程计划的机会为其基金的申请建立了研究堆肥作为能源的工作框架，这也是农场多元化经营的一种形式。他们因此获得了奖金（76000美元，另外还有清洁能源基金），最终他们两人安装了一个热风俘获系统，以增强佛蒙特农场提高温室

图6-1　埃里克·克罗肯伯格（右）和泰德·库克在温室准备苗床，里面的堆肥将为温室秧苗提供热量

（资料来源：Photo by Sally McCay）

的生产潜力（图 6-1）。[3]

2012 年，这两名学生采用了勒斯的方法开展了一个研究项目。项目名叫"雪松溪农场：为温室运行创造高成本效益供暖系统——一个农民高收益项目"，帮助一位当地农民利用其农场后院侵入植物赤杨建造高效温室，设计了堆肥热量俘获系统。当泰德和埃里克在 2013 年生物质燃料的课堂上展示他们的工作时，他们的故事给了另一位同学希瑟·斯诺（Addie's Acres 创始人）很大启发，后者开启了类似的学习实践，开始实施农场收集利用丰富的木本植物材料计划。希瑟主要集中在为生产食品的农场温室建造以固体生物质为基础的堆肥供热系统。她的研究题目就是本章讨论的"用于温室供热的让·佩恩堆肥方法研究"。希瑟详细介绍了让·佩恩系统作为背景材料及其在其农场的应用，包括她由类似的案例研究获得成功的故事。2013 年，除了希瑟外，另一位学生（一位前佛蒙特州教育委员会委员、和平团志愿者，曾教授家政和写作）也对"智能温室"进行了研究，设计了由生物能源驱动的封闭移动温室。2014 年又将其教学课程与研究计划结合起来，为小学校设计移动教室，向农民讲授堆肥和节能知识。

2011 年教学当中，埃里克和泰德建立了他们的堆肥供热概念，埃里克开展了木质弹丸形颗粒合作，其他同学也开展了与木质和草本生物质能源方面的创新活动。还有四位同学（兰斯·尼古拉斯、埃里克斯·科斯罗斯基、丹·特莱德维和萨姆奎因）组成小组，开展了题为"用木质生物质改进三一校园供暖"。该小组针对两台 6.3 MMBTU 天然气锅炉供热供水情况，根据热力需要、成本分析和燃料来源等因素决定冬季（需要热力最多的季节，一台锅炉产能只有 20%—40% 的利用率）对三一校园现有能源情况进行了研究。他们推断，即使把供热供水扩展到三一校园所有建筑，大约也只需要 3—4 MMBTU 就足以满足需要，只需利用一台锅炉最大产能的 50%—70%。锅炉只用于供热和供水，而不用于供电。由于生物质发电效率（15%—20%）不像燃烧供热效率（65%—85%）那样高，在选择供热系统时考虑这一点非常重要。因此，这个小组建议，三一校园不需安装生物质锅炉或气化锅炉系统，因为这一系统经济上投资回报不理想，此外，在城市区域安装生物质系统还有许多其他相关问题。

2012 年春，一位生物质燃料专业的学生开展了一项研究，名为"佛蒙特未来能源中生物质的作用：给佛蒙特茜拉俱乐部的建议"，为佛蒙特制定了有关生物质利用方案，以及为茜拉俱乐部考虑其相关方案。他将这一建议提给了佛蒙特茜拉俱乐部在当地的分部。同年春季学期，另一位生物能源燃料专业的学生（住宅能源服务中心的原主任，朗·麦格威）也开始服务学习项目"对满足社区需要的 130 英亩

---

3 http://prezi.com/jh0sij4gzle2/copy-of-clean-greenhouse-enenrgy/.

土地现场生物质源的评估”，这块土地由木本树木、草地和湿地组成。他的结论是：在各种资源当中，可以收获草本植物并将其就地（弹丸形）颗粒化加工，通过燃烧提供能源（这将在下面的案例研究中讨论）。

汤姆和朗已经将他们的项目展现在最新生物能源课程当中。与传统的木材利用方式相比，弹丸形颗粒的使用方式已经被广泛认可，并且在技术上生物质弹丸形颗粒加工技术工艺得到了大大发展（例如我们所介绍的木质和草本生物质）。一位2013年的生物质燃料专业的学生，名字叫伊桑·贝拉旺（一名工程能源咨询师），开展了一个实践学习计划，是在他自己的中型商业奶牛场进行的。他通过利用自己农场的草本植物作为生物质燃料替换原来的燃油采暖，以降低成本，提高经济效益。他的这项研究将在本书第十五章进行详细讨论。伊桑·贝拉旺在课堂讨论时说道："草本生物质在其像木质生物之弹丸形颗粒那样进入主流之前的确需要继续推进，跨过经济核算的门槛。我看到了草本植物生物质对环境/土地更加具有可持续性，但是还有许多问题需要解决：（1）产品市场的建立；（2）种植者/加工者清晰的经济图景；（3）标准化及其与产业接轨，统一的灰分含量和燃烧特征。我认为，如果不解决这些问题，草本生物质能源面临未来市场的机会，即在经济上作为可行的选择还需继续探索，但是直到我们回答这些问题之前是不会摆脱市场夹缝继而迈向广阔市场的康庄大道。"

值得说明的是，我们这里不可能把这些年所有学生的研究计划一一介绍，只能介绍其中的一部分来说明这些学生是如何开始他们的研究，得到什么样的结论。这些案例就是为了给读者以启发，让读者将类似的研究融入自己的学习计划中。

参考文献

WBA GBS report, 2014. World Bioenergy Association (WBA) Giobal Bioenergy Statistics. www.worldbio energy.org.

案例6A：佛蒙特生物能源合作项目

汤姆·泰勒

美国，佛蒙特州，伯灵顿，佛蒙特大学，2011"生物能源课程"学生

引言

作为从生物质到燃料课程学习的组成部分，我在佛蒙特做了一个商业计划，在当地生产弹丸形颗粒生物质燃料。同时，佛蒙特可持续供热行动计划（VSHI）[4]也在佛蒙特吉丁顿县同吉丁顿县地区规划委员会和生物质能源中心（BERC）进行生物质弹丸形颗粒化可行性研究。本课程就是我工作的一部分，内容是研究佛蒙特人对生物质公共事业的需求。绝大多数人需要当地有自己的可促进环境可持续性和社会公平的生物质公共事业。生物质能源对佛蒙特具有巨大的经济效益和环境效益，相反，如果不充分发展则会存在巨大危害。能够用这种固体燃料为我们的住房和企业供暖吗？答案是"能"！佛蒙特可持续供热行动计划已经在22户低收入家庭中安上了弹丸形颗粒燃料炉，既可节省这些家庭的开支，还可节省佛蒙特燃料协助项目的经费。佛蒙特可持续供热行动计划还建立了一个佛蒙特综合生物质能源计划。佛蒙特必须明智地为今天的佛蒙特人提供生物质能源，同时可以保护今后生活在这里的子子孙孙的利益。如果做得好，佛蒙特人每年将会节省1亿美元，并且为当地创造1亿美元的经济规模，通过其对全佛蒙特州提供稳定的就业和长期的环境服务，成为一家可持续的企业。

社区合作伙伴

佛蒙特可持续供热行动计划。

佛蒙特生物能源合作项目商业计划实施概要

本商业计划的目的是要通过募集1200万建立木质弹丸形颗粒生物质制造企业。这项合作将作为生物质燃料的研究、教学和生产基地。合作研究项目将向其成员单位销售弹丸形颗粒生物质，向佛蒙特燃料协助计划提供弹丸形颗粒生物质，也向其他州的需要提供相关服务，发展生物燃料产业。这项工作是发展区域弹丸形颗粒生物质合作计划中的一项，目的在于服务佛蒙特人。

---

4 汤姆·泰勒是佛蒙特可持续供热行动的创始人之一。2014年5月，佛蒙特可持续供热行动在佛蒙特继续从事木质生物质弹丸形颗粒燃料开发合作研究。如果你对佛蒙特可持续供热行动的活动感兴趣，请登录 http://www.sustainableheating.org.

用于弹丸形颗粒生产的生物质原料

在佛蒙特吉丁顿县周围有生产 7500 吨的生物质原料（见 BERC 2011 年的研究[5]）。这些原料主要是常青针叶林树木。森林产品具有广泛的经济价值。胶合木材、圆木具有极高的经济价值。阔叶林树木作为木材销售比其作为燃料原料收益会更高。这就使得针叶林树木成了生物质燃料原料，因为针叶林树木对种植者来说经济价值较低。

吉丁顿县目前由城市、郊区和农村组成。用生物质原料生产弹丸形颗粒燃料在发达地区可能更有实际意义。这可能主要来源于该县的郊区，因为那里的道路便利，生物质需要清除，生物质对所有者没有用途且难以处置。现在许多生物质所有者对其处置还需要付费。虽然现在有免费倾倒的地方，但对于较大的木头需要付费才能移除。吉丁顿县有 539 平方英里（334960 英亩）的土地面积。大约 150000 英亩属于郊区，这里每年可产生 20000 吨到 600000 吨的低等级生物质原料。这些测算数值已经减去了 BERC 研究所用的原料。前人没有做过类似的分析研究。通过建立生物燃料合作项目，我们希望当地社区对把低质的生物质转化成燃料产生兴趣。BERC 的计算仅仅基于 40 英亩土地上的可以利用的传统生物质原料，仅仅涉及吉丁顿县半径 50 英里的土地面积。

在生物质能源合作项目的第二和第三阶段，生物质原料均是非木质来源。一旦因传统的弹丸形颗粒能源系统发展了当地经济活力，就必须探索新的技术。

关于佛蒙特生物质能源合作项目商业计划的两个案例

在这个案例研究中，为了在佛蒙特县建立弹丸形颗粒生物质制造基地，我首先对已有的两个生物质弹丸形颗粒制造厂进行了比较。这两个企业分别是位于佛蒙特州的 Vermont Wood Pellet Company 和位于密苏里州的 Show Me Energy Co-op。我选择了 Vermont Wood Pellet Company，因为这是佛蒙特当前唯一一家正在运营的弹丸形颗粒生物质燃料企业。其规模与在吉丁顿县发起的 VSHI 相似，生产的弹丸形颗粒产品也同吉丁顿县将要生产的产品型号基本相似。我也选择了 Show Me Energy Co-op，因为它是以合作模式成功生产弹丸形颗粒生物质燃料的企业。而且，这是一家专门从事草禾弹丸形颗粒生物燃料的企业之一。草禾能源优势突出，市场发展很快。

Vermont Wood Pellet Company 位于美国佛蒙特州拉特兰附近，开办之初每年仅生产 10000 吨弹丸形颗粒燃料。自开办经营以来，其生产规模已经扩大到每年 20000 吨。Show Me Energy Co-op 是一家合作社，曾经经营能源作物种子，他们的工厂每年可生产大约 100000 吨弹丸形颗粒燃料。他们在完成了 3/4 的设施之后，

5　http://www.ccrpcvt.org/library/enenrgy/VSHI_PelletManufacturing_report_201108.pdf.

便建立了一项基金完成全部的装备。"每个会员要向位于 Centerview 的加工厂提交
500—1000 磅的生物质。"因而组成了一家合作社，然后募集资金完成工厂的建设
并锁定了生物质原料的供应者。从合作社成员到严肃的投资人，每人要出 5000 美
元为限。当地的土地所有者、农民是其目标成员。

Vermont Wood Pellet Company 在克里斯·布鲁克的指导下通过将相对容易修缮
的设备合在一起进行经营。他们将其设备置于曾经生产弹丸形颗粒的地方，利用曾
经是工业区的"黄土地"为生产地点，这样具有极大的成本优势。

融资

Vermont Wood Pellet Company 的融资来自当地的合作伙伴，他们具有大量资金
要投资。Show Me Energy Co-op 的融资主要是通过开销，"在第一期有 650 万美元，
第二期有 1200 万美元。"[6] 这样在第一期每吨生产能力投资达到 120 美元。

原料分析

Vermont Wood Pellet Company 在佛蒙特拉特兰，收获地区的半径为 15 英里。
因此，他们服务的社区也提供生物质原料。他们的产品是针叶林软木弹丸形颗粒，
每磅具有很高的能源值。这里存在一个潜在的问题：人们尚未认识到，如果他们
使用其产品时调到最高档，弹丸形颗粒燃烧炉将会产生过热现象（与 Andy Boutin
of Pellergy 私人通信，2011 年 4 月）。将软木颗粒化的原因之一，就是因为已经
存在硬木质薪柴市场。目前尚没有低价值的软木薪柴市场。位于佛蒙特伯灵顿的
McNeil 发电站是吉丁顿县低质软木的最大消费客户，但是却受到运输卡车数量的
制约。在木材收获时，硬木被收获，软木不适宜作为木材，便砍伐送到弹丸形颗粒
加工厂。软木的弹丸形颗粒化加工的一个缺点就是需要大量的针叶树木。要生产 1
吨硬木弹丸形颗粒需要砍伐 1.2—1.5 吨森林；而生产 1 吨软木弹丸形颗粒则需要 2.4
吨的森林（与 Andy Boutin of Pellergy 私人通信，2011 年 4 月）。这就意味着托运
软木原料要花费更多的能源投入，因此将弹丸形颗粒加工置于具有软木原料的地方
至关重要（与 Chris Brooks 私人通信，2011 年 8 月）。

Show Me Energy 合作社则利用半径 100 英里地区的生物质原料。其重要的供
货商是美国造币厂，该厂每年处置大量的纸币。这家合作社还利用玉米秸秆和其他
"草禾"原料，包括"巨芒、加工厂的种子废弃物，甚至咖啡或茶的下脚料。"他
们的原料在其院内根据能源密度、含水量、灰分含量等进行分类，然后便按照合作
社成员提供的原料获得报酬。合作社成员必须按照固定时间按计划提供原料。如果
误了日期，他们就会收到较少报酬，这样可以确保工厂的产能。

6　http://www.hpj.com/archives/2007/jan07/jan29/ShowMeEnergyCooperativebegi.cfm.

弹丸形颗粒的能源密度

软木弹丸形颗粒的能源密度高于硬木颗粒，因为软木中含有油分。其每英磅的 BTU 值一般在 8200—9000 之间（与 Andy Boutin 和 Bob Garrit 私人通信，2011 年 4 月）。如果弹丸形颗粒需要运输到消费地，较高的能源密度十分重要。佛蒙特燃料交易协会（Vermont Fuel Dealers Association）认为，弹丸形颗粒能源密度远低于燃油。因此，燃料交易者运送 1000000 BTU 的弹丸形颗粒要比送同样的油燃料跑更多的路程。因此，当能源分配需要对燃料进行运输时，弹丸形颗粒尽可能高的能源密度可提高整个系统的 EROMEI 或能源投资回报。一辆 10 吨载荷车辆，运输燃油是运输弹丸形颗粒的 2.3 倍（佛蒙特燃料交易协会，2011 年春）。一个选择就是减少能源密度低的材料作为颗粒原料。Show Me Energy 合作社生产的低能源密度弹丸形颗粒其灰分含量很高。他们声称灰分含量低于 8%，但我们测试结果表明却高达 12%，我推断，其能源密度低于 8000 BTU/磅。

弹丸形颗粒相关数据

Vermont Wood Pellet Company 弹丸形颗粒贴到网上的能源密度是 8600—9000 BTU/磅，灰分含量为 0.23%，水分含量为 4.74%。这在行业内的灰分含量极低，水分含量符合行业标准。Show Me Energy 合作社的弹丸形颗粒的相关数据尚不清楚，但是他们生产弹丸形颗粒灰分含量很高，燃烧效果不佳，因为高灰分含量会烧结燃烧池。

销售

Vermont Wood Pellet 公司销售地域半径为 35 英里。不过有些消费者希望买到"定制的弹丸形颗粒燃料"，并且支付运到波士顿的费用。他们以 40 英磅/袋的包装销售，1 吨一个批次；也有半吨批次的包装袋。大包装袋可以减少包装废物，因为这些袋子可以重新利用。大包装袋每个大约 12 美元。Vermont Wood Pellet 公司的一些销售用散装车辆运输。Show Me Energy 合作社主要销售给当地客户，他们的燃烧炉可以燃烧高灰分含量的弹丸形颗粒燃料。他们还将产品销售给当地的燃煤发电厂，发电厂利用弹丸形颗粒（5% 的弹丸形颗粒和 95% 的煤混合）可以降低硫的排放。[7]

结论

Vermont Wood Pellet 公司生产的弹丸形颗粒燃料非常适合佛蒙特的市场需求，也适合这里的原料供应。Show Me Energy 合作社的产品符合地域质量标准。Show Me Energy 合作社运转顺畅，关键在于他们有稳定的原料供应。然而，它是一家消费合作社，而不是生产合作社，这就可以集资，可以确保其"收获"具有可持续性。通过对这两家企业的研究可以得出以下结论：消费合作社如果能生产高质量的产品

---

7 http://www.hpj.com.archives/2007/jan07/jan29/ShowMeEnergyCooperativebegi.cfm.

是最好的运营模式。

关于佛蒙特人生物质利用的倾向调查

我在本课程的学习中得到的一个深刻的认识，就是可持续的理念是基于发展和适应的能力。就固体生物燃料而言，这需要社区参与讨论可持续性的含义。因此，建立木质生物质燃料加工厂可以从社区讨论木质生物质前提下的可持续性的含义。原料供应的因素、加工工艺、燃料质量、原料运输距离、颗粒产品等因素都必须在商业计划中加以解决。在佛蒙特吉丁顿县建立弹丸形颗粒生物燃料厂的原因在于这里有大批潜在消费者聚集生活。BERC 研究表明，这里有充足的原料供应，每年可以提供 28000 吨颗粒燃料的原料。原料供应的硬条件与社区对生物质能源的认识与其局限性、应用潜力和应用方式有关。对于这些因素需要加以评估，以便把社区的投资者吸引到合作社并形成共识。为开始这样的项目，我带着其中的一些问题设计了一套调查问卷。到 2011 年 5 月，74 人完成了调查。下面是从这次调查中得到的要点：

● 当地居民对生物燃料的认识至关重要；

● 以合理的价格生产高质量的弹丸形颗粒有利可图；

● 弹丸形颗粒生产必须以较高的环境水准而不是以佛蒙特的水准为标准；

● 大家对合作社形式兴趣最大；

● 80% 的人支持由 2% 或 5% 弹丸形颗粒生产支撑的 LIHEAP 计划，这体现了强烈的社会使命感。（几乎 60% 的人支持 5% 的弹丸形颗粒生产支撑的 LIHEAP 计划，67% 到 84% 的人支持与当地中学和大学相关的某些教育活动。）

● 46% 的受访者对投资合作社感兴趣；

● 43% 的受访者对投资每股 200 美元感兴趣，以减少借款数量。

案例6B：对满足社区需要的130英亩土地现场生物质源的评估

Ron McGarvey

美国，佛蒙特州，伯灵顿，佛蒙特大学，2012"生物能源课程"学生

引言

对产地生物质原料是否能满足佛蒙特伯灵顿岩点岛能源需要进行了评估。130英亩的土地，包括林地、草地和湿地。评估确定森林、禾草和食物废弃物就地作为生物质能源的潜力。在这些生物质当中，禾草可以收获后就地生产弹丸形颗粒燃料，在改良的取暖设施中燃烧，被认为对岩点岛当下的能源利用具有巨大潜力。

佛蒙特伯灵顿岩点岛是一个多岩石的半岛延伸至尚普兰湖，面积130英亩，都是未开发的森林、草原和湿地。产权属于佛蒙特主教区所有，包括主教区的管理总部、岩点岛中学（社区高中）、布斯主教会议中心和四所住宅建筑。

主教教区把岩点岛绝大多数地方保持未开发状态或自然状态，没有专门的环境保护计划。主教教区还把岩点岛半岛变为能源节约和能源高效的示范点。主教托马斯·艾利说："……到2015年，要把岩点岛改变为佛蒙特州及其附近的能源节约和能源高效的样板。"

为了支持岩点岛能源节约和高效目标，我们开展了这一研究项目，以评估在岩点岛半岛利用生物能源资源向建筑和设施供应部分非电能源的需求。这次评估的要点如下：

- 确定当前能源利用的能源类型和建筑；
- 估计岩点岛可用的生物质资源；
- 评估这些资源能满足岩点岛多少能源需求。

岩点岛的能源利用

在岩点岛，能源利用主要是取暖、用电，如照明、驱动马达、水泵、制冷设备和少量交通等（表6B-1）。用于交通的能量极为有限，居民和雇员很少乘车出行。没有直路和市外交通，因此交通在岩点岛使用能源非常有限。

表 6B-1　岩点岛能源利用

建筑	面积（平方英尺）	供暖燃料	建筑取暖年用能源	热能（MMBTU）	电能（kWh）
岩点岛中学	27000	天然气	21152 CCF	2115	135777
主教区 CC					62300
Butterfield	6390	天然气	4812 CCF	481	
Van Dyck	6000	天然气	1230 CCF	123	
Kerr	2500	天然气	1806 CCF	181	
主教办公楼	4115	丙烷	1217 加仑	112	17439
	2057				
学生宿舍	1754	天然气	1252 CCF	125	10000
校长办公楼	2900	丙烷 木柴	1056 加仑 2 考得	97 40	6716
主教办公楼	5050	燃油	2780 加仑	375	8921
资产经理宿舍	1968	燃油	589 加仑	80	−13184
		木柴	3 考得	60	
合计				3789	254337

岩点岛的生物质资源

岩点岛可利用的生物质资源包括森林区的木材、草原的草禾，以及岩点岛中学和主教会议中心的厨房的食品废弃物。还有另外一种生物质资源，尽管技术不在岩点岛，但可以利用，即伯灵顿高级中学用劈柴燃料锅炉用木柴烧水。伯灵顿高级中学就在岩点岛附近。

（1）木头

如表 6B-1 所示，现在的能量利用，木头以劈柴的形式用来补充两所住宅的取暖的燃料。如果土地绝大多数是森林覆盖，建筑取暖一定主要是用木头。但是，劈柴主要是用于其他建筑取暖，即学校、会议中心，而主教教区的办公楼由于维持取暖系统需要很多人力物力，因而没有使用劈柴取暖。如果这些商业规模的建筑利用劈柴取暖，将会需要大量精力管理森林以生产更多的劈柴，并且需要更多的燃烧炉或其他转化设备，每幢建筑也需要有足够的劈柴储存空间。弹丸形颗粒尚未产生足够的吸引力，因为需要额外的费用购买弹丸形颗粒生产设备，并且需要增加颗粒生产成本（就地生产）或增加木质生物质的运输费用，将木质生物质从产地运输到颗粒生产地。

虽然木头是当地可用的生物质资源，但限制其利用的主要局限性在于大量现场利用木材的能力，这是因为伯灵顿市要求岩点岛作为"可持续森林社区"，主教教区也希望维持其自然状态。

基于这些限制，我们建议就地利用生物质资源作为取暖的主要能源资源。但是，在很大程度上枯死的树、病株或受伤害的树株必须去除，并且有的居民和学生愿意承担维护并处理老弱病株，劈柴可以作为住宅补充取暖的生物质资源。

（2）草禾

在岩点岛上大约有 15 英亩的草地，长满各种青草。大约 3—5 英亩被用作"太阳果园"，其余 10 英亩全部种草。近年来每年对草地进行割刈以限制对森林的侵蚀，割下的草则留在地里。Sid Bosworth 教授对这里的草种进行了鉴定，主要的草种为草芦、金雀花，还有一些外来草种。

为了确定这些草种作为燃料资源的价值，可再生能源资源公司（位于本明顿）的 Adam Damtzscher 对此进行了评估。他认为，如果适合种草的 10 英亩草地草全茬收获，每英亩收获的草可生产 2 吨弹丸形颗粒生物质，每年总计收获的草可生产 20 吨颗粒燃料。Sid Bosworth 对此进行了进一步证实。

Sid Bosworth 教授按照每磅草热值为 7900 BTU，水分含量为 12%，计算出 20 吨弹丸形颗粒燃料燃烧产生的热量相当于 2000 加仑石油燃料或 270 MMBTU。这就可以替代 3—4 幢住宅或部分住宅复合建筑和主教教区办公楼石油燃料。

除了对青草生物燃料的数量潜力评估外，Adam Damtzscher 还对所收获的草禾成本进行了估计，以便用弹丸形颗粒化加工对其致密化加工。

其中：

收获 10 英亩的成本：800 美元

弹丸形颗粒化成本：2800 美元

与使用弹丸形颗粒取暖有关的其他成本包括现有供暖设备（锅炉或燃烧炉）的转换（以便可以燃烧弹丸形颗粒生物燃料），以及颗粒使用地增加的仓储费用。位于佛蒙特 Barre 的 Pellergy 公司认为，替换现有锅炉和燃烧炉的成本大约有 9000—11000 美元。因此，大约需要 14000 美元（4000 美元用于刈草和颗粒化加工，10000 美元用于更换现有供暖设备），相当于 2000 加仑燃油或 2700 MMBTU（百万级 BTU）。

（3）食物 / 有机废弃物

岩点岛中学和主教会议中心均有为学生和会议代表供餐的商业性食堂。据估计，学校每星期大约产生大约 100 加仑的有机废弃物，夏季的会议期间主教区会议中心产生的废弃有机物与上面相当。

将这些有机废弃物用作能量资源最可行的选择是通过生物消化器生产甲烷，替代现在的天然气用于做饭、取暖和烧水。这些食物废弃物产生的甲烷数量是用在线生物消化器（www.electrigaz.com）估计的。估计生产的甲烷数量不够发电设备的成本，但是甲烷可以补充或替代当下的天然气。

（4）伯灵顿高中（劈柴取暖）

另一种用于伯灵顿高中的生物质资源是劈柴，用劈柴烧水。这所中学附近有一座用劈柴作燃料的锅炉房，大约距离岩点岛中学有 100 码的距离。锅炉房供热能力为每小时 10000000 BTU，远超过中学自身的需要。所用劈柴供应充足，取暖季每周送货两次，中学储存保持在大约 90 吨左右。

利用这种劈柴最好的选择是建造隔热的热水管道，从岩点岛中学将回水送到锅炉房，距离约 100 码。建造这样的隔热管道成本开销多少尚不清楚。考虑到岩点岛中学现在使用天然气供热，现在改用生物燃料似乎不合算。

建议

岩点岛中学具有几种就地可用的生物燃料，利用生物燃料以减少石化燃料也有几种选择，但满足中学大部分能源需要的最具潜力的方式是利用草地生产的干草，然后将其致密化加工为弹丸形颗粒燃料，将现有的供热设备改良为燃烧颗粒生物燃料。这里 10 英亩的草地生产的草可以加工成 20 吨的颗粒燃料，可提供 270 MMBTU 的热量，占岩点岛热量总需求的 7%。

来自岩点岛中学和主教教区会议中心的食物废弃物是另一种潜在生物燃料，可通过生物消化后以甲烷方式利用。如果岩点岛中学的学生有兴趣，这是一个非常有趣的科研题目。

最后，如果天然气价格上涨，伯灵顿中学发电厂的劈柴加热可能是一个未来考虑的选择，尽管当下看来成本效益还不够理想。

案例 6C：用于温室取暖的让·佩恩堆肥法研究

Heatherm M. Snow

美国，佛蒙特州，伯灵顿，佛蒙特大学，2012 "生物能源课程" 学生

引言

让·佩恩（Jean Pain，1920—1980）是一位法国农民、林务员、研究者和发明家，他发明了利用树木残体堆肥技术，从堆肥的生物学活动中俘获并利用热量。利用粉碎的灌木堆肥，体积为 100 立方码，可产生 60℃热水平均 1 加仑 / 分钟，可持续 18 个月。折算为能量，相当于俘获 620 MBTU（Gorton）。然而，在科学文献中未曾发现让·佩恩技术的复制应用。这似乎是因为让·佩恩十分缜密的缘故。他利用自己手工制作的劈柴机，可以很容易将木头劈开一分为二，并且选择较小的树枝树杈，然后将材料用水浸泡一段时间。这样的任务对于一个人来说，如果堆积 100 立方码进行试验，是一件令人望而生畏的事情。显然，让·佩恩能源是无限的。

这里对让·佩恩技术的探索将集中在利用堆肥为温室供暖。在寒冷的美国东北地区进行作物的四季生产必须借助温室完成。而对温室供暖的成本非常可观。我们希望找到经济适用、可持续的当地资源替代我们现在食品生产对化石燃料的依赖。

社区合作伙伴

社区合作伙伴包括：（1）Addie's Acres 农场；（2）佛蒙特园艺农场（项目负责人、温室经理和项目顾问：Colleen Amstrong；上届生物质燃料专业的学生 Tad Cooke 和 Erick Crooken berg）；（3）堆肥热力网（Gorton，McCune-Sanders，2011）

本研究的目的

本研究的目的就是完成一项可行性研究：评估在自己的农场基于现有资源应用让·佩恩技术的经济性、能源生产和相关后勤保障。对温室的研究，就是结合让·佩恩技术能够自我调节、保持温度，以取得最佳效果。除了从现有的文献知识进行概括总结外，借助社区合作伙伴的经验，将利用在佛蒙特大学 Slade 温室已经利用的让·佩恩堆肥技术（见参考文献中相关的研究），连同在 Common Ground 园艺农场作为案例研究。接下来，还将为 Common Ground 园艺农场应用让·佩恩堆肥技术提供帮助。

Addie's Acres 农场简史

Addie's Acres 农场占地面积 21.8 英亩，位于祖父母于 20 世纪 40 年代在佛蒙特 Sunderland 城购买的一块 125 英亩的土地上。这块土地被分为一块草地和一块林

地，林地的赤松是圣诞树栽植计划种植的，现在已是高树林立，郁郁葱葱，绿荫笼罩房屋和停车场。尽管在祖父母时期建造的基础设施年久失修，但是树木已经成材。自 2012 年买在本人的名下以来，投入了较大精力发掘这块土地的潜力，并利用永续智慧设计实现多样化的整体系统。永续培养，按照 David Holmgren（2002，他也是这一概念的共同创立者）的定义，是指"精心模仿自然界的模式和关系来设计土地景观，从而使其生产丰富的食品、纤维和供应当地需要的能量。"要充分考虑系统中不同要素之间的关系。按照永续培养观点，系统中的每个要素至少有三个功能，每个基本功能有必须满足多要素的要求。这就是智能设计和适应力在系统中的自我表现。考虑到不同要素之间的地点和功能，必须节约并高效利用能量。正如永续培养指导教师所强调的那样，对一个地点精心设计和长远谋划，使每一个要素在第一时间置于最理想的地点，而不能缺乏前瞻性、无的放矢，然后又重新调整、重新设计。这一点至关重要。希望以实施这个项目为契机为本人的农场的温室探索最优设计，以便能够在冬季进行生产。而且可以利用当地资源建立高效、可持续的供热系统。借助弟弟的劈柴机和农场丰富的木质资源，加上一些外部资源，相信完全可以实现预定目标。

研究背景

位于马萨诸塞州的埃尔凯米研究所于 1983 建立的 700 立方英尺堆肥供热温室就是这方面早期开展的一些工作和温室堆肥供热优秀的范例。埃尔凯米研究所的试验取得许多成果，发表的论文涉及适用技术、生态学、太阳能、生物屏障、阳光温室、温室害虫综合防治、有机农业、可持续农业等。佛蒙特大学温室经理 Colleen Armstrong 曾在 20 世纪 80 年代介入埃尔凯米研究的堆肥项目，因而是帮助本人在 Slade 的项目以及泰德和埃里克的园艺农场项目。在埃尔凯米研究堆肥置于温室内部，而不是在温室外部，因此他们的发现与让·佩恩堆肥技术相比有许多不同之处。埃尔凯米研究借助 1987 年建立的概念解决了很多问题。他们认为，这只是一个有许多奉献的实验性的技术，并建议必须考虑各种实际情况（包括温室和堆肥），每一种操作才有其实际意义。如果没有特定的堆肥设备和器械，就要花费很多人工劳动。他们还认为，如果堆肥置于温室内部，堆肥成分需要基于产生的二氧化碳而不是基于温室需要的热量。对于新英格兰南部的气候，为每平方英尺供热仅需要二分之一立方码堆肥体积即可。然而，其二氧化碳的产量是植物生长最佳需要的 6 倍。此外，氨的释放量是植物生长最佳需要的 50 倍。如果堆肥成分的体积按照植物生长需要的二氧化碳量来确定，那么就仅能满足温室热量需求的 15%（Diver，2001）。

良好的温室设计是管理热量需求的关键。温室总是向阳朝向，对于我们北半球来说就是朝南方向。如果温室紧邻房屋建造，将会使供热效能加倍。温室还需遮阳避免夏天太阳直射，但却允许冬季太阳射入。否则就必须采取额外措施防治夏天的太阳把秧苗"烤熟"。由砖、石头和其他吸热物体（如黑色水桶）砌墙，这样白天可以吸收太阳的热量，晚上把热量释放到温室。温室还要安装通风设施，使温室内的热量循环。夏天，如果温室空气太热，可将地下室的冷空气流通到温室，降低温室的温度。沐浴和烹饪废水可以通过管道输送到温室储存起来，使其热量释放到温室，而不是直接排入下水道，毕竟大量能量已经注入热水当中。有些废水还可以用来灌溉温室中的植物。当然，必须注意含有化学物质的水不能作为灌溉水使用。植物生长得好，才能用于人的食用。

温室在损失热量后就必须加温，以维持在冰点以上一定的温度。热传导、外部空气渗入以及热辐射均会导致温室失温。建造温室所用的材料不同，热传导效应也不同，例如，铝合金的热传导就相对较快。木头虽然导热性差，但并不适于建造温室。当室外的温度比温室内温度低 1 ℉时，用单层聚乙烯薄膜建造的温室屋顶温度损失的速度为 1.1Btu / ft^2/h，如果覆盖双层聚乙烯薄膜温度损失的速度则仅为 0.7Btu/ft^2/h（Nelson，2012）。借助创造这种空气隔绝可以使热损失减少 40%。为使热损失降到最低，两层聚乙烯薄膜的空隙不要超过 18 英寸，否则间隙中会形成气流。此外，要特别强调的一点是，不要让两层薄膜贴在一起，否则就会失去隔热的绝缘作用。空气注入是温室内外空气的物理交换。一般认为，双层塑料薄膜温室内的空气通常每 60 分钟就会全部失去，而旧的、保养差的玻璃温室每 15 分钟就会完成这种空气交换；结构密闭的玻璃温室一般每 30 分钟完成交换，大约损失总热量的 10%。热辐射是热量从热物体传向冷物体的传递途径，并且对空气无显著加热效应。除非塑料薄膜上形成一层水膜，否则乙烯薄膜温室可因热辐射失去很多能源。

工作周计划

2 月 24 日：背景研究；收集信息和文献；3 月 3 日：继续研究；分析农场物流情况；绘制图形文件；开始论文写作；3 月 10 日：继续论文写作；造访 Slade's 让·佩恩系统，撰写案例研究中的发现；3 月 17 日：会见佛蒙特大学温室经理 Colleen Armstrong 讨论温室加热系统和 Tad 和 Erick 的研究计划。3 月 24 日：继续论文写作、编辑；联系合作伙伴，讨论相关问题；3 月 31 日：对温室效率做进一步研究；4 月 7 日：制作幻灯片，演习答辩；准备要提问的问题；4 月 14 日：将论文和答辩演讲定稿，最终审校；4 月 21 日：答辩。

结果：经济学分析

根据环境工程师 Jason McCune-Saunders 2001 所做的一项分析：

对于一个 100 平方米及其以上的温室，采用让·佩恩系统供热的温室优于采用丙烷供热，特别是堆肥产物可以被利用时更是如此。在 100 平方米，让·佩恩堆肥系统可以产生 36% 的 ROI；这就可以将 300 平方米的温室提高 59%……根据利用效率的不同，当能源成本提高到 0.07—0.12 美元 / kWh，堆肥系统就显示出明显的优势，只要条件控制得当，可以产生显著的节能效应。

虽然这一模型假设包括人工成本、燃料成本、原料成本和机械运行成本，完成堆肥的价值、供热需求和储存、供热生产的寿命和高度简化的供热特征均会有变化，并有潜在的缺陷，但它们依然有继续探索的理由。据此，McCune-Saunders 和 Compost Power Network 在佛蒙特大学 Slade's 温室开展合作对其进行了潜力分析。

建议指南

如果考虑堆肥用的木质劈柴的热效率，就必须对以其他方式燃烧木头的 Btu 值对能量的输入进行比较。如果温室对热量的需求只是在温度低于冰点时才需要，那么就在此时直接燃烧木柴而不必采用堆肥的方式。堆肥系统对于冬季很长的佛蒙特来说非常重要。采用堆肥供热，不像燃烧那样每天添柴保持炉火不灭，十分方便。堆肥在秋季一次能量投入建造，直到夏季堆肥不再需要供热时进行拆除。根据供热面积和供热时间来确定堆肥的体积和理想的堆肥配方是 Compost Power Network 未来要探索的重要方面。如果能够密切监测 Slade 温室未来两年堆肥的温度和热流，将会有助于他们获得更深刻的认识。Tad Cooke 和 Erick Crockenberg 在 Common Ground Horticulture Farm 实施的堆肥系统正在进行以下实验：从堆肥系统同时获得热量和二氧化碳，注入苗床，以期提高作物产量。根据两人的研究，可以从每千克堆肥材料中获得 10—50 克二氧化碳。他们希望将计划在 3 月中旬得到实施，但是建造推迟到了 4 月，现在希望到 5 月中旬可以完工并运营。他们所用的堆肥原料是牛粪，这些牛粪储存在温室北墙，用燃料加以覆盖。观察二氧化碳如何影响作物生长将会非常有趣。但是非常遗憾，计划推迟这么多，温室供热未能在夏天来临之前发挥关键作用。但本人依然认为，这不失为一种处理管理和学术问题的实践。

社区合作伙伴的获益

Addie's Acres 农场从本项目的获益不仅在于探索到了利用堆肥为温室可持续供热的不同手段，同时还设计了可将热量的实际供热需求降至最低的温室。随着农业的发展，项目的资料文件将会被证明在未来十年内依然十分有用，对那些想在美国东北寒冷地区建造温室的人也会有参考价值。美国东北地区冬季供热成本很高，Slade's 温室的案例研究可为那些有意愿学习和应用让·佩恩的非技术人员提供相近的资料（但有些遗憾的是此技术资料没能太多用于 Tad 和 Erick 在 Common Ground Horticulture Farm 项目上，原本也想用于他们的项目，但他们建造堆肥系统从最初希望的 3 月中旬推迟到了 4 月）。假如当时能够参与他们的堆肥系统建造，本人会在劳动力用量、材料、硬件设施、必要的工具等方面为他们的项目以及类似的项目提供更好的建议。

参考文献

"Compost Power: Using Compost Power to Heat a Greenhouse." UVM Office of Sustainability. Google: http://www.uvm.edu/sustain/clean-energy-fund/cef-projects/compost-power-using-compost-power-to-heat-a-greenhouse.

Diver, S., January 2001. "Compost Heated Greenhouses." Appropriate Technology Transfer for Rural Areas (ATTRA). Google. http://www.clemson.edu/sustainableag/CT137_compost_heated_greenhouse.pdf.

Gorton, S., McCune-Saunders, J., March 2011. Woody Biomass Energy Research Symposium for the Northern Forest: Design and Feasibility Analysis of Biothermal Energy and Compost Generation from Forest and Agricultural Feedstocks. University of Vermont. http://www.uvm.edu/~cfcm/symposium/?Page=Gorton.html.

Holmgren, D., 2002. Permaculture: Principles & Pathways beyond Sustainability. Holmgren Design Services, Australia.

McCune-Saunders, W.J., Rizzo, D.M., 2011. "Examining the Potential of Heat Extraction from Wood-based, Static Compost piles." Department of Civil & Environmental Engineering, University of Vermont, Burlington, VT.

Nelson, P., 2012. Greenhouse Operation and Management, seventh ed. Prentice Hall, Boston.

Pain, I., Pain, J., 1980. The Methods of Jean Pain or "Another Kind of Garden", seventh ed. translated from French.

第三篇　生物质转化为液体燃料

正如在前言所指出，通往下一代生物燃料以及生产这些生物燃料的原料最可靠的途径是继续发展现在的生物燃料。[1]第三部分讨论现在及下一代液体生物燃料。

第三部分共包括九章，内容关于生物能源作物、基于含油种子进行的生物柴油生产、直用植物油（SVO）、纤维乙醇、生物热能，以及海藻等。对于生物燃料转化工艺和可再生碳氢液体燃料柴油将在本书第四、第五和第六部分讨论。

第七章（生物能源作物）从经济和农民的视角（这一点很重要）讨论种植生物燃料作物（糖和淀粉作物、纤维作物、木本植物、油料作物、作物残体和有机废物）。每种作物逐一分析，并讨论作物的收获与物流运输，以及生物质生产的可持续经营。

第八章（基于农业油的生物柴油生产）讨论油料作物的种类及其品种选择、有关种植因素、害虫防治、收获、种子净化和干燥储存，以及油分提取及副产品，基于农场生物燃料生产的挑战和机遇。此外还附上了两个案例研究，一个是年加工13000加仑，另一个年加工100000加仑。列举了例子说明，在地区范围内每加仑的生产成本为0.60—2.52美元，能源投资回报率为2.6—5.9:1，潜在碳排放净减少1420英镑/英亩。

第九章（生命周期评估法：生物柴油投资的能量回报）讨论投资的能源回报（EROI）的途径及相关分歧，并提供投资的能源回报（EROI）的相关计算资料和计算方法。读者可以将这些数据和方法应用于投资的能源回报（EROI）相关研究。本章还提供了来自5个农场种植的油料种子生产生物柴油的生

图 III-1 生物质转为液体燃料

（A. Dahiya 绘制）

命周期评估报告。对来自一个州的投资能源回报（EROI）示范评估与美国农业部所报告的数据进行了比较。

第十章（田间生产操作期间的能量管理）探讨了生物能源作物相关的田间操作，包括拖拉机、拖拉机压舱物/打滑/轮胎气压、拖拉机运输、免耕播种、施肥，以及其他影响耕作和技术的问题。章末附上了一个非常有用的进一步阅读的资料目录，读者可以做进一步的深入探讨。

第十一章（直用植物油作为柴油燃料）讨论了用直用植物油或烹饪废弃油以及其他没有经过中间加工的植物油用作车辆燃料的可行性，以及直用植物油和废弃油与生物柴油（及传统柴油）在重要方面有何不同，并且一般不考虑可接受级别的燃

---

1 Kotrba, in Biodiesel magazine May/June issue, 2014, http://www.biodieselmagazine.com/.

料大规模或长期使用。

第十二章（纤维素乙醇：超越玉米的生物燃料）介绍了纤维素作乙醇的原料，讨论了纤维素乙醇生产的挑战，以及相关的植物生物技术和加工工艺（预处理、水解、发酵）。

第十三章（取暖生物燃料）首先区分生物热能（也称作可再生热能油）、生物柴油与石油的区别。热能油和生物热能的特性将在后面讨论。本章讨论了成功的生物热能管理分为三个步骤：过滤、燃料添加处理和预防维护。

第十四章（培养生产高级生物燃料的藻类生物质）讨论了利用海藻生物质作为生物燃料的可持续性原料。在讨论由海藻生产生物燃料后简要介绍了历史展望。介绍了从海藻制取液体生物燃料的整个工艺过程（1）藻株选择（不同的海藻类型）；（2）海藻培养（海藻培养系统——光生物反应器、露天培养、发酵罐）；（3）生物质收获；（4）海藻油提取（机械法、化学法——酰基转移、酶提取法、超临界流体法等）。最后讨论了从实验室到商业规模生产海藻生物燃料，进行了生命周期分析、经济和环境效应分析。

第十五章（生物质液体生物燃料服务性学习课程和案例研究）讨论了服务学习计划和案例研究，包括用油料种子生产生物柴油的成本分析，从木头和油热量转化为生物热能，可移动乙醇蒸馏厂等。

第七章

生物能源作物

Dennis Pennington

密执安大学推广站

7.1 引 言

"美国 2007 能源独立和安全法案"（EISA）确定了在以后 15 年向车用燃料供应流中添加可再生能源燃料的强制数量。要求石油公司到 2022 年混合油必须达到 360 亿加仑。基于淀粉的产品（如玉米籽粒）燃料要达到 150 亿加仑，其余 210 亿加仑来自生物质燃油。

这一政策刮起了一阵生物质作物研究和投资的旋风。这将需要生产、收集和供

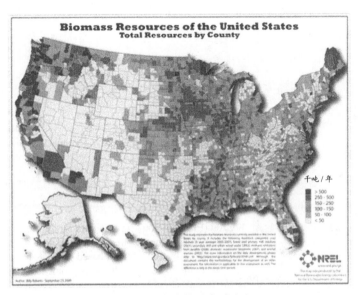

图 7-1　美国生物质资源分布

（资料来源：National Renewable Energy Laboratory, Billy Roberts, September 23, 2009）

应所需足够量生物质以实现这一目标。美国各地的科学家正在评估各种作物，以确定那些最适合其生长的土壤、气候和生产系统。评估可持续性生产操作，编制最佳管理操作规程，以便减低环境风险。本章讨论各种作物的生产知识，以及需要解决的收获和物流运输问题（图 7-1）。

读者在学习这一章后应当基本了解生物能源作物生产当前和未来的机遇，以及推动这种生产的一些经济因素。

7.2 经济因素

7.2.1 概　述

农民在决定把自己的土地用于生物能源生产前有许多因素需要加以考虑。在做生物燃料生产规划之前需要回答以下问题：

（1）有可靠的市场吗？

（2）种植和收获生物能源植物、处理生物质需要增加额外的投资吗？

（3）生产成本有哪些？

（4）依目前的情况，要种植什么能源植物？

（5）种植该种生物能源作物的盈利水平是否能达到目前种植作物的盈利水平？

（6）是否需要建立退出策略或考虑落实以上各项事宜的时间表？

种植作物的种类会影响年生产成本和回报率。对一年生作物和多年生作物进行比较是一件非常棘手的问题。对一年生植物的生产成本（如玉米）进行估算相对容易，但对多年生植物而言就比较困难，因为必须把前期成本分摊到作物的整个生长周期。种植多年生作物绝大多数成本发生在前期，直到作物的生命周期结束才能得到回报。农民还要考虑适时的现金流。例如，木本生物质（包括杨树和柳树）每3—7 年收获一次。这意味着，前期投入的成本至少在 3 年以后才能见到收益。

7.2.2 比较利润

比较作物利润是基于部分企业年化支出预算。这为现金流和潜在净岁入提供了业绩基线。当进行这类分析时，必须进行某种假设，并非实际上知道准确的产量、成本以及每一个农场的股管理。一旦建立了模型，这些假设就会遇到挑战，并且发生变化，以适应某一个特定单个农场。该模型提供进行比较的起点。表 7-1 总结了连续 5 年种植玉米和 5 种生物能源作物交替种植的企业生产成本估值（资料可以在 http://bioenergy. msu. edu/bioenergy/economics 查到）。

表 7-1 连续种植玉米和 5 种生物能源作物交替种植的企业生产成本估值

作物	是否施肥	10 年每英亩年平均产量	每英亩成本（美元）
玉米	是	135 蒲式耳籽粒和 1.4 吨秸秆	462
柳枝稷	是	4 吨	167
混播牧草	是	3.5 吨	123
原生草原	是	2.1 吨	131
芒草	是	10 吨	412
杨树	是	5 吨	267

芒草生产种植开支一般估计每英亩花费 900 美元购买和种植根茎。这还需要许多大面积苗床，有数个芒草 BCAP 项目计划都是如此。2010 年春季，美国的芒草根茎每株 2.25 美元。相比之下，欧洲当时的价格每株只有 0.05 美元。随着越来越多的种植者开始自己繁殖，其价格大幅下降。2013 年春，美国的芒草根茎价格只有每株 0.27 美元。

多年生生物燃料基于 10 年的生命周期进行评价。禾草作物一般要 2—3 年生产生物质。而杨树至少需要 10 年收获一次，在定苗阶段，成本投入（如杂草控制等）相对较高。我们必须把所有成本分摊到 10 年当中，以年投入成本为基础，以便与连续种植玉米进行比较。表 7-2 给出了每英亩土地、劳动力成本和管理成本投入的年化净回报（假定生物质价格分别为 30 美元 / 吨、60 美元 / 吨和 90 美元 / 吨）。

表 7-2 每英亩土地、劳动力成本和管理成本投入的年化净回报（美元 / 英亩）[a]

作物	30 美元 / 吨	60 美元 / 吨	90 美元 / 吨
玉米（籽粒＋秸秆）	187.41	229.41	274.41
柳枝稷	−63.00	46.00	155.00
混播牧草	−82.00	−14.00	55.00
原生草原	−82.00	−14.00	55.00
芒	−184.00	30.00	243.00
杨树	−146.00	−35.00	76.00

a. 假定每种作物的土地和管理成本均相同（未在上述分析中体现）。

若每吨生物质 60 美元时，每吨玉米籽粒＋秸秆对土地、劳动力和管理具有最高回报；若每吨生物质 90 美元时，种植上述作物都会有盈利。

附录 1 连茬玉米籽粒＋秸秆

年度 - 高投入	数 量	单位价格	每英亩年产值（美元）
分项收入 籽粒产量 秸秆（38%） 总收入	 135 蒲式耳 1.4 吨	 4.50 美元 60.00 美元	607.50 84.00 691.50
播种籽粒折合现金	0.48K 种子	184.00 美元	69.00
肥料 N P$_2$O$_5$ K$_2$O 石灰	 173 磅 53 磅 118 磅 0.3 磅	 0.46 美元 0.62. 美元 0.63 美元 25.60 美元	 79.51 33.15 74.40 6.40
害虫防治 Lexar	 0.8 加仑	 42.07 美元	 31.55
机械成本 凿式犁 整地 播种机（免耕法） 撒播机 喷雾器	 1 英亩 1 英亩 1 英亩 1 英亩 1 英亩	 14.17 美元 11.10 美元 16.00 美元 3.75 美元 5.60 美元	 14.17 11.10 16.00 3.75 5.60
收获 联合收割机（6 行） 打包 将包运到仓库 干燥 营销 运输（籽粒，20 英里） 运输（秸秆，20 英里）	 1 英亩 2 包 2 包 135 蒲式耳 135 蒲式耳 135 蒲式耳 1 吨	 29.11 美元 8.35 美元 3.10 美元 0.04 美元 5% 0.20 美元 3.00 美元	 29.11 15.59 5.79 5.40 30.88 27.00 4.20
现金总支出			462.09
收入			229.41

每吨 30 美元收入 187.41 美元；每吨 60 美元收入 229.41 美元；每吨 90 美元收入 271.41 美元。

（1）假定来自前茬的氮素为零，土壤测定有效磷示数为 50 磅/英亩，钾示数为 150 磅/英亩。更详细的资料，参见密执安大学推广站公报 E-2567，2000，《玉米、大豆、小麦和紫花苜蓿三态肥料推荐配方》。

（2）假定干燥水分含量从 23% 降低到 13%。

资料来源：密执安大学推广站公报 E-3084，转化为生物燃料作物的营利性，http:// bioenergu. msu. edu / economics / index. shtml

7.3 各类作物分析

7.3.1 糖和淀粉植物

许多糖和淀粉作物均可用来生产生物燃料，目前主要是糖料作物或饲料和粮食作物。在美国，玉米籽粒是用作乙醇生产的主要原料，这主要是玉米容易转化为乙醇，且产量较高，并且玉米已有成熟的生产、运输和储存等基础设施。

利用微生物，玉米可以通过生物化学发酵工艺转化为乙醇，这种微生物可以把糖转化成酒精。绝大多数玉米籽粒是利用生产动物饲料的干磨工艺转化为乙醇。有时除了生产乙醇外还生产二氧化碳。有关乙醇生产工艺、存在问题和市场机遇等方面的总结，可以参见国家可持续农业信息中心（ATTRA）的出版物《乙醇生产的机遇与问题》（Morris 和 Hill，2006）及其扩展出版物《用于生物燃料生产的玉米》（Hay，2010）。

用于生产乙醇的玉米为美国中西部的广大农村创造了新的财富和机遇。然而，也带来了人们对环境、经济社会可持续发展的担心，引起了玉米乙醇对能源净平衡、温室气体排放、水质量、市场波动、农民的风险，以及与当地饲料争地等影响。

我们还可以用高粱籽粒、小麦、甘蔗和糖用甜菜等制取乙醇。在巴西主要是用甘蔗生产生物能源。糖用甜菜和甜高粱在像加拿大等温带地区种植。

7.3.2 纤维素作物

用于纤维素生产的植物包括多年生草本植物和木本植物。茎、枝、叶是这些植物的纤维素部分，可以直接燃烧用来发电，也可通过各种技术转化液态燃料、气态能量和化学态能量。

用于生物能源生产的多年生作物可为土壤、水和野生动物带来环境效益。种植这些作物主要的好处之一，是从其根系可以每年重复生长，无须年年重复种植。多年生作物可以常年覆盖地面，为野生动物提供栖息地，并且需要肥料和水的投入较少。这些作物可以在地力较差的土地和边际农业景观地带种植。目前正在考虑用于生物能源原料的多年生作物包括柳枝稷和其他当地草种，还有芒草、草芦和热带玉米等。

目前，对多年生生物能源作物的主要关注在于经济效益。由于对这些作物而言迄今尚未有确定的市场，农民难以预期市场长需求和投资回报的时间周期。此外，在美国，由于这些作物的种植历史很短，因而关于其对环境的影响备受关注。对于其投入需要、潜在虫害、病害威胁也需要深入研究和了解。有些草种（如芒草），还因其是外来种而引发巨大争议。

7.3.3 木本作物

多年非林用木本作物 [也被称作速生树种（SRC）]，可以提供多种产品和效益。例如，速生树种（如杂交杨、杂交柳）除了生产能源外还可以生产木浆。这些作物收获时一般都是就地劈碎。劈碎的木材一般是再致密化处理（如弹丸颗粒化），处理时往往混上其他原料。

多年木本作物通常是单一种植，但是也可以间作。这些速生树种具有长久的产量潜力和环境效益，如为野生动物提供栖息地、防止土壤侵蚀和改良水质。

生产木本生物质作物引发一些社会和经济关切，如与传统的林产品争地，以及投资是否得到经济回报等。

7.3.4 油料作物

油料作物种植目的是收获种子，种子收获后用来榨油。油脂便可通过酰基转移工艺转化为生物柴油。目前有若干种油料作物具有用作生物能源的潜力。这些作物中有多种具有特别的适应性，适应不同地区的气候和土壤条件。其中的一些特性包括抗盐、抗寒、抗旱和耐瘠薄（需要肥料少）。

由于许多油料作物（包括大豆、低酸菜油、向日葵等）本是用作食品级植物油，因而备受人们关注，认为是以食品生产为代价来转换成为生物燃料。的确，有若干种油料种子输出的欧洲国家决定，为了出口油料作物将食物生产的土地转为油料生产的土地。目前正在建立可持续性标准来解决这一问题。土地用途的改变以及与粮食作物竞争可能决定什么作物适于税收抵免，从而促进美国的生化燃料生产。

7.3.5 作物残体和有机废弃物

在一年耕作制度中，植物的地上非种子部分——包括茎秆、叶子、谷壳、谷糠等——在收获后被丢弃在大田。这些残留物质由木质纤维素构成，可以被用来作为生物能源的原料，直接燃烧发电，或转化成为液体车用燃料或气体燃料。

将作物残体用作生物能源原料必须关注经济效益。在美国中西部，玉米秸秆（包括茎秆和叶子）是纤维素乙醇生产的主要原料，原因是玉米秸秆资源丰富，并且价格低廉。但是，这给农民带来额外的成本支出，必须利用设备、花费时间和燃料来收获这些秸秆。增加对某些作物残体用作生物燃料，会减少其传统利用。例如，小粒种子作物的秸秆通常用来作为动物的"床"垫材料，或者售卖变现；将其转化为生物燃料后，将会减少动物的"床"垫材料的供应，迫使农民为家畜寻找动物"床"垫的替代材料。

收获用于生物燃料生产的作物残体会产生环境后果。这些残体留在田间可以减少土壤侵蚀，增加土壤有机质（SOM）。另一方面，过渡残体覆盖可能影响春耕，有碍土壤回暖和干燥。以可持续的价格收获这些残体非常重要，以便可以同时向农民提供额外收益，改良春耕，还可以防止土壤侵蚀，维持土壤有机质。

附录2对各种能源作物进行了简要分析，提供了其产量潜力、生产管理操作和能源潜力估值，可供快速浏览。

附录 2 纤维素能源作物比较表

生物质作物

多年生生物质作物	生长条件				定植与栽培措施				能量潜力
一年生(A)/多年生(P)	作物特点	适宜气候和土壤条件	生长/收获季节	生物质产量	播种	施肥	环境与经济效益	病虫草害防治	生物燃料/生物发电
柳枝稷(P)	原产地美国，暖季禾草；种植目的为干草、饲料、野生动物栖息地，生物稀疏能源作物。	美国大平原，中西部和东部地区雨养生的为干草；最适宜壤土和沙壤土。	2—3年定植，可延续10年；每年初冬收获一次。	4—7干吨/英亩，实际产量因水平和种植地区管理水平不同而异。[1,2]	播种5磅以上/英亩；苗子准备好的苗床；也可免耕播种。	定植期间无须施用氮肥；一年后每英亩施用约70磅氮、磷和钾根据土壤测定结果施用。	旱地多年生根系较深；可保持并从深层土体中吸取水分。	在定植期间拔出杂草或施用除草剂。	乙醇：104加仑/吨[4]；生物发电**：16.1 MM BTU/吨。[5]
芒草(P)	大型暖季禾草；原产亚洲；系获芒（Mis-can-thus sacchari-florus）和芒（Miscan-thus sinensis）的自然杂交种，雄性不育。	可以在美国北部种植，如明尼苏达州南部；特别适于美国东部地区种植。在定植第一年一些品种容易遭受冻害。	1—3年定植，可延续15—20年；每年初冬收获一次；晚冬收获或春季产量减产30%—50%。[8]	伊利诺伊州的产量试验表明，产量范围为10—15干吨/英亩。欧洲的资料表明，产量范围为5—11干吨/英亩。[8]	将根茎栽植在2—4英寸深的土壤，株行距30英寸(7000株/英亩)。	定植期间无须施用氮肥；一年后每英亩施用约130磅氮；磷和钾根据土壤测定结果施用；成熟后收获，确保养分运转到根部。	目前提供的种植材料种植设备有限；无性繁殖导致定植成本较高。	在定植期间必须使用除草剂。	乙醇：106、加仑/吨[4,7]；生物发电**：15.4 MM BTU/吨。[5]
热带玉米(A)	种在美国北部时长季杂交种比玉米品种玉米产量优质生物质；主要用作优质动物反刍动物饲料。	在温带地区种植比美国中西部玉米条件更佳；土壤应当与玉米生产相似。	由于生物质生产潜力高，与粒用玉米生产相比，晚播影响不大。晚播植株生长受霜冻威胁促引业已成为过去。	产量潜力一般为9吨干物质/英亩。	种植密度与籽用玉米相似；最终的用途决定选择型的选择。	除了氮素以外，其他营养需要与玉米相似。	收获标准条件下取决于生物燃料生产的产量。	害虫防治与籽用玉米相似。	乙醇：100加仑/吨[4]；生物发电**：15.8 MM BTU/吨。[5]

附录 2　纤维素能源作物比较表（续）

多年生生物质作物		生长条件	定植与栽培措施		能量潜力
草芦（Arudo donax）（P）	多年生禾草，原产东亚，繁殖力强。	北纬48度以下的美国南方地区（从东至西海岸）；营养须土壤，但在湿润、透气好的土壤生长很好。	每7—12个月收获一次。	草芦种子缺乏活力，必须通过根茎栽植（与巨芒相似）。 9—11干吨/英亩。	通过土壤测定监测土壤养分；磷钾移除较少，而氮素必须补充，一般在收获后补充60磅/英亩。 草芦可以自然抵御其他病虫害，杂草、病虫害不严重。	乙醇：没有资料；生物发电**：16.4 MM BTU/吨。[5]
网茅草（P）	网茅草是原产美国的暖季草，产量与柳枝稷相当。	网茅草可以在美国北纬60度以南的地区种植；种植在边缘地、湿地和盐碱地时产量高于柳枝稷。	霜冻死亡后收获最为理想；旱收获可以提高产量，但也会加大对营养的需求；可用甘草机械收获。 南达科他州产量试验表明，产量在2.7—3.0干吨/英亩。	目前正进行改良，筛选始于不同条件下的基因型。	一些实验表明，网茅草可以不用施肥，但的确需要一定量的磷钾肥。 很少需要杂草和病虫害防治。	缺少相关资料，似乎与柳枝稷相似。
高粱（A）	高粱是一种热带常温带种植的作物，可以生产种子、饲料和生物质。	在美国南方温带、亚热带和热带广泛种植。	在美国南方一年可收获两次。 高粱产量因气候等条件不同差异很大；在适宜条件下产量均为7—15干吨/英亩。	在美国高纬度的中西部地区5—6月播种。	高粱吸氮效率高；通过土壤测定确定氮、磷、钾施肥量。 高粱比其他一年生作物（如玉米）利用水的效率高。	乙醇（饲用高粱）：88加仑/吨；[4] 生物发电：由干草收获时含水量较高无法用于生物发电。

木本生物质作物

| 柳树（P） | 柳树是一种速生灌木。 | 温带地区，美国中西部地区、北部和加拿大种植生长良好。 | 每3—4年收获一次，可以用改良的饲草收获设备收获。 | 扦插枝条或根生幼苗繁殖；双行（行距2.5英尺）栽植，株行2英尺尺；双行之间行距为5英尺。 在美国中西部地区产量水平达4—6干吨/英亩。 | 需要长期轮作，定植后和每3—4年一次收获后各施用100磅氮肥/英亩。 病虫危害较轻，有时会发生柳叶甲等害虫害。 | 乙醇：105加仑/吨；[4] 生物发电**：16.9 MM BTU/吨。[5] |

附录 2 纤维素能源作物比较表（续）

多年生生物质作物	生长条件	定植与栽培措施	能量潜力
杨树（P）	速生生物质作物，用于产纸浆木材或其他用途。 广泛种植：从美国南方各州种植到加拿大均有种植；美国西部杨树品种一般适于在美国西部各州种植。 3—4年收获第一次，以后每3年收获一次。	扦插枝条或根生幼苗繁殖：行距8—12英尺，株距12英尺。在美国中西部地区5—6月栽植。 需肥较少，一般每年每英亩施肥50磅。 需要长期轮作；产量一般低于其他多年生生物质作物。	某些害虫比较为严重。幼苗期间易被鹿啃跑伤害。 与柳树相似。
		淀粉作物	
玉米籽粒（A）	玉米籽粒占地上部生物质的一半。 广泛种植，全美国到墨西哥，直至美国北达科他州均可种植；在透气性好的土壤上种植产高。 一年生，春季播种，晚夏或秋天收获。 籽粒产量50—250蒲式耳/英亩。全美国2010年平均产量为152蒲式耳/英亩。目前每蒲式耳转化乙醇约2.8加仑。	种植行距为30英寸，株距20—40英寸，每英亩20000—35000株/英亩，播种深度为2—4英寸。 需氮肥多，测定植株侧的氮株水平确定施氮量。进行土壤测定后确定施磷、钾施肥水平。	尽管有很多病虫害，但可以用转基因品种和杀虫剂防治。 乙醇：124加仑[4]/吨；生物发电**[14] MM BTU/吨[5]。
		作物残体	
玉米秸秆（A）	收获玉米籽粒后留下的地上部生物质，包括茎秆、叶片，包括玉米秸等。 广泛种植，全美国到墨西哥，直至美国北达科他州均可种植；在透气性好的土壤上种植产高。 从播种到成熟一般在90—120天；中秋早春种，中秋或晚秋收获。 地上部生物质产量一般为4.2吨/英亩，收获率在37%—50%[6]。	在美国中西部3月至5月播种；可以免耕。 收获后根据土壤侵蚀程度和有机质水平确定还田同地表留多少结构。 需氮肥多，测定植株侧的氮水平确定施氮量。进行土壤测定后确定施磷、钾施肥水平。	尽管有很多病虫害，但可以用转基因品种和杀虫剂防治。 乙醇：113加仑[4]/吨；生物发电**[15.7] MM BTU/吨[5]。

附录 2　纤维素能源作物比较表（续）

多年生/生物质作物	生长条件			定植与栽培措施		能量潜力
小麦秸秆（A）	收获小麦籽粒后留下的地上部生物质，包括茎秆、叶片。	广泛种植，适宜全美国种植，包括美国北达科他州、南达科他州、奥克拉荷马州、堪萨斯州、明尼苏达州、蒙大拿州、华盛顿州。	春小麦和冬小麦均可种植，春夏麦在早春播种、夏季收获；冬小麦在秋天播种、翌年夏季收获。	小麦秸秆产量因气候和品种不同差异很大：一般在 0.75—1.5 干吨/英亩。	冬小麦是没有黑穗嬗夜的日子播种；为防止病虫害和冻害，在第一次霜冻前要限制生长。	小麦中度需要氮素；根据土壤测定结果施用钾肥。
					收获小麦秸秆会影响土壤水分，导致土壤分移除，增加土壤侵蚀和土壤有机质损失等。	病虫害问题比较普遍有些可以用农药控制。	乙醇：96 加仑/吨；生物发电**：14.9 MM BTU/吨。⁵
甘蔗渣（A）	甘蔗茎秆榨糖后余下的纤维；燃烧产热、发电，或用于乙醇生产。	热带和亚热带地区种植。	参见下面对甘蔗的介绍。	8—10 干吨甘蔗渣/英亩。	茎秆插繁殖。	高产需大量肥料。
					燃烧甘蔗渣可以大大提高净能量平衡。	乙醇：111 加仑/吨；生物**发电：16.4 MM BTU/吨。⁵

糖料作物

多年生/生物质作物	生长条件			定植与栽培措施		能量潜力
甘蔗（P）	一种植株很高的多年生植物，原产亚洲；直接糖生产乙醇。用于榨糖；用于发酵生产乙醇。	在亚热带或热带种植，巴西是世界最大的甘蔗生产国。	种植后 12 月和 24 个月后收获；植后可以收获 2—10 次；可以手工收获，目前机械收获越来越普遍。	产量因播期和地块不同而异：一般每英亩收获 12—15 干吨，相当于每英亩 2—6 吨蔗糖。	主要由茎苗繁殖；每英亩扦插 6000—8000 株。	产量高，需肥也多。
					甘蔗是一种集约型作物，农药较多；甘蔗渣可以在 CHP 工艺中直接燃烧，封垄前除草十分重要。	病虫害可以通过轮作和其他农艺措施或农药进行防治；在封垄前除草可大大减少能量投入。	乙醇：16.77 加仑/吨；生物发电**（整株）：30.7 MM BTU/吨。生物发电（甘蔗渣）：16.5 MM BTU/吨。
糖用甜菜（A）	种植甜菜用于生产蔗糖；甜菜直根储存大量蔗糖。	适合北部的温带地区和南半球种植。	糖用甜菜为两年生，但一般第一年收获，地上部根常用作牛饲料。	糖用甜菜含糖量一般比甘蔗高，但英亩位面积产量却低。	春季播种；种子很小，每英亩仅需要约 1 磅种子。	一般需要氮肥，其他肥料根据土壤测定结果而定。
					目前糖用甜菜主要用于食用糖生产，用糖用甜菜生产乙醇的工厂正在规划当中。	转基因甜菜品已经上市；转基因品种可以降低除草成本。	乙醇：22 加仑/吨。¹

附录 2　纤维素能源作物比较表（续）

多年生生物质作物	生长条件		定植与栽培措施		能量潜力
甜高粱（A） 甜高粱是高粱的一个种，甜高粱，其茎秆汁液中可溶性糖浓度较高。	与甘蔗不同，甜高粱可以在温带种植。在温带为一年生。	产量类似于甘蔗，但蔗糖含量高；5—8干吨/英亩，糖含量14%—20%。	播种种子，播种密度和深度与玉米类似。	茎秆糖分含量高；为使乙醇产量最大，必须要榨出茎秆中50%的汁液。营养研究表明，在美国中西部施氮水平均等。	乙醇（由茎秆汁液）：24—32加仑/吨；乙醇（由整株）：130加仑/吨。
油料作物					
有油菜籽（A） 现在已经培育出高品质的油菜。	在美国南部和大平洋西北地区，从俄克拉荷马到南达科他州均可种植，喜排水好的土壤。	有春品种和冬季品种；风干后收获或直接收获；种粒小，收获要特别当心。产量一般在40蒲式耳/英亩；油脂含量约40%。生物柴油产量：1加仑生物柴油/1加仑油菜籽油。	冬季品种秋天播种；春季种；避免土壤板结。需肥同其他小粒种子相似，特别天注意朴无硫肥。	油菜油脂品质高，可以食用，也可以用于工业。收获季节防止鸟害。	乙醇：272加仑/吨；生物**发电：32.5 MM BTU/吨。
芥菜（A） 芥菜是芸薹属与油菜类似的物种。	可以广泛种植，比油菜耐旱。	有春季品种和冬季品种；风干后收获或直接收获；种粒小，收获要特别当心。产量大约在400—920磅/英亩；油脂含量比油菜籽略低。1加仑生物柴油/1加仑芥菜籽油。	冬季品种秋天播种；春季种；避免土壤板结。需肥同其他小粒种子相似。	芥菜油脂品质高，始凝点低；是理想的生物柴油原料；芥菜粕饼不像其他粕饼那样其品质好。	乙醇：272加仑/吨；生物**发电：32.5 MM BTU/吨。
大豆（A） 大豆原产中国，用于油脂和蛋白质干油（粕饼）生产。	大豆可在德克萨斯和加拿大以及美国东北部地区种植。大豆在美国成熟分组从最北部的000到最南部的VI；在美国东北部初秋收获。	全国平均产量在44蒲式耳/英亩（2010）；油脂含量在18%—19%；生物柴油产量：1加仑生物柴油/1加仑大豆油。	大豆可以个体固氮其他固氮作物为其提供种子；根据土壤测定结果用磷肥和钾肥；土壤 pH 值以中性为佳。75000—200000株/英亩。	油脂含量较其他油料种子为低，所以每英亩油脂产量较低。病虫害比较常见，但可以用农药和适当地采取些措施控制。	乙醇：272加仑/吨；生物**发电：32.5 MM BTU/吨。

附录 2 纤维素能源作物比较表（续）

多年生生物质作物	生长条件			定植与栽培措施				能量潜力
向日葵（A）原产美国；向日葵油脂含量高。	主要种植在美国大平原地区，南达科他州和堪萨斯州是主要的产地；适应性强，抗干旱。	在美国大平原地区每年一季，或与小麦一年两熟。	产量在500—2500磅/英亩（2010）；油脂含量在45%—50%；生物柴油产量：1加仑生物柴油/1加仑大豆油	以宽行距（30英寸）播种，每英亩15000—25000株。	灌溉条件下氮肥肥效高；干旱条件下氮肥肥效低。	在非主产区商业运输路途较远；向日葵残株留较少植株。	在美国大平原东部地区向日葵花盘易受害虫危害。	乙醇：272加仑/吨；生物发电**：32.5 MM BTU/吨。
CAME-LINA（A）CAME-LINA 是芸薹属另一个重要成员，其种子含油量高，油脂可以转化成生物柴油和喷气发动机燃料。	在美国，主要在中西部地区和山区州种植。	有春季品种和秋季品种；中夏或晚夏收获；种粒小，收获特别注意。	籽粒产量在1800—2000磅/英亩；籽粒含油为25%—41%；1加仑生物柴油/1加仑大豆油	每英亩播种2—3磅种子。	中等施氮水平；与小麦类似，比较适宜在半干旱地区。			乙醇：272加仑/吨；生物发电**：32.5 MM BTU/吨。

* 基于每吨 91 加仑乙醇。

** 均为高热值（HHV）。

1 Bassam N. El. 2010. Handbook of Bioenergy Crops. Earthscan, London, UK.

2 Perrin R., Vogel K., Schmer M., Mitchell R. 2008. Farm-scale Production Cost of Switchgrass of Biomass. Bioenergy Research, 1:91-97.

3 Schmer M. R. Vogel K.P., Mitchell R. 2008. Net energy of cellulosic ethanol from switchgrass. Proceeding of the National Academy of Science of the United States of America.

4 NREL Theoretical Ethanol Yield Calculator online at http://www1.eere.energy.gov/biomass/ ethanol_yield_calculator.htm.

5 NREL-（High Heating Value） Biomass Feedstock Compostion and Property Database online at http://www.afdc.energy.gov/biomass/progs/search1.cgi.

6 Shinners, K. J., and B. N. Binversie. 2007. Fractional yield and moisture of corn stover biomass produced in the northern U.S. corn belt. Biomass and Bioenergy, 31 （8）：576-584.

7 Sorensen A., Teller P. J., Hillstrom T., Ahring B. K., 2008. Hydrolysis of Miscanthus for bioethanol production using dilute acid presoaking combined with wet explosion pre-treatment and enzymatic treatment. Bioresource Technology 99, 6602-6607.

8 Heaton E., 2010. Factsheet/Biomass: Miscanthus. Iowa State University Department of Agronomy AG201. Soil erosion and organic matter concerns should determine the amount of stover left on surface after harvest; harvested amount needs to be limited on most soils.

资料来源：Pennington, D., C. Gustafson, J. Hay, R. Perrin, G. Wyatt, and Zamora, D. 2011. Bioenergy Crop Production and Harvesting; Module 2 in S. Lezberg and J. Mullins （eds.）

7.3.6 玉米籽粒

能量潜力	
生物燃料	462 加仑 / 英亩
生物发电	0.24MMBTU/t

7.3.6.1 玉米籽粒的基本特征

玉米（*Zea mays*）在美国是一种非常普及的乙醇生产原料，产量丰富，并且籽粒容易转化为乙醇。其向生物燃料转化的工艺包括粉碎、酶处理、酵母发酵、蒸馏、用分子筛去除剩余的水分，以及加入变性剂使其不再能饮用。

7.3.6.2 气候

虽然最适于美国中西部温带气温和充沛的降雨，但玉米在各大陆和美国的绝大多数地方均可种植。

7.3.6.3 土壤

肥沃土壤最适于种植玉米。

7.3.6.4 苗床准备

生产中免耕或少耕，用圆盘耙耙或其他耕作方法，与大豆或小麦进行轮作可以切断病害的生命周期。

7.3.6.5 施肥

种植玉米需氮肥较多，其次是磷肥和钾肥。氮肥使用可以是无机氮肥，也可以是农家肥形态的有机氮肥。

7.3.6.6 品种选择

许多玉米杂交种均可采用。抗虫和抗杂草的生物技术杂种也已经非常普及。

7.3.6.7 灌溉

在美国，90% 的玉米在雨养条件下种植。但很多种植在西部的玉米带，主要是通过中心支枢系统。

7.3.6.8 虫害、草害防治

轮作可以减轻草害压力。此外，随着生物技术的发展，通过抗虫和抗杂草的玉米品种为杂草和虫害防治提供了新的机遇。

7.3.6.9 病害防治

病害防治有许多选择。更加详细的信息，可参见美国密苏里大学推广站玉米生产病虫防治管理指南。

7.3.6.10 产量潜力

2009 年，美国全国玉米的平均产量为 165 蒲式耳 / 英亩，可以转化成 462 加仑乙醇。历史产量趋势表明，每年每英亩增长 2 蒲式耳。

7.3.6.11 经济分析

人们对玉米生产了解比较清楚，因为有许多研究作为支撑。然而，其高投入和高成本时期比绝大多数生物能源作物管理更加集约化。尽管其他作物管理比较粗放，但需要新的机械，并且只能用作生物燃料生产原料，而玉米还可以作为商品售卖。

玉米作为生物能源也遭到人们的批评，因为生产乙醇要消耗较多的化石燃料。研究表明，玉米乙醇提供 20 %—45 % 正能量平衡。

7.3.7 玉米秸秆

能量潜力	
生物燃料	143 加仑 / 英亩
生物发电	6.68MMBTU/t

7.3.7.1 玉米秸秆的基本特征

玉米秸秆是一年生生物燃料潜力最大的原料之一，原因有以下几个方面：在美国该原料的数量巨大，原料相对均匀，许多都集中在生物燃料的生产基地。收获玉米秸秆对土壤质量和侵蚀具有长期的影响，除非以可持续的方式收获。玉米秸秆有茎秆、叶子、叶鞘、玉米包皮、玉米轴、低位玉米穗、雄穗、玉米丝等。

7.3.7.2 生产面临的问题

玉米秸秆生产面临的挑战直接关系到收获时间以及收获这些材料如何储存。在田间干燥会受气温和降水的影响，使得一些营养成分流失。此外，饲料秸秆收获含水量较高，要求收获要迅速。此外，其不足包括打捆会被不清洁的塑料污染、过劳动生产率较低、打捆破损、产品的一致性问题等。目前需要建立玉米秸秆收获的新的经济模式，这包括少耕、碳及可再生能源信誉、以最低的土壤污染建立快速收获系统。

由于玉米秸秆起着减少土壤风蚀和径流侵蚀、增加土壤持水量、增加土壤碳素含量的作用，因此必须考虑收获秸秆带来的对环境和土壤的长期影响。耕作方式、美国不同地区的不同条件都会对此有很大影响。目前，经过评估，美国几条温热带气候带的玉米，不仅生物质总产量很高，而且玉米秸秆与籽粒的比重也高，并且在低氮水平上生长极好，秸秆的含糖量可以同甘蔗媲美。在发展此类"玉米"作物时必须采取多用途策略，这对生产者和最终用户至关重要。

7.3.7.3 玉米轴

目前，玉米轴在欧洲的一些地方主要用来取暖；而在美国则大量用来磨碎作为各种工业基础产品（如饲料填充剂、油脂提炼吸附剂、干燥剂等）。玉米轴很快被用于纤维素乙醇、共燃和气化生物燃料等各种项目。玉米轴体积致密，大小一致，热值高，且氮和硫含量低，在收获籽粒时即可收集起来。收获玉米轴对土壤残留、土壤中的碳含量以及后茬作物养分需要几乎没有影响。玉米轴似乎具有相对可持续的特征，但是产量相对较低。

7.3.7.4 产量潜力

按照干物质计算，玉米轴产量一般约是籽粒的14%，约是秸秆的15%。

7.3.7.5 生产面临的问题

玉米轴中的水分对于物流和储存是个挑战，因为其含水量一般高于玉米籽粒。玉米籽粒含水量一般为20%，而玉米轴含水量一般在35%。

7.3.8 柳枝稷

能量潜力	
生物燃料	400加仑/英亩
生物发电	15.5MMBTU/t

7.3.8.1 柳枝稷的基本特征

柳枝稷（Panicum viratum）是原产于美国的一种主要的生物质热季禾草，种植历史已有70多年，其株高可达3—10英尺。种植柳枝稷的一个好处是，可以在霜后植株死亡后再用干草设备收获。生产上面临的问题包括：必要的储存设施，以供常年持续从生物质转化为生物燃料；如果整个冬季留在田里会造成的损失；生物冶炼厂要与柳枝稷生产地距离尽可能近。

7.3.8.2 气候要求

柳枝稷是一种暖季作物，但是可以在美国全国种植（阿拉斯加州除外）。

7.3.8.3 土壤条件

柳枝稷在中性土壤（pH6—8）生长最好，但微酸土壤条件也可以种植，肥沃土壤和边际荒地均可种植。

7.3.8.4 苗床准备及栽植

有两种最常用的方法：苗床种植或用免耕机在收获后的草地上种植。将地整平，播种机播种，使种子与土壤接触良好。每英亩播种纯净有活力的种子5磅，播种深度为0.25—0.5英寸，行距7—10英寸宽。

7.3.8.5 施肥

氮肥按照每英亩每吨禾草施用12—20磅计算。在种植当年不推荐施用氮肥，因为那样会有利于杂草生产。土壤测定可以提供其他大量元素肥料（磷肥和钾肥）使用量。

7.3.8.6 品种选用

低地品种在南方表现良好；高地品种在北方表现优越。选用高产品种是管理决策的重要一步。现在已经培育出高地品种和低地品种的杂交种，其产量优势高于现有品种的30%—50%。

7.3.8.7 栽植

主要是以穴栽植，柳枝稷根可达到10英尺深，但是可在草地形成短根茎。柳枝稷生长期可持续10年，建议10年内无须重植。

7.3.8.8 杂草防治

在定苗期进行杂草防治至关重要。一般定苗后很少再使用除草剂。

7.3.8.9 产量潜力

Kanlow与Summer的杂交一代（F1）每英亩产量超过9吨。如果种植在其原产地以南或以北超过300英里就会导致显著减产。在美国大平原地区产量一般为4—5吨，在中西部产量为每英亩2—7吨，在东南部每英亩产量约为10吨。

7.3.8.10 生产面临的问题

在植株在霜后冻死时收获最为理想，因为此时养分已经转移到根系。如果早收获，虽然可以提高产量，但同时也将多余的养分移除，因而来年必须进行补充。如果柳枝稷植株留在冬季后再收获，就会造成高达40%的损失。从经济学观点来看，如果运输距离超过25英里就不可行，因此，冶炼厂必须距离柳枝稷生产地要近。最常用的中西部品种通常在非农地种植，使柳枝稷有些像外来物种，但有利于其生长。

7.3.9 芒草

能量潜力	
生物燃料	560 加仑 / 英亩
生物发电	21MMBTU/t

7.3.9.1 芒草的基本特征

在美国中西部地区和东部地区，巨芒（Miscanthus gigantius）是一种非常有前景的生物能源作物。在伊利诺伊州一带，巨芒的生物质平均产量可以超过柳枝稷 2 倍。生产上面临的问题包括越冬存活、种植第一年成本较高、根茎繁殖的适用性等。

7.3.9.2 气候条件要求

欧洲的经验告诉我们，巨芒在温带的广大地区（包括一些边际地带的土地）均可保持较高的生产力，但是不适宜在干旱地区种植。

7.3.9.3 土壤条件要求

在排水好的土壤上生长最佳，但可以耐粘重土壤和周期性淹水。在边际土壤上种植产量会降低。

7.3.9.4 苗床准备

要避免杂草竞争，根茎要栽植在清洁的苗床上。在定植的第一年，冬季田里若有小粒作物覆盖可以保护芒草越冬，并抑制来年春季杂草。在栽植根茎时要特别注意根茎周际的土壤水分，根茎与土壤紧密接触非常重要。

7.3.9.5 施肥

施肥对提高芒草产量的作用尚不清楚。一些研究表明，芒草对氮肥有响应，但对其他肥料的响应微乎其微。

7.3.9.6 品种选用

选用三倍体不育杂交种（M.x giganteus）非常重要，非不育品种可能会变成外来物种侵害。

7.3.9.7 灌溉

在美国中西部，尽管通常年份灌溉不十分必要，但增加土壤有效水分可以提高产量。芒草不能抵抗土壤持续淹水。

7.3.9.8 杂草防治

在定苗时期杂草防治十分必要。正常情况下在植后第三年就无须使用除草剂。在早期种植密度高可以抑制杂草生长。

7.3.9.9 病虫害防治

在芒草中发现了一些新的虫害和病原菌，其对产量的影响还没有文献记载，因此目前尚不推荐进行病虫害防治。尚无证据表明玉米螟能在芒草的残留物中越冬。

7.3.9.10 产量潜力

在美国伊利诺伊州对巨芒进行的小区试验结果表明，芒草产量一般在10—14吨/英亩。然而，第一年建立壮苗到第二年收获就会提高平均产量。根据欧洲和美国的资料，芒草产量可望达4—18吨/英亩。产量会受到热量、水分、土壤类型的影响。为增加产量，需要进一步的深入研究。能量潜能为7吨DM/英亩。美国伊利诺伊州中部进行的大田试验（2008—2013）表明，利用延迟收货策略（直到翌年5月1日收获），结果干物质产量为7.5—10吨/英亩。

7.3.9.11 经济学分析

最近，很难买到用于繁殖的根茎，这样使得种植成本大大提高，仅购买种植材料一般每英亩就需要花费900—1800美元。每种植一次可延续15—20年保持生产活力。

7.3.10 高粱

能量潜力	
乙醇	1120加仑/英亩

7.3.10.1 高粱的基本特征

甜高粱与籽粒用高粱相似（系同一个物种）。甜高粱（Sorghum bicolor）的茎秆内含有高浓度的糖。该作物一个特别的优点是比玉米更抗旱，同时需要氮肥也非常有限。生产面临的挑战是缺少商业收获设备、糖分降解迅速及运输成本问题。

7.3.10.2 气候条件要求

甜高粱与粒用高粱相似，同玉米相比更加抗旱、抗寒，可以在美国各地种植。

7.3.10.3 土壤条件要求

尽管甜高粱可以在各种类型的土壤上生长，但最适宜在壤土或沙壤土上生长。土壤层要深厚，透气性要好。黏土或浅层土壤产量会降低，品质也会受影响。

7.3.10.4 播种温度要求

种子直播需要土壤温度达到 65 ℉（约 20℃）

7.3.10.5 施肥

是否施肥主要根据收获生物质移除的养分量。如果田间无植株副产品遍布，那么就需要多施磷钾肥。由于甜高粱氮肥效率高，所以氮肥施用水平一定要低。

7.3.10.6 品种选用

在美国，目前最主要的品种有四个：Dale、Keller、M81E 和 Theis。2007 年释放推广了一个雄性不育系杂交种（KNMorris），目前还有一些其他杂交种在培育过程中。

7.3.10.7 杂草和病害防治

可以使用除草剂，必须做好标记。种子处理可以使作物的伤害降到最小。病害防治可以采用与非禾草作物轮作。要种植抗病品种，如 Dale（该品种抗病性最强）、Keller、M81E（易染红茎病）和 Theis（易染红茎病腐病和玉米矮化病毒病）。

7.3.10.8 虫害防治

许多玉米害虫也同时为害高粱。此外，麦虫在干旱条件下对甜高粱为害较重。另外还要关注结网昆虫和麦二叉蚜的防治。

7.3.10.9 产量潜力

甜高粱植株可以生长到 14 英尺高，在适宜条件下干物质产量可以达到 7—15吨 / 英亩，能量效率比玉米高 4 倍。为了使乙醇产量达到最大，茎秆榨汁提取至少要达到 50% 以上。茎秆中汁液的浓度可以通过糖度测量法测定。

7.3.10.10 收获前监控

在种子乳熟阶段，要将高粱穗去除，防治糖分被用于种子形成。大约 17—18天后，糖分浓度就达到了收获的标准。可用折射仪来测定秸秆中碳粉浓度，最理想的糖分百分浓度为 14%—20%。

7.3.10.11 经济学分析

可以用高粱植物生物质的副产品喂牛以增加利润。在农场进行加工可以减少运费，但是缺少商业收获机械，限制了农产的生产操作，特别是在高粱收获后糖分会迅速分解。

7.3.11 杨树

能量潜力	
生物发电	14.1MMBTU/t

7.3.11.1 杨树的基本特点

杂交杨是一种速生树种，种植杨树具有多种效益和用途，从纸浆产品到生物能源。这种速生木本植物可以在美国中西部广泛种植。在农地和非农地种植杨树有益于对于土壤和水土资源保持。

7.3.11.2 气候条件要求

美国东部原生种和绵白杨从美国南方各州到加拿大均可种植，美国西部的杨树种可在西部各州种植。

7.3.11.2 土壤条件要求

杨树最适于在排水透气性好的土壤上生长，但是也可耐黏重土壤和周期淹水。土壤 pH 值应在 5—7.5 之间。含有 3%—8% 有机质的沙壤土或黏壤土最为适宜杨树生长。

7.3.11.3 苗床准备

如果在秋天栽植，需要对多年生杂草进行防控。田间若有小粒作物覆盖可以保护土壤越冬且可抑制来年春天杂草蔓延。要在春季进行杂草防治，在 5 月底或 6 月初栽植。

7.3.11.4 品种选用

关于杨树杂交种和克隆已经进行了大量研究。克隆品种可以考虑以下几种：（老）DN – 17、DN – 34、DN – 182、MN – 6、（新）DN – 2、DN – 5、DN – 70、NE – 222 和 I – 45 / 51 等。选择成功种植的克隆品种种植。

7.3.11.5 栽植

通常以软木插条(插条长 8—10 英寸)或裸根苗栽植。一般行距 12 英尺，株距 8—12 英尺（每英亩 450—300 株）。5 月至 6 月初栽植。

7.3.11.6 施肥

氮肥是杨树的限制性因素。一般推荐每年每英亩施用氮肥 50 磅。土壤 pH 值低于 5 时需要施用石灰。

7.3.11.7 灌溉

如果年降雨量最低达到 18 英寸，就无须补充水分。

7.3.11.8 杂草防治

在定苗期和前 3 年需要进行杂草防治，3 年以后一般无须或很少需要使用除草剂。

7.3.11.9 虫害 / 病害防治

绵白杨叶甲、天幕毛虫、白杨螟是危害杨树的主要害虫。壳针孢在美国中西部是杨树的主要病害。鹿和啮齿动物可能会危害植株。

7.3.11.10 产量潜力

在美国中西部，每年每英亩产量可达 3—6 干吨。在第 12—15 年收获，产量可达 36—90 吨 / 英亩。

7.3.11.11 经济学分析

杨树的经济效益随着市场的需求变化而波动。纸浆木材价格一般在 20—50 美元 / 夸德；生物质价格一般较低。查询所在地区的相关价格然后进行销售。

7.3.12 柳树

能量潜力	
生物发电	16.6MMBTU/t

7.3.12.1 柳树的基本特征

柳树是一种速生树种，种植柳树具有多种环境效益，并且可以用作生物能源作物。这种速生木本植物可以在美国中西部广泛种植，在农地和非农地种植柳树有益于对于土壤和水土资源保持。柳树一般 3—4 年收获，收获设备一般用改良的饲草收获机。

7.3.12.2 气候条件要求

柳树在各种气候带均可种植，但最适宜生长在温带地区。美国中西部和北部各州、加拿大最适宜柳树生长。在干旱地区很少有柳树栽植。

7.3.12.3 土壤条件要求

柳树最适于在排水透气性好的土壤上生长，但是也可耐黏重土壤和周期淹水。土壤 pH 值应在 5.5—8 之间。沙壤土、粉砂土或黏壤土最为适宜柳树生长，但是一定的土壤持水量至关重要。

7.3.12.4 栽植地准备

如果在秋天栽植，需要对多年生杂草进行防控。田间若有小粒作物覆盖可以保护土壤越冬且可抑制来年春天杂草蔓延。要在春季采用化学和机械方式进行杂草防治。

7.3.12.5 品种选用

关于灌木柳树品种和克隆已经进行了大量研究。可以选择适合自己所在地区的克隆品种。有 15—20 个商用品种可以选择种植，包括过去十年已经培育出的杂交品种。

7.3.12.6 栽植

通常以硬木插条（插条长 8—10 英寸）栽植。裸根植株也可以栽植，但成本较高。柳树栽植行距一般为 5 英尺，如果双行栽植，两行之间的行距为 2.5 英尺，株距一般为 2 英尺最佳，每英亩 5800 株或更多。4 月至 6 月中旬栽植。在第一年，砍去地上部植株，地上仅留 1 英寸或 2 英寸，这样会迫使其第二年春天萌生许多枝条。第一次收获在 3—4 年以后。收获后，柳树植株会再生，再过 3—4 年再收获一次。如此周而复始。

7.3.12.7 施肥

种植柳树推荐在第一年之后和每次收获之后每英亩施氮肥（尿素）100 英磅。

7.3.12.8 灌溉

如果年降雨量最低达到 18 英寸，就无须补充水分。

7.3.12.9 杂草防治

在定苗期和前两年需要进行杂草防治。有些杂草在前两年之后依然需要防治。

7.3.12.10 虫害 / 病害防治

一般会发生小昆虫危害，如叶甲、日本金龟子等。一些食叶昆虫可以用 Bt 产品进行防治。栅锈菌是柳树的主要病害。

7.3.12.11 产量潜力

在美国中西部，每年每英亩产量可达 4—6 干吨。每 3 年收获一次，产量可达 12—18 干吨 / 英亩。一次栽植，每 3—4 年收获一次，全部生命周期可长达 21 年。

7.3.12.12 经济学分析

柳树的经济效益随着市场的需求变化而波动。查询所在地区的相关价格然后进行销售。

7.3.13 油菜籽

能量潜力	
生物燃料	80 加仑 / 英亩
生物发电	10.8 MMBTU / t

7.3.13.1 油菜的基本特征

油菜是芸薹科（Brassica）一种古老的作物，自公元前 20 世纪就已种植。但是现在的油菜更适宜食用和更适用于制取生物柴油。Canola 是 20 世纪 70 年代育成的一个优质油菜品种。该品种油品质优良，更适宜食用、饲用，也更适宜作为生物燃料原料。在欧洲通俗的名字称为油菜，类似美洲的 Canola。与其他油料作物油脂相比，油菜的生物柴油在低温下十分透明，因而可以提供理想的低温燃料。

7.3.13.2 气候条件要求

在温带气候（如太平西北部），油菜可以在春秋两季种植，但秋季种植时，过于寒冷或湿润的冬季气候会阻碍油菜生长。北达科他州是美国的油菜主生产地。

7.3.13.3 土壤条件要求

油菜适合在绝大多数类型的土壤上生长，但必须排水条件良好。

7.3.13.4 苗床准备

为避免异化授粉，在油菜和其他芸薹属植物设立缓冲隔离区至关重要。此外苗床准备必须防治土壤板结压抑幼苗。油菜播种要及时以确保在炎热或严冬前具有足够的生长期。

7.3.13.5 施肥

油菜施肥同其他小粒作物相类似，但要重施硫肥。若产量为 2000 磅 / 英亩，秸秆和籽粒中含硫量为 12—15 磅。

7.3.13.6 品种选用

油菜品种有两个主要类型："波兰型"和"阿根廷型"。此外还有另外一个类型（棕芥菜）在加拿大已经育成。

7.3.13.7 灌溉要求

秋季种植的油菜更加抗旱，因为其根系比较发达。

7.3.13.8 病害防治

Canola 易感黑胫病和茎腐病，如果不与抗病作物轮作，就必须对种子进行处理。

7.3.13.9 产量潜力

Canola 种子含油量一般为 40%，每英亩油产量大约为 75—80 加仑，而大豆每英亩有产量为 48 加仑。

7.3.13.10 储存

油菜的储存处置同亚麻相同。

7.3.13.11 生产上存在的问题

油菜可以同许多其他作物（如黄色蔓菁、中国大白、西蓝花、萝卜等）发生异交，因此要与这些作物保持适当的距离作为缓冲隔离区。此外，由于同样的问题，油菜不能种植在芸薹科杂草丛生的地方种植。如果种子含水量超过 35 % 需要将油菜在田间晾干，避免在收获时使种子碎裂。

7.4 能源作物的物流运输

7.4.1 收获

一般来说，生物燃料可以在传统农场用传统的方式种植、收获。但是，生物燃料的新发展要求对生产和收获技术进行改进。例如，新近的设备革新包括田间COB COLLECTOR，紧跟在联合收割机后面，切杆机挂在联合收割机的头部。但无论如何，收割机械对于某一作物和生产企业都是独有的。作物生产者在考虑购买这些设备时，需要评估新的设备及其投资回报。与此相对的是雇佣传统的人工收割，这样可以节省设备维护成本。

7.4.2 致密化处理

建立成功的生物质能源生产工业面临的最主要的障碍之一，是生物质的粗原料不能直接用作能源。例如，玉米秸秆不能直接装入燃料罐，柳枝稷不能直接送入燃烧炉。一般来说，生物燃料作物要经过致密化处理，使其容易搬运和运输。颗粒化、饼块化、劈碎都是常用的致密化处理方法。致密化处理可以提高每立方英尺的重量，从而降低运输和搬运成本。

7.4.3 储存

许多因素会影响生物能源作物的储存，像作物类型、原料的状况、收获方式等都是如何储存生物能源作物要考虑的重要因素。例如，谷物籽粒储存要保持一定的含水量，并且储存在经过核准的仓库当中。纤维素原料作物（例如本地禾草和阔叶干草）通常是扎捆（方形或圆形）垛在田里或农场。草垛应当用苫布盖上，后者储存在有覆盖物的储存位置。这些草捆也可单独用防水包装物包装。木质生物能源作物（如杨树、柳树）一般被截成 8—10 英尺长（取决于设备的规制）堆在田间附近，因而可以以原木或劈柴的形式储存，需要时运至加工厂。柳树收获后要就地打捆或劈碎。这些木材打捆或劈碎堆置，即使暴露放置也不会影响其质量。

在同生物质加工厂签订合同之前，一定要同其讨论确定储存计划和储存操作办法。生物质原料的不适当储存会影响其质量，最终导致农民得到的实际价格下降。

7.4.4 运输

运输低密度的材料非常不经济。生物质经过致密化处理会大大提高其每立方英尺的重量，从而提高运输效率。工程技术人员正致力于研制可以同时进行收获和致密化处理的机械设备。在不久的将来就可供农民使用。设备中还需要运输已经过致密化处理的生物质。大多数农场都装备有可搬运流动谷粒的设备。但这种设备不能用来搬运草捆、劈碎的木柴等材料。

7.5 生物质生产的可持续经营

将生物质用于能源和其他生物质制品具有环境效益和挑战。例如，尽管将生物质用作能源可以缓解温室气体排放，保护土壤、水和空气质量，增加许多物种的栖息地，但不适当的操作可能降低这些效益甚至使这些资源面临风险。认识到这些问题，就可以制定各种策略（通常是寻找最佳操作）或指南，以减轻上述不利的影响。下面，我们讨论各种环境关切以及与生物质收获、水资源、生物多样性和野生动物的管理相关的策略。

7.5.1 土壤物理特性

种植和收获生物质可能改变土壤的结构、质地、孔隙度、密度、排水性和地表水利学特性。运输设备在非冻土壤上行走会将土壤压实，降低其孔隙度、透气性和排水性，进而影响地表水利特性。土壤板结还会导致作物根系的存活和生长。机械停放的位置也会改变土壤结构和质地。

7.5.2 土壤化学特性

随着生物质被收获移除，土壤养分状态和 pH 值可能会发生改变。这些随生物质移除的养分被分解并重新提供给土壤。当生物质被移除时土壤中的有机质（在各个分解阶段的动植物残留物）含量也同时减少,因而影响土壤pH值和养分的有效性。

7.5.3 土壤生物学特性

土壤中含有许多生物,如细菌和真菌。细菌和真菌通过分解有机物质成为小段颗粒并使其释放养分而改善土壤质量。土壤生物在许多营养循环中还发挥着重要的纽带作用。机械作业地点（如耕地、耙地、堆草垛、圆盘耙耙地等）可能会减少土壤有机质,有机质对土壤微生物、土壤结构、土壤碳存储、土壤养分循环以及土壤水利调节都至关重要。土壤有机质和土壤碳存储减少将会使土壤养分（特别是氮、磷、钾和钙）减少。

7.5.4 土壤残留物管理

研究表明,在连续免耕的玉米单作系统中,每英亩大约有2.3吨残留物;在玉米与大豆轮作耕作系统中,每英亩有3.5吨残留物。在木质生物质作物中,残留物一般是玉米-大豆轮作耕作系统的1/6—1/3。如果应用其他管理措施（包括间作覆盖作物、免耕、缩小行距、种植较高的植物群体、提高施肥量、使用生物碳或其他有机物质）,就会提高有机质移除的数量。对于多年生植物（如柳枝稷）采用可留下足够生物残体的收获方法以将土壤养分损失降低到最小程度。在这些多年生植物定植期间,地表覆盖非常重要,这需要有几年的时间。

7.5.5 水资源质量与数量

在当今行播集约化种植中,肥料和杀虫剂的使用导致饮用水以及河湖污染。为收获和运输生物质修筑公路、铁路可造成土壤水土流失,导致向河流淤积。生物质收获和制备操作也会增加土壤向地表水侵蚀和淤积。土壤侵蚀使地表生物常以非线性、指数方式衰减,反过来又嫌少水渗析,增加地表径流。

速生树种（如柳树和杨树等）单作生产会使地表水枯竭,特别是需要灌溉时更是如此。发电厂加工这些生物质时需要水资源生产蒸汽和进行冷却。如果用于转化过程的水不进行处理就释放到河湖当中,将会由于在转化过程中使用的化学物质而对河湖水质造成严重影响。

7.5.6 水资源侵蚀与土壤饱和

在收获生物质时移除植物残体会增大土壤和水侵蚀的风险,使更多的雨水直接落到土壤表面并渗入地表,导致地下水位抬高,造成土壤饱和,生产力降低。

7.6 结 论

在美国，基于淀粉和糖的生物质作物（如玉米、甘蔗）引发了燃料乙醇工业的兴起。农民增加这些作物的生产，以试图满足世界对玉米的需求增长。在美国，玉米是人们研究最深入了解最透彻的作物，但是其生产需要某些肥料、杀虫剂和耕作机械的较高投入。

纤维素可以被用来燃烧发电或转化成为乙醇和其他能源。与玉米相比，纤维作物具有很多优势，因为纤维作物生产投入低，在很多情况下多年生作物每 10—15 年才需要定植一次。但是，纤维作物产量较低，每英亩的收入潜力低。此外，搬运、储存和运输大量纤维素生物质必须符合联邦生产管制。最新的研究在解决这些问题方面取得显著进展，但是还远远不够。

每一种生物能源作物有其自身的优势和面临的问题。最终，可以种植出产量高、投入低的生物能源作物，实现理想的目标。但是，每一种作物对土壤、气候、管理条件的响应完全不同。同时，高产必然需要高投入。

致 谢

本章的材料基于 Pennington, D., C. Gustafson, J. Hay, R. Perrin, G. Wyatt, and Zamora, D. 2011. Bioenergy Crop Production and Harvesting: Module Two in S. Lezberg and J. Mullins (eds.) Bioenergy and Sustainability Course. On-line curriculum. Bioenergy Training Center 的研究工作。这些工作由美国国家食品与农业研究所、美国农业部资助（合同号：2007-51130-03909）。其中表达的观点、发现、结论和建议均系这些作者所有，不代表美国农业部观点。

附录 本章缩写词

● BCAP: 生物质作物资助项目（Biomass Crop Assistance Program）
● BCF: 生物质转化设备（Biomass conversion facility）
● CCX: 芝加哥温室气体减排及交易系统（Chicago Climate Exchange）
● CHST: 收集、收获、储存、运输（Collection, harvest, storage, and transportation）
● CRP: 水土保持自然保护项目（Conservation Reserve Program）
● EISA: 能源独立与能源安全法案（Energy Independence and Security Act）
● EMO: 合格的资料所有者（Eligible Material Owners）

- FAS: 农业服务中介 （Farm Service Agency）
- ISO: 国际标准化组织 （International Organization for Standardization）
- LCA: 生命周期评价法 （Life cycle assessment）
- MBTU: 兆英热单位，代表每小时 100 万英热单位（British thermal unit）
- NDFU: 北达科他州农民联合会 （North Dakota Farmers Union）
- SRC: 速生林植物（木本）[Short-rotation crops (woody)]

第八章

基于农业油的生物柴油生产

Heather M. Darby[1], Christopher W. Callahan[2]

[1] 美国，佛蒙特州，圣阿尔本斯，佛蒙特大学；[2] 美国，佛蒙特州，拉特兰，佛蒙特大学

8.1 概　述

　　受柴油燃料高昂价格和能量成本波动的影响，美国中西部一些农民开始探索利用油料作物作为燃油生产原料。油料作物被定义为谷粒作物的一个亚类，它们是非常有价值的含油作物。尽管在美国和全世界范围内油料以种子形态交易，但其价值主要是用于榨油，将油分从其种子中分离出来。在这一过程中，种子被转化成两种产品：油脂和粕饼。油脂可以食用和/或转化为液体燃料，而粕饼可以用作动物饲料、肥料和固体颗粒燃料。油料作物（包括向日葵、油菜和大豆）在其种植区域一般不以上述方式利用，因此当地很少有加工设施。这就需要在农场就地处置、加工和转化。如果一个农场有兴趣以较高成本效益生产燃料，了解这一点特别重要。油料的农场就地加工中的一般步骤概括于图 8.1（后面将详细讨论）。

　　在这一模型中，可能有若干种原料和辅产品

　　值得注意的是，农场加工生物柴油具有很大灵活性，包括在农场进行油料加工的步骤。例如，一旦农场有榨油机，来自其他企业的种子就可以加工成为油脂和粕饼。此外，种子一旦加工成为油脂，就可以用来生产燃油或用作食用，这取决于油脂的类型、燃料需求和市场需求。类似地，如果农场有自身的生物柴油加工机械，农场就可以利用各种油料原料（包括农场榨制的油脂或从餐厅收集的油脂）制造燃油。

　　对以这些农场为基础的企业进行分析揭示了每加仑燃料的成本和投资回报（Callahan 和 White，2013），以及能源投资的最好回报和减少碳净排放的潜力。生物柴油的生产成本在农场生产规模条件下一般估计在 0.6—2.52 美元 / 加仑之间（Callahan 和 White，2013）。每加仑的成本中最主要的因素是作物的生产成本、

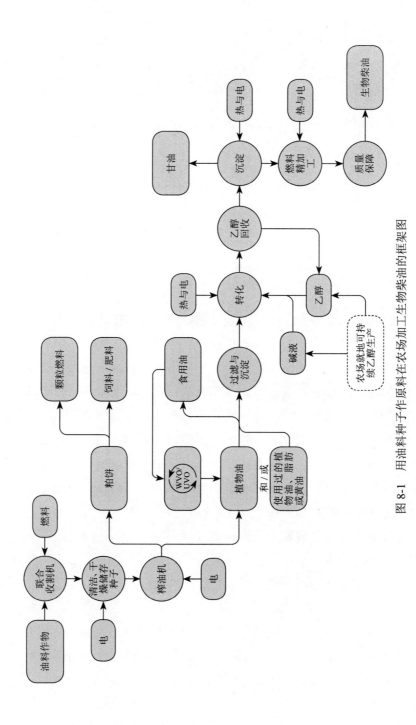

图 8-1 用油料作物种子作原料在农场加工生物柴油的框架图

作物产量和生物柴油的转化设备及化学原料。在美国佛蒙特农场生物柴油生产企业的能源回报的估值一般是能源投资的 2.6—5.9 倍，说明回报较高。随着规模的扩大，回报还会继续提高（Callahan）。同时，以油料种子为基础的生物柴油生产可以减少二氧化碳排放量达 1420 磅 / 英亩（Campbell，2009）。

8.2 品种选择

以农场为基础的燃料生产要从油料作物的选择及其种植开始。油料作物是指油分含量占种子重量的 20% 以上的种子作物。而其他作物小粒种子的油分含量仅为 1%—2%。尽管有很多种油料作物，但主要的三种是大豆（Glycine max）、向日葵（Helianthus annuus）和油菜（Brassica napus，Brassica rapa，Brassica juncea）。向日葵和油菜的油分含量占种子的 40% 以上。大豆的含油量较低，通常在 25% 以下。对于以农场为基础的企业而言，选择适当的油料作物种类和品种是成功的关键。

油料作物种类选择从一定程度上由农场的生产计划决定。在选择适合农场的油料作物种类之前，要充分权衡每一种油料作物的利弊。例如，如果农场目前饲养牲畜，那么这位农场主就可能种植大豆，因为大豆粕饼是饲喂牲畜的优质蛋白饲料。此外，大豆还可以产生氮素，因此与向日葵和油菜相比需要肥料较少。如果一位农场主所在地区生长季节较短，他可能选择种植油菜，而不是选择生长季覆盖全年的油料作物（如大豆）。这些作物都能在各种条件下获得较好的产量。一旦选种油菜，就会选择一个或两个品种在同一个农场种植。

选择最佳品种必须考虑若干品种特性。一个优良的品种通常要兼顾产量、含油量、成熟期和抗病性。能否达到他们的产量目标，是种植用于生物柴油生产的油料作物效益的唯一检验标准，因此，在一定气候条件下表现优异的有限品种中选择产量最高的品种至关重要。

以下是品种选择的参考指南。

8.2.1 成熟期

种植油料作物的重要的限制因子是生长季太短。油菜能够适应相对短的生长季节。大豆则需要相对较长的生长季（100—140 天）和较暖的气温，而向日葵比较耐较冷的环境且生长季较长。平均来说，向日葵达到生理成熟需要 2500 热量单位（即具备可生长温度的天数）。一旦这些作物达到了生理成熟，还会需要额外的时间使种子水分含量降低到适当水平，这样可以用联合收割机收获。向日葵达到适宜含水量所用的时间除了取决于气候条件外，还部分取决于品种。对于美国东北绝大多数区域来说，早熟或中熟品种的产量和品质表现最佳。选择那些具有"水分速降"的品种也非常重要。

8.2.2 产量潜力

图 8-2　佛蒙特大学进行的产量和油分
比较试验

种子产量是由很多因素决定的，这些因素多数是环境因素。但是，植物的遗传因素也起着重要作用。一些品种比另一些品种表现高产，当决定种植什么样的品种时，必须充分了解这一点。一般来说，生长季较短的作物比生长季较长的作物产量较低，但也并不总是这样。种子公司可以帮助决定种子的产量潜力，但种子公司之间难以进行比较。一些大学进行年度产量试验，可以为某些气候条件和种植制度选择适当的品种提供帮助（图 8-2）。一般来说，油菜、大豆和向日葵种子产量分别在1000—3000磅/英亩、2000—4000磅/英亩、1500—4500磅/英亩。

8.2.3 油分含量和品质

如同产量潜力，种子的油分含量在很大程度上受环境因素的影响，但遗传因素也非常重要。对于种植生物燃料原料的生产者来说，油分含量与产量潜力一样重要。在美国东北部地区，油分含量一般稍低，可能是由于土壤水分有效性较高的缘故所致。土壤水分含量较高时会降低种子的含油量。在农场就地生产用的螺旋榨油机的榨取潜力一般比大多数商业榨油机低。即使如此，佛蒙特大学（VMU）推广站试验的出油率达到平均约33%，通常超过40%。（图 8-3）

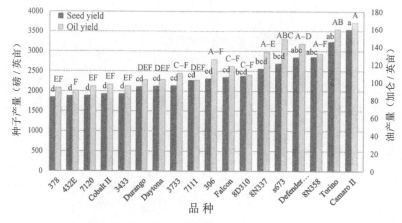

图 8-3　18个商用向日葵品种的种子和油脂产量（美国佛蒙特州奥尔伯，2013）

标记同一个字母的处理之间差异不显著（p = 0.10），小写字母表示种子产量，大写字母表示油分含量（Darby，未发表资料）

8.2.4 抗病性

有许多已经育成的抗病品种。在大多数作物中，抗病性一般通过常规育种手段培育，抗病性状的获得或者来自野生资源，或者来自自然突变。因此，抗病性不是转基因（GM）性状在油菜中的有效抗病性性状，最为重要的是抗黑胫病；向日葵则是抗霜霉病、锈病和枯萎病；大豆则是抗褐茎腐病（Phialophora gregata）、疫霉根腐病（Phytophthora root rot）、大豆孢囊线虫（Heterodera glycines）。在美国佛蒙特地区，油料最主要的真菌病害是菌核病（Sclerotinia sclerotiorum），因为对于该病有很少可用的抗病品种。

8.2.5 除草剂耐性

如同抗病育种一样，除草剂耐性的培育在油料作物中也十分重要。向日葵和油菜已经用传统的育种方法培育出了耐除草剂的品种，向日葵已经有可作生产上种植的非转基因耐除草剂品种。向日葵和油菜杂交种目前有两个非转基因性状（Clearfield® 和 ExpressSun®）。Clearfield® 抗除草剂 Beyond®（imazamox），该除草剂可以在美国佛蒙特地区控制若干杂草，包括红根藜、藜、绒毛叶等。ExpressSun®则对除草剂 Express®（tribenuron methyl）具有抗性，该除草剂可以防治向日葵田中多种阔叶杂草。向日葵和大豆的其他抗除草剂性状包括 Roundup Ready®（glyphonsate）、Liberty Link®（glufosinate）和 STS® 技术（sulfonylureas）。这些杂交种与传统杂交种相比价格昂贵，因此种植者不妨考虑应用其他控制阔叶杂草的方法，例如良好的轮作规划、中耕、作物覆盖等。

8.3 播种要考虑的因素

在美国全国范围，油料作物生产中最常见的问题之一是播种机选用错误，导致田间缺苗断垄，或秧苗集聚，进而导致杂草丛生和减产（图 8-4）。这些差错可以通过选择适宜的田块、精细整地和播种机校正得以避免（Karsten，2012；Kirkegaard 等，1996）。

图 8-4　向日葵因播种差错造成的过密群体

8.3.1 土壤与土壤肥力

油料作物适应性广，一般可在各种土壤上生长。但是，它们最适于透气性好的土壤且持水性能好（即有机质含量高、土壤结构好）的土壤。与其他作物相比，油料作物可以耐黏重土壤、湿重土壤、轻质土壤和排水性特好的土壤，但与种植在最适宜油料作物生长的土壤相比产量会较低。

向日葵可在各种土壤（从沙土到黏土）上生长。向日葵对土壤养分的需要远低于玉米，最适于向日葵生长的土壤酸碱度为 pH 6.0—7.2。在美国西北部地区种植向日葵比在大平原地区种植施肥要少得多。美国佛蒙特州土壤自身的有机质水平（大于 6%—8%）和氮、磷、钾水平均较高。这种高肥力水平与这一地区长期使用农家肥作为首要的肥力资源有关。向日葵由于直根很深，所以是土壤养分的"拾荒者"（Karsten，2012）。向日葵可以利三四英尺深层土壤的养分，远超过玉米和禾草对土体养分利用的深度。在美国大平原地区，向日葵一般每 100 磅的期望产量需施用 5 磅氮素。向日葵对磷、钾的需求量较少。标准土壤测试可以估算出土壤的有效磷、钾水平。土壤测试实验室会提供养分的推荐用量。

大豆可以在各种土壤上生长，但最理想的土壤是疏松、透气好的壤土。许多紧实的高黏土壤在降雨时会造成淹水，土壤干燥后土壤表面形成坚硬的表层阻碍种子出苗和生长。豆科作物（如大豆）可以接种固氮菌，因而可以节省氮肥。这种大豆植株根结可以固定大气氮素的共生细菌即慢生型大豆根瘤（Bradyrhizobia japonicum），可以用其接种大豆种子，特别对近期已经未种植过大豆的田块尤其要接种。大豆生长最佳的土壤 pH 值保持在 6.2—7.0 之间。一般说来，大豆高产需要中等程度的肥力。确定磷、钾需求水平最好的方法是进行土壤测试。在大豆中经常看到微量元素锰缺乏症，特别是在那些轻质、有机质含量低的土壤上尤其如此。锰缺乏症的症状是大地植株上部叶片的叶脉浅绿（轻度缺乏）到全白（严重缺乏）。对土壤和植株进行测定分析非常有用，可以预测哪些土壤容易发生锰缺乏症。

油菜也可以在各种土壤上很好地生长，但在排水性良好、pH 6.0—7.0 的土壤表现最佳（Canada Canola Council，2011；Kandel，2013）。油菜在水分饱和的地块土壤上表现欠佳，特别是不能及时排水的土壤上尤其如此。如同不耐水淹一样，过分干燥、缺水和干旱压力对油菜生产也会造成更严重影响。油菜对养分的需求类似于其他小粒谷物作物。由于油菜种子对盐分和氨敏感，容易造成伤害，因此氮肥需在播种前施用。如果氮肥施用量在 90—125 磅/英亩，且其他土壤条件和生产操作得当，油菜籽产量可达 2000—3000 磅/英亩。磷肥和钾肥的推荐施用量要通过标准土壤测试来确定。油菜对肥料盐特别敏感，因此，高水平的氮和钾可对油菜幼苗造成伤害。与绝大多数其他作物相比，油菜对硫元素的需求较多，增加硫元素可以明显提高油菜籽的产量。硫元素的土壤测定值低于 10ppm 时就要增施硫肥（一般 20—40 磅 / 英亩）。

8.3.2 整地与播种

　　大粒种子油料作物（如向日葵、大豆）播种在湿润土壤中，播种深度一般在 1.5—2.0 英寸，地要平整。播种时间在土壤温度达到 10℃时进行。由于油菜种籽粒小，所以要浅播，种子要与土壤接触良好，因此要求土壤平整、平滑。播种油菜时，播种机要将播深调节到 0.5—1.0 英寸，这样可以确保出苗均匀一致。

　　像大多数作物一样，油料作物在土地平整、整地精细的土壤上有利于生长。因此，疏于整地会给整个生长季带来一系列问题。以向日葵为例，整地质量不好可造成出苗不匀、提前成熟造成种子干瘪等。精细整地可以减少生长季的工作量，确保好的收成。

　　在美国大平原地区，油料作物通常采用免耕制度（Karsten，2012）。在美国东部地区，一些种植者种植大豆和向日葵采用免耕制度，并且非常成功，但免耕制度并不适合所有的田块。由于这些作物需要较温暖的土壤保障发芽出苗，因此在排水不畅和晚春依然持续低温的土壤上一般不适宜免耕制度。但在那些中性和轻质土壤上则可以用少耕法。少耕制度可以改进土壤的品质，降低作物生产成本。

8.3.3 播种期

　　由于向日葵和大豆生长期较长，所以在土壤条件允许时应尽快播种。在美国东北部地区，5 月的第二周或第三周土壤温度达到 50 ℉（10℃），根据经验一般在 6 月 1 日前播种。如果是短季品种，可以在此时间播种，这样可以保证在 10 月的第二周或第三周收获。播种期也可以延迟到 6 月的第一周，如果晚于这个时间就会有很多的风险，作物在霜前不能成熟，不成熟的植株遭霜冻而死，降低结实率、粒重、油分含量和优质品质。

　　只要土壤可以进行耕作、播种机能进地，春油菜应尽早播种。由于土壤温度达到 38 ℉（约 3.5℃）春油菜就可以发芽，所以春油菜可在 4 月中旬播种，但通常 5 月初更为适宜。尽早播种春油菜还可以早收获，这对生产者非常有利（因为秋季人和机械都比较繁忙），且有利于种植覆盖作物或冬季禾谷类作物。由于在开花期热量和湿度对授粉、结实有影响，所以春油菜播种不宜晚于 5 月中旬。冬油菜要在秋天尽早播种，可以在初霜前形成强壮莲座胚，且进入休眠状态。一般需要在 9 月前完成播种（图 8-5）。在佛蒙特大学的冬油菜播种期试验表明，只有在 9 月 1 日前播种的小区可以收获。

图 8-5　不同播期的油菜

从左至右：8 月 15 日；8 月 29 日；9 月 6 日

8.3.4 播种量和播种密度

群体过密会直接影响种子产量，进而带来一系列后果，如倒伏（当茎秆太弱不能足以支撑植株的重量时就会发生倒伏）和油分含量。例如，在高密度的向日葵田块，向日葵的头穗和种子都会减小，每穗种子数量也会减少。然而，增加密度可以导致含油量增加（图 8-6）。

向日葵的种植密度取决于土壤的有效水分，一般在 10000—30000 株 / 英亩。

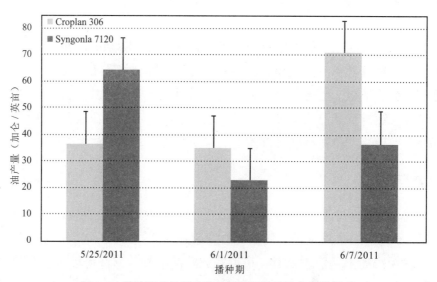

图 8-6　播种期对长季品种和短季品种油分产量的影响

(Darby, 未发表资料)

由于这些植株密度弹性多样，种子和油分产量也与种子结实率有关。但是花盘大小和种子大小变化对于鸟害、虫害、油分含量、甚至田间干燥率会有直接影响，进而影响收获日期和种子干燥时间。随着种植密度增加，花盘的直径会减小，干燥时间也随之缩短。在收获时期，种植密度小、直径大的向日葵花盘含水量较高（图 8-7）。

在佛蒙特北部进行的试验表明，播种密度在 5—9 磅 / 英亩产量最高，但播种量在 5 磅 / 英亩基础上继续增加，产量的增加不显著。因此，为了降低成本，在此范围可尽量减少播种量。此外，密度群体大时容易引发倒伏和病害发生，最终导致减产。

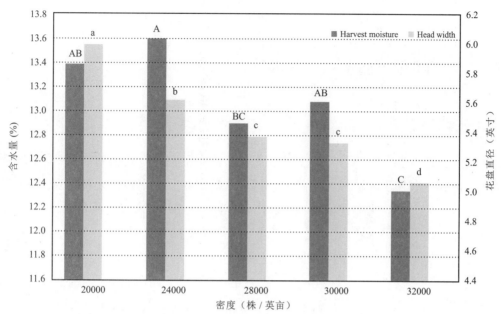

图 8-7　种植密度对收货时含水量和花盘直径的影响（2010 — 2012
年综合实验结果）

不同处理标记相同字母表示处理之间差异不显著（p = 0.10，大写字母表示收获时
水分含量，小写字母表示花盘直径）

（Darby，未发表资料）

8.3.5 播种行距

在美国东北部，向日葵的播种行距由可用的播种、栽培和收获机械决定，多数在 30 英寸。大豆播种最大的行距一般在 7.5—15 英寸（Oplinger 和 Philbrook，1992）。尽管缩小行距会有某些益处，如减少个体之间的竞争、减少杂草危害、增大株冠，但缩小行距因荫蔽和湿度增加会导致真菌病原物的发生。30 英寸的行距因通风条件好可以减轻真菌病害的危害，进而提高产量。

在美国西北部佛蒙特进行的试验表明，播种行距在 7.5—18 英寸时，产量相近。单株油菜会对不同播种行距做出反应：每株分支、每分支的花数会发生变化。根据现有的种植机械和收获机械，佛蒙特大学（UVM）试验站推荐 6.0—7.5 英寸的播种行距，以便控制杂草危害，促进植株充分生长。如果有核盘菌（Sclerotinia sclerotiorum）问题困扰，就采用宽行播种方式。宽行距播种有利于群体通风，消除有利于真菌生长的气候条件。

8.4 病虫害防治

在美国东北部，尽管油料作物相对而言是新型大田作物，但已经有各种病虫害危害，防治病虫害具有重要的经济意义。在实验研究田块重视的油料作物表现出对各种病虫害和杂草并不表现抵抗。对各种病虫草害的防治策略可以分为四类：农艺防治、机械防治、化学防治和生物学防治。每种防治策略又包括若干种措施，但并非每种措施在任何情况下都适用。根据经验，一般对病虫的"防"比"治"更加有效且成本更低。

8.4.1 农艺措施防治

对病虫害的生存环境进行改变被证明是防治病虫害的有效措施。这些措施被称为农艺措施，因为这种措施的实践中包括对常规的农艺操作进行某种改变。农艺措施防治策略最突出的优势是简单易行、成本低廉，缺点是与农民的其他管理目标（如高产、机械化等）不一致。

对病虫害防治最有效的农艺措施是精心安排油料作物与禾谷类作物及其他阔叶作物进行轮作。事实上，在美国，各种生产指南都推荐轮作，要求油料作物每三至五年种植一次，这对美国西北部地区也非常适用。在病虫害高发地区，推荐每五至七年（直到病虫害减缓后）轮作一次。在美国的大平原地区，那里的向日葵种植规模大，病虫害在不同田块的迁徙较少。在美国西北部地区地块较小，紧邻布局，被矮木树篱包围，成了各种病虫害的"避难所"。虫害和真菌病害可以在田块内传播，因而连续种植向日葵为其传播提供了足够的空间和时间，但这些病虫害的迁徙非常有限。根除核盘菌（一种对油料作物毁灭性的真菌病害）非常困难，但是几项基本措施可以有助于将其加以控制。对核盘菌控制最有效的方法是科学轮作，利用对其不感病的作物（即禾本科作物）以及在两茬油料作物之间相隔较长时间。对于没有病虫害的田块，油料作物与其他作物（主要是阔叶作物）在同一地块可不超过 4 年轮作一次。如果地块核盘菌病虫害发生严重，在轮作中要用禾本科作物代替阔叶作物，周期也要加长以便土壤消解核盘菌，对于向日葵来说要相隔 6 年轮作一次。核盘菌菌体可在土壤中存在较长时间，并且难以在收获时从种子中清除（图 8-8）。

图 8-8 核盘菌大小和外形很像向日葵种子，很难在生长期间清除

除了轮作外，其他农艺措施也可有助于减轻病虫害危害程度。加大行距和株距对改善小气候条件具有明显作用。在植株密度大、行距小的地块，土壤地表湿度非常高，为真菌侵染提供了条件。但行株距加大时，又为杂草同该作物竞争提供了条件。向日葵和大豆，采用 30 英寸的播种行距似乎可以一方面减轻病虫害，另一方面

也可以抑制杂草丛生。将油菜的播种行距从 6 英寸增加到 18 英寸可以减轻真菌病害的危害。向日葵斑蛾（banded sunflower moth）是美国佛蒙特向日葵生产上面临的主要虫害危害。该种虫害为害非常广泛，在田间或边缘地带越冬。对该虫害的防治最好的方法也是轮作，同时种植的地块要有足够的距离，因为向日葵斑蛾迁徙有限。向日葵收获后深翻土地可以减少向日葵斑蛾的成虫出现，但深翻土地要耗费大量燃料和时间，并且并非每块土地都有可操作性。最近的研究表明，将播种期延迟到 6 月初可以减少向日葵斑蛾的发生和严重程度，还可以防治鸟害（图 8-9）。

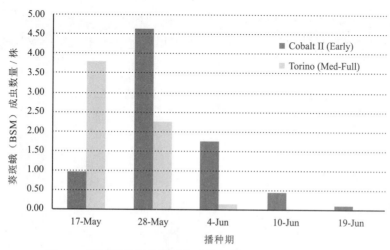

图 8-9　两个品种播种期对向日葵斑蛾（BSM）成虫的影响
（Darby，未发表资料）

8.4.2 机械防治策略

机械防治在杂草群体控制上有非常好的作用。机械防治是一种可以对不需要的植物抑制的物理活动。通过机械方法控制杂草群体包括去除、损伤、杀死，以及让生长条件不利于杂草的生长。这些技术包括但不限于割刈、拔除、中耕、蒸汽烫伤和燃烧杂草。

常规的栽培机械，如作物行播机、弹齿耙可以有效消除宽行之间的杂草，但在窄行种植的田块依然存在问题。通常，在向日葵和大豆株冠长到足够大之前进行两次耕作。在最后一次耕作时要播种覆盖作物，这时播种覆盖作物不会影响大豆或向日葵的生长。另外一种机械控制杂草的措施是叉齿除草机，这种机械在杂草刚刚萌发时去除非常有效。在有机耕作系统中，机械除草非常普及，与轮作和覆盖作物作为综合防治措施非常有效。

向日葵是一种非常适于采用机械除草的作物。在向日葵田间用叉齿除草机在

图 8-10　用叉齿除草机控制杂草

出苗前和出苗后除草都非常有效（图8-10）。在美国佛蒙特进行的试验表明，用叉齿除草机在播种6天（出苗前）和12天（出苗后）进行除草，效果与用除草剂的效果基本相同（图8-11）。为达到最好的除草效果，除草的时间非常重要。用叉齿除草机除草的最佳时机是在杂草处于白线期，此时杂草尚未出土。一旦杂草出土，就会变得难以根除，用叉齿除草机也很难去除。如果此时用叉齿除草机除草就会导致作物产生损失。如果用机械作业来控制向日葵的杂草，必须适当增加播种量。

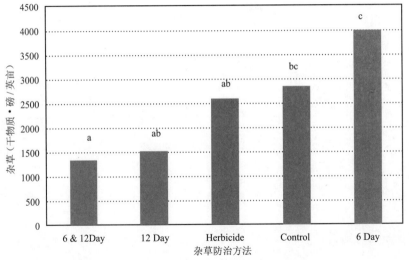

图 8-11　用叉齿除草机除草和化学除草对杂草的作用

（Darby，未发表资料）

8.4.3 化学防治

由于化学除草便捷、可靠，因此常用于油料作物生产。杀真菌剂和杀虫剂常用于种子处理，很少在作物出苗后进行喷施，尽管有数种杀真菌药剂注册时称可以用于油料作物喷施。在大粒油料作物种植地区，杀虫剂和杀真菌剂的应用可以保护作物，确保高产。抗病品种有助于减少杀菌剂的施用量（如抗白粉病品种）。由于油料作物是阔叶植物，用于阔叶植物的除草剂非常有限，主要限于播前处理种子，这样其在土壤中的活性保持时间较短。正如早先提到的，有些除草剂品种有助于在出苗后进行阔叶杂草防治，对于一年生和多年生禾草的除草剂选择有很多。不过必须注意，要确保这些除草剂必须是登记用于油料作物的，以便不会对作物造成伤害。要特别详细阅读标签上的指南，与当地推广机构或除草剂销售商保持联系以获得更加详尽的信息。

8.4.4 生物防治

生物防治就是利用其他生物减轻或消灭病虫害。生物防治依赖于天敌、寄生菌、食草动物以及其他生物学机制。害虫的自然天敌也被称为生物"药剂"，包括天敌、类寄生菌和致病菌。植物的生物药剂通常被称为抗菌剂。生物的除草剂包括种子天敌、食草动物和植物致病菌。目前在油料作物上最常使用的生物防治制剂是 Contans®，一种寄生在休眠核盘菌体内的真菌。尽管 Contans® 的防治效果不像轮作那样有效，但它是经过有机认证且可以减少土壤中核盘菌菌体数量。然而，Contans® 不能彻底根除核盘菌和消除核盘菌的危害，因此 Contans® 不能替代其他防治措施，但在核盘菌发病严重的地方使用非常有帮助。

8.5 种子收获、去杂、干燥和储存

种子是用于生物燃料生产的油料作物关键的器官。油料种子以油脂形式储存着大量的能量。这些油脂通常以甘油一酯、甘油二酯和甘油三酯组合，也称为植物油，可以被转化为用于生物柴油的甲酯和乙酯。但是，不论如何，必须首先将种子收获，并在收获后与植株其他部分分离。

在美国东北部的油料作物生产主要集中在向日葵、油菜和大豆，而亚麻芥、冬油菜、海甘蓝、薪蓂和亚麻正在试验阶段。联合收割机可以用来收获油料作物，具有收获和脱粒双重功能，将种子与植株的其他部分分离清洁储存起来。尽管有的农场收获并利用油料的秸秆作为牲畜铺垫或作为燃料，但并不普遍。

图 8-12　佛蒙特州沙夫茨伯里州营农场生物燃料的约翰·威廉姆森，农场自 2009 年开始种植。他对 1967 年生产用于收获玉米的 Massey-Harris SP35 联合收割机进行改装便可收获向日葵。约翰还对更加现代化的大型的联合收割机进行改装以适应收获绝大多数作物，但小型的联合收割机更加适合较小的地块和小区试验。

在美国西北部早期用于油料作物生产的是一种老式的小型联合收割机，如 Massey Harris SP35（图 8-12）。这种收割机通常可以满足较小田块（1—5 英亩）应用，主要是用于早期的小区试验。这种联合收割机是多机头的，这样可以满足不

图 8-13 （a）用于清洁油料作物种子的静态风扇谷物机；（b）用于清洁油料种子的风扇谷物机。

同作物的需要，如行播作物机头、豆类作物机头、小粒谷物机头等。通常要适用于各种应用，特别是机头，需要满足各种作物收获。收获向日葵时则要在收获行播作物的收割机上加装延伸的胶合板"锅"，以直接帮助解决长且头重的作物在从基部割断时有时会不按预期落下的问题。类似地，在收获小粒种子作物时（如油菜），要特别注意种子收割的通道全部密闭，要检查各个扣件是否固定好。

一旦油料作物中的种子收到联合收割机谷仓，一般来说就已经部分被清洁过了。清洁种子的第一步是准确为联合收割机选配筛子。如果一次通过筛子的种子不够清洁，再通过大容量清洁筛去掉其中的杂质（图 8-13）。如果收获的种子杂质超过 3%，就会在存储仓内产生热点、发霉和昆虫。长期储存和收获后榨油则需要第二次清洁干燥。二次清洁割刈防治杂草、发热和发霉。清洁还可以同时对种子进行分级，这对于种子用作未来播种非常有益。

在美国东北部机器的选择可以使用风机谷物机（新式或老式）或者滚筒式清洁机（参见图 8-13）。二者均利用了特定筛孔，以期将种子与谷壳及杂草种子分离。滚筒清洁机通过滚动来清洁，滚筒内装有一个或多个不同孔径的筛子。筛子一般沿半径由内向外连续变细，使谷壳留在前一层，而体积小的种子通过筛选到后面的阶段。类似地，风车谷物机利用震动筛和扬起作用连续清洁。两种方法均可通过替换筛孔适宜的筛子针对不同的作物进行量身定制，被分离的种粒或谷壳顺流而下，分别进入谷仓或被弃掉。

有时需要对常规的谷物干燥机进行改良以适应干燥油料作物（例如油菜，其籽粒非常小）。在常规大粒谷物干燥板上加上一层粗麻布或细纹布，可以提供简单便捷低成本的方案来替代专门的油菜专用种子干燥板，尽管可能因织物不牢靠会造成边缘遗撒等问题。与其他谷粒相似，一般不建议用储存仓库或干燥箱内的水泥地板，因为紧挨地板的种子会吸收水分，最终会导致发霉坏掉。此外，正如在联合收割机内一样，谷仓的任何孔和缝隙都会造成种子遗漏，因此如果有可能，在入库之前要对种子进行包装。

油料种子最好要在干燥状态下储存，不同的作物储存水分要求不同。一般地，油料种子要用自然风干（即不要加热干燥）以免降低油分品质，或者在加热干燥过程中引发燃烧。在干燥过程中要专门建造干燥仓，包括一个可以支撑种子的"假地板"，上面是可以通风的风干室。干燥扇迫使空气流入风干室流过种子袋，从而在空气通过种子袋时将水分吸入空气对种子进行干燥，通过排气孔将空气排至干燥室外部。曾有一位油菜种植者利用太阳能热水系统加速干燥，将干燥时间缩短了50%（Callahan 和 Williamson，2008）。

图 8-14 用于干燥小批量油料种子的干燥机

小型干燥剂可以置于专有种子的袋子垛的中间，可以对小批量种子（1吨以内）进行干燥。这有点像钻孔机的鼓风机通常被用来干燥1吨的种子一样（图8-14）。

当种子水分达到8%—10%时即可进行长期储存。种子一旦进入谷仓进行储存，生产者每周要对种子温度、墙壁及天花板的凝露进行检查，直到冷却至冰点（图8-15）

如果仓内的温度和湿度发生任何变化，必须立即开启鼓风机直到储存条件恢复正常。在种子和谷仓达到深冬温度时，可以减少监测次数，由每周一次减至每月检测一次。只要种子清洁、干燥，油料种子可储存数个月。如果市场允许，以油料种子形态储存的油脂是最稳定可靠的方式。换句话说，当需要提供最新鲜的油脂时，由储存的种子进行压榨即可。

8-15 谷仓内景图，长期储存期间对种子进行常规检测

8.6 榨油及其副产品

目前农场榨油通常是用螺旋榨油机冷轧，将油料种子加工成为油脂和粕饼（图8-16）。

目前有多种商用榨油机，最近在美国东北部地区对各种榨油机进行了评估。这些榨油机结合加温、粉碎、压榨，将油脂从油料作物种子分离出来。这些榨油机主要是带末端限制的螺旋钻杆（图8-17）。这些限制槽可以将种子压碎并提高局部压力，最终将油脂和种子粕饼分离。油流回至油桶周围通过筛网，而筛网孔太细使粕饼不能通过（图8-18）。粕饼通过螺旋榨油机油桶末端的限制模槽。校正限槽、螺

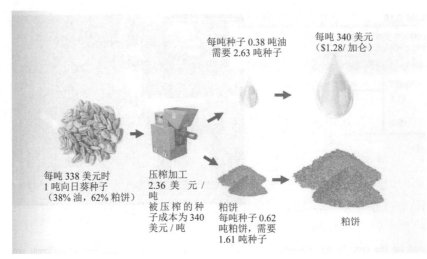

图 8-16　将 1 吨向日葵种子压榨成等量的油脂和粕饼的成本分解

图 8-17　用于农场的小型螺旋榨油机

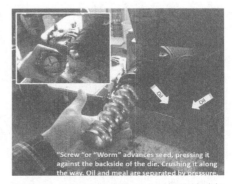

图 8-18　运行中的农场用小型螺旋榨油机

旋转速、运行温度实现最优榨取，避免无谓的试错。

　　美国佛蒙特大学研究人员对各种商用小型螺旋榨油机进行了评估（Callahan，2014）。这些榨油机的价格在 6000 美元到 15000 美元之间，榨油产能为 24 小时内压榨 700—1800 磅种子。评价这些榨油机是根据其榨油产能（24 小时压榨的种子磅数）和在不同转速下分离油脂的性能（单位重量的种子榨油百分比），加工的作物包括向日葵、油菜和大豆。还对榨油机所有者和操作人员进行了访谈，收集每台榨油机的口头描述和定量信息、存在问题或挑战，以及这些问题的解决方案。

　　这一研究记录了三种油料作物在不同榨油机转速下的真实出油率。结果表明，不同的榨油机产能不同。此外，研究还记录了不同转速（RPM）下的出油率。

　　这一评价研究还有一个重要发现：最大产油率一般发生在产量低于最大榨油量的情况下。换句话说，如果要达到特定的油料作物的最大榨油率，就必须令榨油机以低于其最大产能的转速运行。这时产量（24 小时加工油料种子的磅数）与油脂净产量（产油率，以重量百分比计算）达到一种平衡。这一点对一个刚刚开始进行油料作物种子生产的农场来说非常重要。通常，即使最小的榨油机一年的运行也完全满足一年的种子收获量。如此，加上储存种子稳定供应，建议采用低速榨油和延长榨油计划，以便提高优质产量。

这一研究还表明，随着榨油速度的降低还可以降低油脂中磷元素的水平。磷元素的含量是油脂氧化剂的一个指标。磷元素含量水平高会导致油脂不稳定以及在油脂转化为生物柴油过程中潜在的质量问题。

榨油过程产生的固体物质被称为粕饼。这些固体物质一般是纤维素，具有热量和营养价值。牲畜饲料经常含有粕饼（如豆饼）作为油脂蛋白质饲料。在美国东北部地区，农场主对油料作物种子榨油的粕饼直接饲喂牲畜进行试验，对其营养进行分析。通常，冷轧、无溶剂萃取产生的粕饼脂肪含量高，限制了普通配给，特别是对反刍动物尤其如此（表 8-1）。

表 8-1 农场种植和市场购买的油菜粕饼饲喂分析（Darby，未发表资料）

油菜籽粕饼来源	粗蛋白（%）	粗脂肪（%）	酸性纤维（%）	中性纤维（%）	磷（%）	非纤维碳水化合物（%）	分泌牛奶的净能量（兆卡/磅）
农场种植	33.1	21.7	14.8	20.7	0.98	20.9	1.15
市场采购	36.3	2.94	16.2	23.3	1.03	18.9	0.79

表中的百分数为占干物重的 %。

为了确定农场自种油菜粕饼对奶牛奶的产量和质量的影响，美国佛蒙特大学在农场进行了饲喂试验。研究用了 20 头处于不同泌乳阶段的奶牛。总的来说，饲喂试验表明，农场自种油菜粕饼可以用作佛蒙特农产奶牛蛋白饲料源。但是，其高脂肪含量对牛奶脂肪含量有负面效应（表 8-2）

表 8-2 农场自种油菜粕饼对奶牛奶的产量和质量的影响（Darby，未发表资料）

油菜籽粕饼来源	牛奶产量（磅）	脂肪含量（%）	蛋白质含量（%）
农场自种	40.4	5.11	2.80
市场购买	39.1	5.25	2.80
最小显著差数	不显著	不显著	不显著

油料作物种子粕饼用作肥料和杂草防治也有潜在市场。由于油料作物种子富含蛋白质，因而富含氮元素（表 8-3）。除了其肥料价值外，芸薹作物（如芥菜和油菜）粕饼具有独特的生物化学特性，在美国其他地区作为土壤改良剂、抑制杂草（表8-4）、防控植物寄生线虫和植物真菌方面具有良好的前景（Rahman 和 Somers，2005；Haramoto 和 Gallandt，2004）。

表 8-3　农场自种油菜粕饼营养分析（Darby，未发表资料）

营养成分含量（干物质的 %）	向日葵	油菜籽	芥菜籽
干物质总量百分比	81.3	92.3	91.0
粗蛋白	34.9	28.7	37.8
氮	5.6	4.6	6.0
磷	1.26	0.74	1.02
钾	1.49	0.68	1.02
锰	0.64	0.30	0.42
钙	0.76	0.48	0.52
硫	0.39	0.40	1.50

表 8-4　2008 年和 2009 年油菜粕饼改良小区土壤后的杂草数量（Darby，未发表资料）

土壤改良剂	杂草数量	
	2008	2009
向日葵粕饼	218a	33b
油菜粕饼	368a	38b
芥菜粕饼	269a	15a
对照（合成氮）	272a	52c

表中每一栏中数字后面标注相同字母表示差异不显著（P < 0.05）。

油料作物种子粕饼可进行致密化处理成为颗粒，用作火炉和锅炉的燃料（必须在美国和当地法律允许的情况下），其热量产量与木质颗粒相似。

8.7　农场燃料生产的挑战与机遇

对于任何一个要进行生物燃料生产的农场，安全是要考虑的一个关键问题。生物柴油生产一般要施用两种化学物质：腐蚀性碱液和酒精，都具有潜在危害。

碱液是作为酯基转移工艺中的催化剂，大多数生产者用氢氧化钠或氢氧化钾。这种碱液碱性极高（即 pH 值高），如果皮肤接触就会烧伤，必须特别小心，操作时要穿上适当的防护服饰，包括护目眼镜、防尘口罩、围裙、手套等，以避免直接接触。生产过程中另一项经常性操作是确保这些催化剂的运输罐，能保证恰好一个批次的需要。这样可以防止倒掉，以便限制产生有害垃圾（图 8-19）。

醇也是酯基转移过程中的一部分。通常使用甲醇，尽管也使用乙醇。甲醇对人体有多种健康风险，与乙醇相比，甲醇在我们人体内不容易被加工，必须小心避免直接接触和吸入甲醇挥发气体。在美国东北地区的一家农场曾使用一个定量真空罐系统从海运原料桶直接运输甲醇到其生物柴油加工设备，从未外溢或接触到人体。这种方法有另外一个好处，确保任何泄漏时空气进入系统而不是甲醇溢出系统外（因为其在真空条件控制下）。

酒精还有燃烧的风险，因此建议生物柴油加工区域要安装烟感探测器，一旦有火源时便发出警报。烟感探测器并不昂贵且非常有用，可以在系统因缓慢泄露酿成大问题之前探测到问题所在。

图 8-19　Jerrod LaValley 在 Borderview 农场示范一个批次的油脂生产进行水质测验时个人防护设施

风险评估和失效模式及影响分析（FMEA）对任何一种过程都是一种良好的操作，特别对于那些一直存在风险的过程尤其如此。失效模式及影响分析（FMEA）的一个例子是一座以农场为基础的生物柴油加工厂可以从佛蒙特生物能源创新中心在线获得信息（Callahan，2009）。加工机械的管路仪表图（P&ID）和一系列标准操作程序（SOP）均有助于避免发生错误。管路仪表图（P&ID）有助于快速使操作人员适应加工过程，且可视化地思考各种变化如何影响运行。一系列以检查表格形式呈现的标准操作程序有助于避免漏掉任何一个步骤或将不同的步骤发生混淆。这可以防止燃料批次失效，甚至避免危险情形。

在农场应有用于生产、处置油料种子、生物柴油和相关供应的空间，这将更有助于确保安全和保护环境。这空间的一部分作为外泄防控对策（SPCC）。尽管对于较小规模的生产者并不一定需要，但外泄防控对策（SPCC）是一种非常有益的操作，有助于防止废物污染、降低成本、防止伤害和财产损失以及环境损伤。外泄防控对策（SPCC）可以帮助评估生产过程，防止有潜在危险的物质泄漏，有助于找到何处需要补充控制对策，排除危险发生的可能。

8.8 农场燃料系统案例

美国佛蒙特生物能源创新中心（Callahan 和 White，2013）利用佛蒙特油料种子成本利润计算器（Callahan），做出的一项经济盈亏报告总结了基于农场的生物柴油生产潜力（表 8-5）。在该报告当中，数个佛蒙特农场采用了这一方法进行了分析。此外，还提供了两个案例，一个加工能力为年产 13000 加仑，另一个年产 100000 加仑。较小规模的选择也展示了其可行性，即使其小规模产量也可以预计其供应和成本，即使在年产量只有 4000 加仑时也是可行的。这种小规模企业（种植 66 英亩向日葵）在开办阶段生产燃料的成本为 2.52 美元 / 加仑。这时的粮饼生产成本为 389 美元 / 吨。如果 13000 加仑 / 年满额生产（214 英亩向日葵），相同的设备生产燃料的成本为 2.29 美元 / 加仑。这一案例表明生产多大产量时可以降低两种产品的单位成本。

表 8-5　在不同作物生产成本和产量条件下向日葵产品的盈亏平衡价格

作物生产的续生成本	每英亩 1000 磅	每英亩 1500 磅	每英亩 2000 磅	单位
100 美元 / 英亩	295	204	158	种子，美元 / 吨
	298	206	161	粮饼，美元 / 吨
	1.12	0.77	0.60	油，美元 / 吨
	1.98	1.64	1.47	柴油，美元 / 吨
	1,974	1,316	987	所需英亩数
150 美元 / 英亩	395	271	208	种子，美元 / 吨
	398	273	211	粮饼，美元 / 吨
	1.49	1.02	0.79	油，美元 / 吨
	2.36	1.89	1.66	柴油，美元 / 吨
	1,974	1,316	987	所需英亩数
200 美元 / 英亩	495	337	258	种子，美元 / 吨
	498	340	261	粮饼，美元 / 吨
	1.87	1.27	0.98	油，美元 / 吨
	2.73	2.14	1.84	柴油，美元 / 吨
	1,974	1,316	987	所需英亩数

标灰色的数字表示在假定市场价格条件下没有盈利。

注：除非另有说明，表中的面积为净面积。这些数字不代表轮作面积。

报告也对大型生产模型进行了探讨，包括投资分解、经营成本、参数研究，利用生产的产量和成本作为独立变量来评估产品的成本。在这种情况下，年产 100,000 加仑燃料需要较高的投资以建立 1645 英亩的向日葵生产基地。这时生产燃料的成本为 2.14 美元 / 加仑。农场生产生物燃料的好处之一是可以省去运输成本和赋税。燃料可以批发生产成本销售而不是零售价格。这样可以控制价格波动，且农场燃料的成本与市场价格无关。

参考文献

Callahan, C., Harwood, H., Darby, H., Elias, R., Schaufler, D., March 3, 2014. Small-scale Oilseed Presses: An Evaluation of Six Commercially-available Designs. Pennsylvania State University. Available at: http://www. uvm.edu/extension/cropsoil/wp-content/uploads/OilseedPressEval_report.pdf.

Callahan, C.W., White, N., March 2013. Vermont On-Farm Oilseed Enterprises: Production Capacity and Breakeven Economics. Vermont Sustainable Jobs Fund. Available at: http://www.vsjf.org/assets/files/VBI/VT Oilseed Enterprises March 2013.pdf.

Callahan, C.W., Williamson, J., October 2008. Feasibility Analysis: Solar Seed Dryer and Storage Bin. Vermont Sustainable Jobs Fund. Available at: http://www.vsjf.org/assets/files/VBI/Feasibility Study_Solar Seed Dryer_ October 2008.pdf.

Callahan, C.W., Williamson, J., January 15, 2009. Project Report: State Line Biofuels Safety Review and Engineering Study of an On-farm Small-scale Biodiesel Production Facility. Vermont Sustainable Jobs Fund. Available at: http://www.vsjf.org/assets/files/VBI/Oilseeds/State%20Line%20Safety%20Review_Engineering %20Study_Jan%202009.pdf.

Callahan, C.W. The Vermont Oilseed Cost and Profit Calculator. Vermont Sustainable Jobs Fund. Available from: http://www.vsjf.org/resources/reports-tools/oilseed-calculator.

Campbell, E., 2009. Master's Thesis: Greenhouse Gas Life Cycle Assessment of Canola and Sunflower Biofuel Crops Grown with Organic versus Conventional Methods in New England. University of Vermont (Natural Resources).

Canola Council of Canada, 2011. Canola Growers Manual [Online]. Published by Canola Council of Canada. Available at: http://www.canolacouncil.org/crop-production/canola-grower%27s-manual-contents/(verified 22 Jan. 2013).

Garza, E., April 24, 2011. The Energy Return on Invested of Biodiesel in Vermont. Vermont Sustainable Jobs Fund. Available at: http://www.vsjf.org/assets/files/VBI/Oilseeds/VSJF_EROI_Report_Final.pdf.

Haramoto, E.R., Gallandt, E.R., 2004. *Brassica* cover cropping for weed management: a review. Renewable Agriculture and Food Systems 19 (4), 187–198.

Kandel, H., 2013. 2012 national sunflower association survey. In: National Sunflower Association Research Forum, Fargo, ND. 9–10 Jan. 2013. National Sunflower Association.

Karsten, H., 2012. Penn state university. canola research update 2011. In: Annual Oilseed Producers Meeting, White River Jct, VT. 26 Mar. 2012. University of Vermont Extension.

Kirkegaard, J.A., Wong, P.T.W., Desmarchelier, J.M., 1996. *In vitro* suppression of fungal root pathogens of cereals by *Brassica* tissues. Plant Pathology 45 (3), 593–603.

National Sunflower Association, 2012. Growers [Online]. Published by the National Sunflower Association. Available at: http://www.sunflowernsa.com/growers/(verified 22 Jan. 2013).

Oplinger, E.S., Philbrook, B.D., 1992. Soybean planting date, row width, and seeding rate response in three tillage systems. Journal of Production Agriculture. 5, 94–99.

Rahman, L., Somers, T., 2005. Nemfix as green manure and seed meal in vineyards. Australian Plant Pathology 34 (1), 77–83.

第九章

生命周期评估法：生物柴油投资的能量回报

Eric L. Garza

美国，佛蒙特州，伯灵顿，佛蒙特大学，鲁宾斯坦环境与自然资源学院

9.1 概 述

在 20 世纪 70 年代石油危机的余波中，许多政府、企业和企业家开始寻找非石油液体燃料（Körbitz，1999）。2000 年以后，石油价格飙升，特别是 2008 年冲到峰值，达到每桶近 150 美元，人们开始关注化石燃料的枯竭（Deffeyes，2010）和可再生替代能源，特别是生物燃料（Demirbas，2007；Pradhan 等，2009）。生物柴油就是人们兴趣不断增长的生物燃料之一。生物柴油最常见的是由植物油和动物脂肪通过酯基转移反应的化学过程制取（Pradhan 等，2009；Meher 等，2006）。生物柴油很快在大多数柴油发动机中替代了柴油，并且还作为取暖燃料的替代品。尽管相对于石油柴油来讲现在的生物柴油规模还较小，但是在许多地区都存在扩大生产规模的机会。

评价生物燃料潜力（其他任何燃料也是如此）要使用的一个关键标准，就是其产生的能量与生产它所消耗的能量之比。这一能量产出与能量投入比值被称为能量投入回报率（EROI）（Mulder 和 Hagens，2008）。EROI 计算值的范围一般为 0 —无穷大，盈亏平衡点为 1∶1 是指燃料能量产量等于生产它所需要的能量。

有人对 EROI 的经济和社会意义做了很好的诠释（Hall 等，2009）。社会 EROI 值的计算是全社会使用所有燃料的加权平均值。如果加权平均值是 1∶1，就意味着社会能量产出总和必须再投入用来生产明天的能量。这种"再投入"的能量便成了整个经济的能源部门。当社会能量总和的加权平均超过 1∶1 时，就会产生剩余能量，除了继续用于获得能量外，还可以用作其他用途。由于社会 EROI 超过 1∶1，能源部门以外的其他部门（如艺术、信息技术、建筑等）便应运而生。社会

EROI 超过 1∶1 越多，其经济的非能源
部门就越大。图 9-1 用两种能量流说明
了这一点，左侧表明社会 EROI 高时的
能量盈余与能源再投入，右侧表明社
会 EROI 低时能量盈余与能源再投入。
为使社会可以具有有效的非能源部门经

图 9-1　两种能源流示意图

济，整个社会燃料的 EROI 加权平均值必须大于 1∶1，最好是远大于 1∶1。任何社
会都没有这样的燃料构成：面对社会和经济的下滑而产生能量盈余。一个社会燃料
构成的 EROI 越高，其非能源部门就会越多。

左侧说明，能量盈余与高 EROI 燃料的能源再投入对比，表明高能量盈余投入
到了除能源部门以外的其他较大且蓬勃发展的经济部门。右边则表明，能量盈余与
较低 EROI 燃料的能源再投入对比，表明较低的能量盈余投入到了除能源部门以外
的其他较小的经济部门。只有能量盈余可以贡献到能源部门以外的经济生产力。

EROI 的另外一个影响是研究经济增长。因为一个社会的经济总是要不断增长
的，产品和服务的生产必须发展。由于商品和服务生产总要扩大，因此资本投入也
就不断扩大，而这些资本投入需要能量——生产新的机械，运输能源以外的其他商
品，等等。对于一个不断增长的经济来说，能量为经济的增长提供动力，因此必须
具有足够大的能量盈余，才能将能量盈余投入，筹集更多的资本来驱动经济增长。
虽然社会希望以较低的 EROI 维持一个稳定状态，但是由于社会要使经济发展，因
此社会最终还是需要较高的 EROI。

化石燃料，特别是石油，曾在历史上以极高的 EROI 为社会提供燃料。分析
人士估计，20 世纪 30 年代，石油原油可产生 100∶1 的 EROI（Murphy 和 Hall，
2010）。假定石油原油依然是主要的能源来源，这将表明石油驱动的经济将会是非
能源经济部门发展的动力，只要其保持较高的 EROI 燃料构成。然而，自 20 世纪
30 年代，石油资源的质量不断下滑，提取每桶石油需要的投资不断增加，导致石
油原油的 EROI 在全球范围下降到了约 20∶1。100∶1 和 20∶1 这两个数字是指原
油的 EROI，即从油井开采出的原油尚未运至炼油厂加工成产品（如汽油、柴油、
煤油等）。成品燃料（如汽油和柴油）的 EROI 估值一般远低于上述数值，因为已
发生运输和冶炼等额外成本。例如，Sheehan 等（1998）的资料表明，20 世纪 90
年代后期柴油的 EROI 约为 5∶1，自此之后，出井原油的 EROI 一直下跌，柴油的
EROI 也随之下跌。

生物柴油的 EROI 估值的范围很宽（表 9-1），Pimentel 和 Patzek（2005）报
道大豆和向日葵生物柴油 EROI 为 1∶1 以下，与此相对，Elsayed 等（2003）基于

植物油作为燃料原料 EROI 估计值在 4.85：1—5.88：1 之间；Bona 等（1999）对向日葵的 EROI 估值为 8.7:1。生物燃料 EROI 估值差距大的原因与以下三个问题相关：

● 决定哪些能量成本被引入分析没有标准系统边界。

● 估算能量成本没有标准方法。

● 用于考虑辅产品（在生物柴油加工过程中同时产生其他有价值的产品）时没有标准的方法。

这三个问题需要进一步深入探讨。

表 9-1　生物柴油原料的能量回报及其文献来源

参考文献	能源回报
再生植物油	
Elsayed 等（2003）	4.85—5.88
大豆油	
Pimentel 和 Patzek（2005）	0.78
Carraretto 等（2004）	2.090
Ahmed 等（1994）	2.5
Sheehan 等（1998）	3.215
Hill 等（2006）	3.67
Pradhan 等（2009）	4.56
葵花籽油	
Pimentel 和 Patzek（2005）	0.76
Edwards 等（2006）	0.85—1.08
Bona 等（1999）	1.3—8.7
ADEME 和 DIREM（2002）	3.16
Kallivroussis 等（2002）	4.5
油菜籽油	
Edwards 等（2006）	1.05—1.38
IEA（1999）	1.09—2.48
Elsayed 等（2003）	2.17—2.42
ADEME 和 DIREM（2002）	2.99
Richards 等（2000）	3.71

9.2 EROI 途径及其争议

表中的估值范围很宽泛，这并不奇怪，生物柴油是否是一种可行的燃料（即产生的 EROI 是否大于 1 : 1）依然争论不休。产生这种估值的波动性的一个重要的原因是没有一致的 EROI 评估框架（Mulder 和 Hagens，2008）。EROI 可在三个水平上进行研究：第一级、第二级和第三级。

第一级 EROI 分析表述如下：

$$EROI = \frac{E_O}{E_D}$$

式中，E_O 为单位燃料所含的能量，E_D 是释放该单位燃料能量的直接能量成本。直接能量成本包括在生产过程中消耗的所有能量，包括液体燃料（如汽油、柴油、生物柴油等）、供热燃料（如天然气、丙烷、燃料油等）和驱动生产机械的电能。通常将适宜的效率因子用于每种燃料以评估这些能量自身生产和运输需要的能量（Pradhan 等，2009），尽管这种情况并非在所有时候都能做到。E_O 和 E_D 通常用焦耳（国际单位制能量单位）来计量，EROI 是一个无单位的比值。第一级的 EROI 分析比较直接，直接成本通常可以明确计量或精确估计，因此 EROI 的估值比较确定。

第二级 EROI 分析表述如下：

$$EROI = \frac{E_O}{E_D + E_I}$$

式中，E_I 是释放单位能量所需的间接能量成本，也称作隐含能量成本。间接能量成本包括设计建造和维护厂房、机械、运输工具以及生产其他产品（如化学试剂、肥料、杀虫剂等）所需要的能量。厂房、机械、运输工具消耗的能量成本通常分摊到其整个生命周期所有预期的燃料消耗当中。间接能量成本 E_I 的计量单位也是焦耳，因此，EROI 依然是无单位的比值。与第一级 EROI 分析相比，第二级 EROI 分析在范围上要宽泛得多，并且目前尚无间接能量成本估算的统一方法。同时，间接能量成本的估算极富挑战性且十分烦琐。尽管加上间接能量成本可使 EROI 的最终估值更能反映一种燃料的真实成本，但是也会增加 EROI 的估值的不确定性。遗憾的是，许多分析人士忽略了这种不确定性，就匆匆报告了间接能量估值和第二级 EROI 估值，好似获得了精确结果。用于不确定性分析和报告 EROI 估值的更好方法是标准差法或置信区间法。

第三级 EROI 分析进一步拓展了分析范围，超出了能源输入的范畴。例如，一项第三级 EROI 分析可能需要非能量投入（如水资源投入）（Mulder 等，2010）

或其他生态系统服务、抑或要考虑每单位能量产出造成的环境外部效应。尽管可以将这些非能量投入换算成能量单位，但是这会给分析过程带来非特征化不确定性，而这些不确定性是要极力避免的。将非能量投入用其原来的计量单位进行第三级EROI分析时，需要范围更广的分析程序。

或许评估一种燃料的EROI最大的挑战之一是不同的分析人员之间没有相同的直接和间接能量成本分析方法。这样便产生了表9-1中列出的一系列EROI分析方法，每一种都有其自身更独特的估算框架体系。由于方法不同，最终的估值相互之间也不具有可比性。除了方法不同的问题外，分析人员并不总是清楚他们是否将直接能量成本和间接能量成本包含在分析过程当中。上面引述的研究，如Elsayed等（2003）和Hill等（2006）为了做到透明，花费了大量精力。另外一些研究，如Bona等（1999）在报告结果时，没有给出其研究方法详细信息。在理想情况下，对EROI的分析研究应当采用标准化解析方法，或者至少要报告其研究边界（Mulder和Hagens，2008）。这种标准化的方法可以使EROI分析更加有用，只有获得的数值更加可靠，分析人员才可以更好地对不同的研究之间得到的EROI估值进行比较。

另一类能源分析是以类似于EROI的比值进行表达，但其计量的是完全不同的一系列过程或投入，不能与标准的第一级EROI分析和第二级EROI分析估值进行比较。如果所用方法的边界业已划定并且未对隐含能量进行精心分析或排除在外，甚至将生物燃料隐去不计，这样就将会产生很高的EROI数值。

在先前关于生物燃料的研究中，另一个重要的因素是如何获得数据。表9-1中所引述的所有研究都是从地区或国家的数据包中获得的高度集中的数据，并且借用的是其他非相关的研究中采用的间接能量成本假设。这就偏离了任何生态环境下的EROI最终估值，因此忽略了油料种子产量差异、施肥和杀虫剂需求，以及一些其他投入，因为这是一个随自然地理和气候变化而变化的函数。一种最理想的方法应当是在一个单独的农场研究EROI，要考虑特定的生长条件和特定的生产过程。这样不仅可以提供准确的EROI估值，而且可以使分析人员（还有种植者）研究如何提高他们生产的生物燃料的EROI值。Kim和Dale（2005）在一项研究中集中探讨了一个局部地区（艾奥瓦州斯格特县），尽管他们没有将其研究限定在某一个特定农场和某些特定的农业操作，也没有发表其为生物柴油能量回报估值（研究对在农场进行玉米和大豆轮作生产生物柴油和乙醇双重燃料进行建模）。以更高的精度研究农业系统非常必要，以便更好地理解生产过程同生产规模及地理环境如何相互作用，或者是否产生或不能产生正向的生物柴油的能量平衡。对于一个特定的供应链测定其实际的直接能量投入和估算其间接能量投入时，最理想的情况是针对特定生产者能量回报进行研究，因为只有这样，才能使研究人员和生产者观察到生产过程中不同因素对燃料平衡的影响。生产者可以改变其生产工艺，以便从能量预期中增加盈利，但是，只有他们真正认识了具有更高效率的能量成本和能量产量才能实现这一预期。

9.3 目标

这一工作的目标是对美国佛蒙特地区小规模分散生产设施生产的生物柴油获得更深入的理解。特别地，这一工作由 5 个油料作物农产生产的生物柴油和一个加工者利用回收煎炸余油生产的生物柴油计算 EROI。充分考虑了每个生产者的直接能量投入成本和间接能量投入成本，这就意味着利用更加宽泛的第二级 EROI 分析来评估作为燃料的生物柴油的价值。

9.4 资料与方法

9.4.1 系统边界

在分析中列出的直接能量成本包括：（1）所有液体汽车燃料，运送油料作物种子或驱动农业机械；（2）所有用于为建筑物供热和设备加工提供的燃料；（3）驱动机械的所有电能；（4）与人工劳动相关的所有直接能量输入估值。汽车燃料包括柴油和生物柴油，用于空间供暖的燃料是生物柴油。图 9-2 阐明了种植油料作物和将其加工成为生物柴油的过程。能量成本被分摊到生物柴油和其他类似于 Pradhan 等（2009）所称的辅产品。这里假定柴油燃料的能量含量为 136 MJ/ 加仑，生物柴油的能量含量为 126 MJ/ 加仑，并假定 1 kWh 电能等于 3.6 MJ。考虑到整个生命周期能量成本，柴油燃料的低热值效率因数调整为 0.84（Pradhan 等，2009）。考虑到发电和输电损失，对电能的效率因数调整为 0.31（Pradhan 等，2009）。利用回收的煎炸余油为原料的生产者，用其部分生物柴油作为生产投入，因此其 EROI 换算为 0.75 的效率因数，以便考虑生产这种生物柴油整个生命周期的能量成本。这里还假定人工劳动的能量投入等于 300W 的输出功率（Smil，2008）。在现实当中，人工输出功率是所做工的劳动类型（如举重物和驾驶汽车）的函数，因劳动类型而表现很大差异，但实际上，相对于其他直接和间接能量投入来说，人力劳动的直接能源值可以忽略不计，因此没有必要投入大量的精力来阐释人工劳动的类型。研究对于收集这些生物柴油的种植者和生产者的直接能量成本和劳动力投入的数据进行了考察。所有直接能量投入的估值被转换成为生产每加仑生物柴油的能量投入。

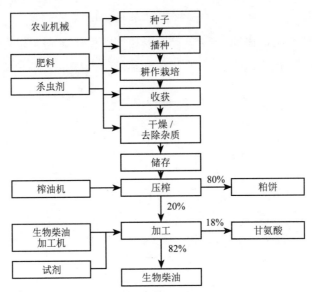

图 9-2　种植油料作物和将其加工成为生物柴油的工艺流程

所有投入和机械（左侧）均具有直接和间接能量投入及与使用这些投入相关的劳动力投入。所有非生物柴油产出，其数值（右侧）作为生物质函数分摊到部分能量成本当中。

　　资源和数据总是不能满足进行全面计算间接能量成本的需要，因而迫使研究人员不可避免地划定边界：哪些资源和数据要计算在内，哪些不计算在内。本研究中考虑的间接能量成本包括所有建筑、农场和加工机械、肥料和其他化学农药投入、种子、劳动力。调查关于农机、农具的购买价格和购买日期的数据，利用了 Carnegie-Mellon 经济投入产出生命周期评估法（EIOLCA）将这些数据转换成为隐含能量成本（Carnegie-Mellon Green Design Institute，2008）。通过追踪不同部门的能量成本作为现金流的函数，这一模型将购买产品的价格转化为生产该能量所需能量的数量。虽然这一方法不能像估计农业投入和机械设备投入的构成那样精确，但可以提供对隐含能量成本少花资源和时间的估计方法，因为资源总是有限的。研究将 1970 — 2010 年的消费者价格指数调整至 2002 年的美元购买指数，然后用来输入到 EIOLCA 模型。

　　EIOLCA 模型可以估算特定的经济部门的产品的隐含能量，认为一些经济部门的产品比另一些经济部门的产品需要更多能量才能生产出来。利用 EIOLCA "机械和引擎——农场机械和设备制造"模块对所有农业机械和农业工具的隐含能量进行估算；利用"石油和基本化学品——石油冶炼"模块（加工单元系从市场购买）；利用"食品、饮料、烟草——酿造厂"模块（加工设备系自己手工制作）对生物柴油加工设备隐含能量进行估计；利用"汽车和其他运输设备——轻型卡车和多功能汽车制造"模块来估算汽车的隐含能量；利用"建筑——其他住宅建筑"或"建筑——非住宅建筑"模块来估算建筑物的隐含能量。EIOLCA 模型约定，与模型所产生的隐含能量估值相关的不确定性是未知的。为了解释某些不确定性，这里假定 EIOLCA 模型产出代表平均值，并假定来自模型所有估值的平均值的标准差为25%。

除了利用 EIOLCA 模型估算农场的工具、建筑、加工设备的隐含能量外，这里还利用来自美国农业报告的数据将肥料、杀虫剂、种子和化学试剂转换成能量数值。对于肥料，它们分别是氮素 23.3 MJ/ 磅，磷 4.1 MJ/ 磅，钾 2.7 MJ/ 磅；对于杀虫剂为 148 MJ/ 磅（Pradhan 等，2009）。正如用 EIOLCA 模型一样，这些估值的不确定性难以被揭示。为了解释某些不确定性，这里假定这些数值代表平均值，并假定来自模型的所有估值是平均值的标准差为 25%。假定农家肥的隐含能量是每公顷施用合成肥料的 30%（Wiens，2008）。假定化学试剂的隐含能量为 11.2 MJ/加仑生物柴油，其他试剂为 1.1 MJ/ 加仑生物柴油（Pradhan 等，2009）。这些成分的其他隐含能量估值可参见相关文献（如 Elsayed 等，2003；Nelson 和 Schrock，2006），这些估值有些较高，有些较低，但 Pradhan 等（2009）的估值可用来对最终的 EROI 估值同美国农业部提出的数值进行比较。为了估算人力劳动的隐含能量，我们于 2008 年在佛蒙特将总的能量按 2008 年佛蒙特人口数量进行分解来估算每人的能量消耗，将这些数值按每年的小时数进行分解，得到每小时每人的能量消耗量，再将这些数值作为隐含能量转换成每加仑生物柴油隐含的劳动小时数的函数（EIA，2008；United States Census Bureau，2008）。所有间接能量投入均转换成生产的每加仑生物柴油的能量投入。

9.4.2 不确定性的解释

在解释不确定性时，对每一生产者的最终 EROI 估计采用了蒙特·卡洛模拟。蒙特·卡洛模拟从产生一个随机数开始，这个随机数来自每一个预期相关的不确定性的直接或间接能量投入的 0—1 之间的正态分布，被用来生成该能量投入的一个随机数值，它基于其估计平均值和标准差。之后就可以根据公式（25.2），用所有间接和直接能量成本随机值的总和除以每加仑生物柴油的能量来估算 EROI 值。这一过程重复一千次，便产生 1000 个 EROI 独立的估值，这个估值基于所有直接和间接能量成本的平均值和标准差。对于每一个生产者 EROI 均值估计连同与该均值的标准差进行 1000 次计算。

9.4.3 预测

因为这些研究中的许多生产者经营都在不断增长，所以生物柴油预报可被用来预测未来 EROI 值的变化。表 9-2 列出了对一个用回收煎炸余油的加工者和 5 个用种植油料作物生产生物柴油的农场进行的预测。这些预测基于业已规划用当下的设备和当下或可预见的土地获取增加油料作物种植，并且假定不再额外购置设备。劳动力、能源、农业投入和化学试剂成本假定与生物柴油生产成正比例增加，而已有的机械、建筑的隐含能量成本假定保持不变。

表 9-2 2011 年（油料作物在 2010 年生长季种植）、2014 年和 2016 年加工者和生产预测

生产者	2011	2014	2006
1	16000	36000	50000
2	10000	20000	26000
3	3000	4000	5000
4	1000	2700	6700
5	1500	10000	25000
6	550	1000	1000

注：预测假设生物柴油生产自 2016 年至 2020 年保持恒定不变。第一位生产者经营非农场设施，利用回收煎炸余油作为原料，第二至第六位生产者利用从农场种植的油料作物榨取的植物油为原料

9.5 美国佛蒙特生物柴油的 EROI

表 9-3 表明了 5 个农场和一个回收煎炸余油加工者每家的生物柴油生产的 EROI 均值，以及由 2010 年种植的油料作物种子生产的生物柴油总量。美国佛蒙特生产的生物柴油的 EROI 均值估计为 2.63:1—5.89:1，加权平均值为 4.04:1，毫无疑问超过 1:1。这里对小规模种植者的研究表明，直接能量成本为总能量成本的 3%—23%，而间接能量成本为总能量成本的 77%—97%，对于佛蒙特所有生产者而言，能源盈余在 61%—83% 之间。

表 9-3 原料、二级 EROI 均值 ±1 个标准差和 2010 年佛蒙特 6 家生产者生物柴油生产总量

加工商	原料	EROI	能量盈余（%）	生产能力（加仑/年）
1	再生油	3.60±0.38	72	16000
2	大豆油	4.24±0.44	76	10000
3	葵花油	3.61±0.39	72	3000
4	葵花油	2.63±0.41	61	1000
5	葵花油	5.89±0.73	83	1500
6	葵花油	5.12±0.56	81	550

图 9-3 表明了五个农场和一个回收煎炸余油加工者每家的生物柴油生产的能源成本，以及来自美国农业部研究的当量能量成本（Pradhan 等，2009）。这些能量成本被标准化，变为所生产的每加仑生物柴油。图 9-4 表明了这些相同的能量成本和能量盈余转换成一加仑生物柴油低热值的百分数。图 9-4 中每个种植者标注的数字与表 9-2 和表 9-3 中的数字相对应。化学试剂（特别是甲醇）是所有种植者和生产者的主要能量成本构成（Pradhan 等，2009）。对较小规模的种植者进行的研究表明，加工设备的隐含能量成本也是相当可观的，特别是购买复杂加工设备的四家种植者尤其如此，他们仅生产 1,000 加仑生物柴油，这就不可能通过大量的产成品将加工设备的隐含成本进行分摊。如同肥料和杀虫剂的隐含成本一样，液体燃料（主要是柴油和生物柴油）直接成本对于佛蒙特种植者和生产者都很重要。附录中的表格表明了所研究的佛蒙特所有种植者和生产者的分项能量成本。

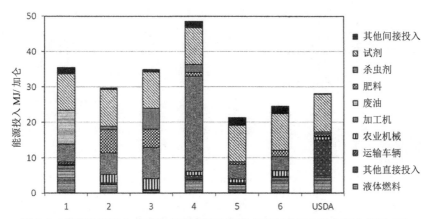

图 9-3 佛蒙特所有生产者生产生物柴油能量成本和美国农业部报告能量成本（Pradhan 等，2009）。"液体燃料"包括汽油、柴油、生物柴油；"其他直接能量成本"包括电能、天然气、丙烷和人工劳动；"其他间接能量成本"包括产房、运输车辆、榨油机、种子和人工劳动 [美国农业部的分析（不包括人工劳动的隐含能量成本）除外]。"化学试剂"主要是甲醇的隐含能量成本，也包括酯基转移过程的其他化学试剂。

预测的生物柴油生产增长对所研究的六家生产者的 EROI 的影响参见图 9-5。第四家生产者的 EROI 最低，目前每年生产 1000 加仑生物柴油。从图 9-5 可见，随着其生产规模的扩大，其 EROI 增长最多。这主要是能够将其生物柴油加工机器的能量成本分摊到更多的生物柴油产成品当中。第五家生产者是一家有机种植者，2010 年种植季节其 EROI 最高，如果不需要额外增加设备达到其生产目标，其 EROI 大约为 8:1。

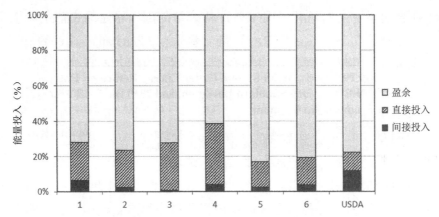

图 9-4　六家佛蒙特生物柴油生产者能量成本和能量盈余转换成生物柴油低热值。
"间接"表示间接能量成本；"直接"表示直接能量成本。

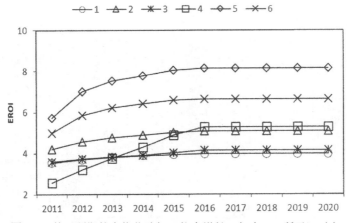

图 9-5　基于预期的生物柴油加工能力增长（如表 9-2 所示）对六
家生物柴油生产者的 EROI 的预测

9.6 讨　论

　　尽管由于方法的不同我们要审慎比较不同研究来源的 EROI 数值，但本研究所做的 EROI 估值与表 9-1 具有可比性。值得注意的是，即使所研究的佛蒙特是最小规模种植者（其生物柴油年加工量只有 550 加仑），其 EROI 也高于 Pimentel 和 Patzek（2005）所计算的结果。

　　在单个种植者和单个供应链水平上研究生物柴油有一个好处，就是可以向研究者和其他相关人员提供不同种植措施与不同生产措施对 EROI 最终估值进行比较的机会。目录中所列的一些能量成本是高效的固定能源成本，对于一加仑产成品生物柴油获得的能源回报，这个成本不会再继续减少。化学试剂的能量成本就是很好的例子，如甲醇和其他试剂与植物油进行反应生产生物柴油时必须按标准的比例使用。固定能量成本的 EROI 上限大约为 20：1，该比值可以完成酯基转移过程将植物油转化成为生物柴油。在实践中，其他可变能量成本（例如那些与原料运输、驱动机械、整地、施肥、耕作等相关的成本）可以减少，但绝不会减少到零。有人曾对可产生高质量的商用柴油产品的其他化学工艺进行了研究（Körbitz，1999；Meher 等，2006），但是这些过程也需要化学试剂，因此在生产者进行大规模投资改变生产工艺前必须审慎评估替代用品的能量成本。

尽管认识到这个高限非常重要，但同时认识到本研究所提到的所有生产者可以提高其经营效率，生产出比本研究测定的第二级 EROI 更高的燃料也非常重要。直接能量成本主要由运输原料和驱动农业机械使用的液体燃料构成。尽管购置能量效率更高的新机械来减少液体燃料时不一定有更高的成本效益，但是在计划农场内外的任务使行为转变结合更加策略的决策将会大大减少液体燃料的使用。这些直接能量成本减少的程度在农场之间大不相同，但因潜力之所在，在许多情况下可以获得 EROI 增量。

在美国佛蒙特生产一加仑生物柴油产成品的直接能量成本需求仅是能量总需求的一小部分。除了化学试剂外，所有其他间接能量成本都是可变的，可因种植者和生产者的决策发生变化。化学试剂占产成品燃料能量值约 20%。农场机械、榨油机、生物柴油反应装置通常是间接能量成本的一小部分，但是这一部分能量成本还可以减少。通过减少机械使用、种植者和生产者合用机械设备或者把现有的机械用于不同的用途，就会使每一加仑生物柴油的隐含能量所占的比例减少。不增加新设备扩大生产规模（如本研究图 9-4 所预测的那样），是实现这一目标的手段之一，使生产者和种植者将设备的隐含能量成本分摊到更多的产成品当中。此外，如果采用其他生产措施使油料作物种子高产进而生物柴油高产，机械的隐含能量成本也会被分摊到更多的生物柴油产成品当中，进而使隐含能量成本减低。在种植者中，有些人通过少施肥料或用厩肥代替合成肥料来降低能量成本。有些种植者通过免使杀虫剂来降低能源成本。配合适当轮作，施用适当水平的肥料和杀虫剂，可以减少病虫害，进而使生物柴油的 EROI 有一定提高。

美国其他州以及世界其他地区，都没有像美国佛蒙特州目前这样投入如此多的精力研究生物燃料的生产，这为佛蒙特州成为全球公认的应用 EROI 标准评估生物燃料活力的企业的领导者创造了机遇。但是 EROI 并非评价生物燃料活力的一个简单的指标，这将推进第三级 EROI 分析（如前面所述）。生产一加仑生物柴油，除了需要能量投入外，还需要其他各种投入。其中一个最重要的投入是现金流。在估计与生产每加仑生物柴油相关的资金成本方面的其他研究也在进行当中；尽管现金成本计算不像 EROI 分析那样耗费精力，但与 Mulder 和 Hagens（2008）提出的第三级 EROI 分析如出一辙。第二级 EROI 分析要问的问题是：相对于投入，我们得到了多少能量回报，或者说前面的公式中的 E_O / E_I 是多少？研究现金投入的第三级 EROI 分析可估计现金投入的能量回报（EROMI），可用 $E_O / \$_I$ 表示。已知 E_O 表示一加仑（或其他容积单位）的燃料所含的能量，则 EROMI 是每加仑燃料成本的倒数。其他投入或影响可由 EROI 分析作出响应，可用一个普遍化的比值 E_O / X 来表示。式中，X 可以代表由生产过程中释放或湮灭的碳的质量、生产每加仑燃料需要时水资源数量、因田间径流损失的氮磷数量、因土壤侵蚀造成的土壤损失数量或其他有关社会、经济、环境变量的数值。尽管仅仅计算能量投入与产出的第二级 EROI 分析在中短期是生物燃料活力的关键要素，但可以拓展评估范围的第三级 EROI 分析对于确定长期的生物燃料的可持续性则非常必要。

9.7 结 论

所有证据表明，美国佛蒙特州生产的生物能源具有积极的 EROI，绝大多数农场通过适当改变生产操作可以提高 EROI 估值。当用类似的方法同美国全国油料数据包进行比较时，佛蒙特农民似乎有能力更加高效地种植油料作物并将其转化为产成品生物柴油，尽管其产能很小。

致 谢

本研究由美国佛蒙特可持续乔布斯基金会提供资金支持，该基金由美国能源部的美国参议员 Patrick Leahy 提供。

参考文献

Direction of Agriculture and Bio-Energies of the French Environment and Energy Management Agency (ADEME) & French Division of the Energy and Mineral Resources (DIREM), 2002. Energy and Greenhouse Gas Balances of Biofuels Production Chains in France (a report by ADEME and DIREM).

Ahmed, I., Decker, J., Morris, D., 1994. How Much Energy Does it Take to Make a Gallon of Soydiesel? Institute for Local Self-Reliance.

Bona, S., Mosca, G., Vamerali, T., 1999. Oil crops for biodiesel production in Italy. Renewable Energy 16, 1053–1056.

Carnegie Mellon University Green Design Institute, 2008. Economic Input–Output Life Cycle Assessment (EIO-lca), US 2002 Industry Benchmark Model [Internet]. Available from: http://www.eiolca.net (accessed 12–28 January, 2011).

Carraretto, C., Macor, A., Mirandola, A., Stoppato, A., Tonon, S., 2004. Biodiesel as alternative fuel: experimental analysis and energetic evaluations. Energy 29 (12–15), 2195–2211.

Deffeyes, K., 2010. When Oil Peaked. Hill and Wang.

Demirbas, A., 2007. Importance of biodiesel as transportation fuel. Energy Policy 35, 4661–4670.

Dewulf, J., van Langenhove, H., van de Velde, B., 2005. Exergy-based efficiency and renewability assessment of biofuel production. Environmental Science and Technology 39 (10), 3878–3882.

Edwards, R., Larivé, J.–F., Mahieu, V., Rouveirolles, P., 2006. Well-to-Wheels Analysis of Future Automotive

Fuels and Powertrains in the European Context. Joint Research Center of the European Commission.

Elsayed, M.A., Matthews, R., Mortimer, N.D., 2003. Carbon and Energy Balances for a Range of Biofuels. Resources Research Unit, Sheffield Hallam University.

Hall, C.A.S., Balogh, S., Murphy, D.J., 2009. What is the minimum EROI that a sustainable society must have? Energies 2 (1), 25–47.

Hill, J., Nelson, E., Tilman, D., Polasky, S., Tiffany, D., 2006. Environmental, economic, and energetic costs and benefits of biodiesel and ethanol biofuels. Proceedings of the National Academy of Science 103 (30), 11206–11210.

International Energy Agency (IEA), 1999. Automotive Fuels for the Future: The Search for Alternatives (a report by the IEA).

Kallivroussis, L., Natsis, A., Papadakis, G., 2002. The energy balance of sunflower production for biodiesel in Greece. Biosystems Engineering 81 (3), 347–354.

Kim, S., Dale, B.E., 2005. Life cycle assessment of various cropping systems utilized for producing biofuels: bioethanol and biodiesel. Biomass and Bioenergy 29, 426–439.

Körbitz, W., 1999. Biodiesel production in Europe and North America, an encouraging prospect. Renewable Energy 16. 1078–1083.

Meher, L.C., Sagar, D.V., Naik, S.N., 2006. Technical aspects of biodiesel production by transesterification—a review. Renewable and Sustainable Energy Reviews 10 (3), 248–268.

Mulder, K., Hagens, N.J., 2008. Energy return on investment: toward a consistent framework. Ambio 37, 74–79.

Mulder, K., Hagens, N.J., Fisher, B., 2010. Burning water: a comparative analysis of the energy return on water invested. Ambio 39 (1), 30–39.

Murphy, D.J., Hall, C.A.S., 2010. Year in review—EROI or energy return on (energy) invested. Annals of the New York Academy of Sciences 1185, 102–118.

Nelson, R.G., Schrock, M.D., 2006. Energetic and economic feasibility associated with the production, processing and conversion of beef tallow to a substitute diesel fuel. Biomass and Bioenergy 30, 584–591.

Pimentel, D., Patzek, T.W., 2005. Ethanol production using corn, switchgrass, and wood; biodiesel production using soybean and sunflower. Natural Resources Research 14, 65–76.

Pradhan, A., Shrestha, D.S., McAloon, A., Yee, W., Haas, M., Duffield, J.A., Shapouri, H., 2009. Energy Life-Cycle Assessment of Soybean Biodiesel. United States Department of Agriculture.

Richards, I.R., 2000. Energy Balances in the Growth of Oilseed Rape for Biodiesel and of Wheat for Bioethanol (a report by Levington Agriculture Ltd).

Sheehan, J., Camobreco, V., Duffield, J., Graboski, M., Shapouri, H., 1998. An Overview of Biodiesel and Petroleum Diesel Life Cycles. National Renewable Energy Laboratory.

Smil, V., 2008. Energy in Nature and Society: General Energetics of Complex Systems. MIT Press.

United States Census Bureau, 2008. At: http://quickfacts.census.gov/qfd/states/50000.html (accessed on 14.01.11.).

United States Energy Information Administration, 2008. At: http://www.eia.gov/state/state_energy_profiles.cfm?sid=VT (accessed on 14.01.11.)

Wiens, M.J., Entz, M.H., Wilson, C., Ominski, K.H., 2008. Energy requirements for transport and surface application of liquid pig manure in Manitoba, Canada. Agricultural Systems 98 (2), 74–81.

附 录

　　下面的表格为本研究中所有种植者和生产者的能量成本估值，包括其现在的生产率和原料类型。所有能量成本均作标准化处理，转换为每加仑产成品生物柴油。

表 9-A1　生产者 1 的能量成本（"±"后面的数字为平均数的 1 个标准差）

原料：再生油	
额定产量（加仑 / 年）：16000	
能量成本	兆焦 / 加仑
生物柴油	7.87±0.47
电	0.22±0.02
人力（直接）	0.06±0.01
汽车	0.75±0.19
加工机械	4.90±1.23
建筑	0.02±0.00
用过的植物油	9.58±2.39
甲醇	9.13±2.28
其他试剂	1.14±0.28
人力（间接）	1.74±0.44

表 9-A2 生产者 2 的能量成本（"±"后面的数字为平均数的 1 个标准差）

原料：大豆油	
额定产量（加仑 / 年）：10000	
能量成本	兆焦 / 加仑
柴油	2.61±0.26
电	0.35±0.04
人力（直接）	0.01±0.00
拖拉机	0.46±0.11
拖拉机	0.09±0.02
拖拉机	0.20±0.05
拖拉机	0.36±0.09
联合收割机	0.65±0.16
犁	0.14±0.03
整地机	0.16±0.04
播种机	0.30±0.07
滚压机	0.06±0.01
种子净化机	＜0.01
榨油机	0.06±0.02
加工设备	6.01±1.50
厂房	0.17±0.04
种子	0.43±0.11
氮肥	4.99±1.25
磷肥	0.89±0.22
钾肥	0.57±0.14
杀虫剂	0.96±0.24
甲醇	9.13±2.28
其他试剂	1.14±0.28
人力（间接）	0.18±0.04

表 9-A3　生产者 3 的能量成本（"±"后面的数字为平均数的 1 个标准差）

原料：葵花油	
额定产量（加仑 / 年）：3000	
能量成本	兆焦 / 加仑
柴油	0.93±0.23
电	0.07±0.02
人力（直接）	＜0.01
拖拉机	0.06±0.02
联合收割机	2.81±0.70
耙	0.22±0.05
播种机	0.04±0.01
榨油机	0.09±0.02
加工设备	8.68±2.17
厂房	0.24±0.06
种子	0.44±0.11
氮肥	4.38±1.09
磷肥	0.31±0.08
钾肥	0.61±0.15
杀虫剂	5.83±1.46
甲醇	9.14±2.28
其他试剂	1.15±0.29
人力（间接）	0.36±0.09

表 9-A4　生产者 4 的能量成本（"±"后面的数字为平均数的 1 个标准差）

原料：葵花油	
额定产量（加仑 / 年）：1000	
能量成本	兆焦 / 加仑
柴油	3.82±0.38
电	1.19±0.12
人力（直接）	0.01±0.00
拖拉机	0.36±0.09
拖拉机	0.04±0.01
联合收割机	0.12±0.03
播种机	0.04±0.01
喷雾机	0.01±0.00
翻斗货车	0.03±0.01
干燥机	0.63±0.16
榨油机	0.35±0.09
加工设备	26.73±6.68
厂房	1.12±0.28
种子	0.44±0.11
氮肥	0.66±0.16
磷肥	0.23±0.06
钾肥	0.15±0.04
杀虫剂	2.23±0.58
甲醇	9.27±2.32
其他试剂	1.15±0.29
人力（间接）	0.32±0.08

表 9-A5　生产者 5 的能量成本（"±"后面的数字为平均数的 1 个标准差）

原料：大豆油	
额定产量（加仑 / 年）：1500	
能量成本	兆焦 / 加仑
柴油	2.62±0.26
电	0.36±0.04
人力（直接）	0.01±0.00
拖拉机	0.48±0.12
联合收割机	0.03±0.01
耕作机	0.07±0.02
播种机	0.03±0.01
种子净化机	0.21±0.05
种子干燥机	0.29±0.07
榨油机	0.36±0.09
加工设备	4.13±1.03
建筑	1.63±0.41
种子	0.44±0.11
厩肥	0.57±0.14
甲醇	9.17±2.29
其他试剂	1.13±0.28
人力（间接）	0.21±0.05

表 9-A6　生产者 6 的能量成本（"±"后面的数字为平均数的 1 个标准差）

原料：葵花油	
额定产量（加仑／年）：550	
能量成本	兆焦／加仑
柴油	4.54±0.45
电	0.15±0.01
人力（直接）	0.01±0.00
拖拉机	0.14±0.04
联合收割机	0.39±0.10
耕作机	0.08±0.02
除草机	0.01±0.00
播种机	0.36±0.09
犁	0.01±0.00
干燥机	0.79±0.20
榨油机	0.32±0.08
加工设备	3.79±0.95
厂房	1.47±0.37
种子	0.44±0.11
氮肥	1.52±0.38
磷肥	0.22±0.05
钾肥	0.11±0.03
甲醇	9.25±2.31
其他试剂	1.15±0.29
人力（间接）	0.16±0.04

第十章

田间生产操作期间的能量管理

Mark Hanna[1], Scott Stanford[2]

[1] 美国，艾奥瓦，艾奥瓦大学农业与生物系统工程系；
[2] 美国，麦迪逊，威斯康星大学生物系统工程农村能源项目

10.1 概　述

　　田间操作期间几乎所有直接能量均是由拖拉机引擎或自驱设备（如联合收割机、饲草收割机、喷雾机）消耗的。完成作业任务（如犁地、收割、抽水等）时引擎动力传递效率要尽可能高效，这对能量利用的影响极大。

　　本章我们探讨完成这些任务时提高效率有哪些特定的方法。在讨论这些方法之前，我们要问这样的问题：田间操作必要吗？燃料效率可以提高 5%、10%、20%，甚至更高吗？如果省去田间操作，将拖拉机停放不用就可以节省 100% 的燃料。某些播种、收获、除草和病虫害防治几乎总是必要的，但是某些多频次的中耕或苗床除草经常是可以改变的。行播作物（如玉米、大豆）可以在播种之前耕作一次或免耕。多年生苜蓿和小粒谷物的定植传统上一次或两次耕作。新的免耕播种机可以同时种地和播种，并且与使用常规耕作机械取得相同效果。选择耕作机械要考虑的因素包括与特定的管理和当地土壤、作物类型和天气条件相适应。经常发现原来精耕细作的邻居现在成功减少耕作或实行免耕计划，表明选择减少耕作已经成为常态。例如，尽管上一年的玉米秸秆看上去令人生畏，但免耕播种大豆与那些全幅耕作的大豆产量相当。

　　如果需要耕作，要在播种前考虑使用单次耕作机械。条耕机械仅耕作要播种的苗行区带。垄耕机械用于行播作物起垄防治杂草，来年将种子播在垄脊上。即使要全田块耕作，也要考虑为什么要进行耕作，不要翻耕不必要的深度。例如，凿式犁在翻耕 6 英寸或 8 英寸深时比深耕铲和松土机耕作 1 英尺或更深时需要较少牵引动

力和拖拉机能量。对于许多耕作机械，牵引动力直接关系到耕作深度。非保守初次耕作操作，如铧式犁或深耕铲一般每英亩需要 1.5 加仑以上的柴油燃料，而凿式犁需要大约 1 加仑 / 英亩，取决于深度、土壤条件和耕作速度。

其他可以提高效率的栽培生产计划也具有降低能量使用的潜力。缩小玉米的行距可以促进营养生长，提高产量潜力，特别是在美国北方的玉米带尤其如此。豆科作物可以为下茬作物提供氮素，从而减少氮肥施用，进而减少运输和施肥作业。

10.2 拖拉机使用

由于许多田间作业是由拖拉机驱动，因此要特别注意优化拖拉机工作时引擎动力的产生与传递。对于大马力拖拉机，许多作业是拉杆牵引工作，包括牵引耕作机械和播种机械。通过拖拉机传递系统高效传递引擎动力，适当注意压舱物和胎压，这些都非常重要。其他任务需要通过分出功率（PTO）轴（如打包）或液压或电力系统（如一些喷雾泵或播种机的排种器）来完成。花些时间来评估拖拉机动力是如何传递和用于田间作业的，这样会制定与众不同的管理策略。影响拖拉机燃料消耗的主要方面包括压舱物、打滑、胎压、保养、动力传递、拖拉机型选择等。

10.3 压舱物、打滑、胎压

在拉杆牵引作业时车轮过分打滑显然会造成明显的劳动、燃料和拖拉机工时的浪费。相反拖拉机压舱物太重以至于车轮完全滑动会沉入土壤深层，当车轮试图爬出轨道时造成滚动阻力。最优车轮滑动可以获得最大牵引效率（拉杆牵引功率与驱动轴可用功率之比）。最优车轮滑动取决于地表条件（图 10-1）。大马力拖拉机通常具有传感器使驱动车轮滑动处于驾驶室监测之中。车轮滑动可以在田间工作期间用牵引拉杆荷载很方便地进行检测。如果拖拉机上没有滑动检测表，滑动可以通过测量拖拉机在无牵引荷载时车轮行走 10 转的距离来测定。例如，如果加荷载时车轮行走 180 英尺，无荷载行走 200 英尺，拖拉机在有荷载时行走的距离是无荷载时的 90%，因此有 10% 是车轮打滑。作为一种快速目测检

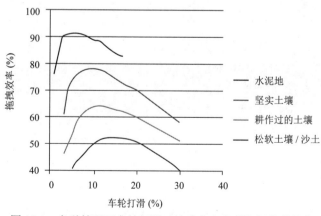

图 10-1　各种情况下车轮打滑对轴功率向牵引拉杆传递的牵引效率影响

查方法，当接近轮胎中线的防滑凸起留下的痕迹模糊不清而接近轮胎外缘的防滑凸起留下的痕迹清晰可见时，此时车轮打滑程度为最佳。

如果车轮打滑超过最佳范围 9%—15%（取决于土壤条件）或者存在拖拉机为充分利用引擎功率是否有适当压舱物问题，就要查看拖拉机操作手册或相关参考书寻找解决压舱物问题的建议（表 10-1）。拖拉机每马力载荷占总重量的比例取决于拖拉机的类型（例如，双轮驱动、前轮助力、四轮驱动等）和运行速度。拖拉机使用田间快速行进速度（例如用每小时 6—7 英里替代每小时 4—5 英里）时，用较轻的压舱物燃油效率最佳，因为这样在一定时间内拖拉机完成等量的田间作业无须携带大量的荷载。由于动力从拖拉机引擎高效传递到牵引拉杆要经过一系列打滑，因此允许拖拉机重量有一定范围的变化。由于大多数拖拉机在很多时间内只需额定功率的 70%—90%，因此，表 10-1 中所列的拖拉机总重量接近最适值的下限。在运行期间如果牵引较轻的荷载（如后置喷雾器、割草机\干燥机或打捆机等）时，则打滑较少。如果拖拉机长时间用于较轻的牵引荷载但以适宜的压舱使牵引拉杆满负荷工作，这时要考虑去除压舱物以免为携带无效静负载而消耗燃料。

表 10-1　拖拉机总重量

速度（mph）	拖拉机类型	
	双轮驱动 / 机械前轮驱动（lb/hp）	四轮驱动（lb/hp）
< 4.5	130	110
< 5	120	100
< 5.5	110	90

拖拉机总重量按比例分成前后轴两部分。前后轴各自所承担的总重的合理百分比取决于拖拉机的类型（如双轮驱动、前轮助力、四轮驱动等）以及后面的农具重量是否传递到后轮（牵引式或固定携载式农具、前置载重等）（表 10-2）。

表 10-2　前后轴荷载比（以占总重量的百分数计）

拖拉机	农机具携载形式		
	拖拉 / 牵引	半固定安装	完全固定安装
双轮驱动	25/75	30/70	35/65
机械前轮驱动	35/65	35/65	40/60
四轮驱动	55/45	55/45	60/40

为了使拖拉机的荷载能最大用于田间操作，拖拉机轮胎必须正确充气。与汽车充分充气以使油耗最小；相反，在松软的地表面行走的拖拉机轮胎低胎压会增加牵

引力。过分充气会由于轮胎侧面不能深入土壤而引起打滑。在做出用多大的压舱物决定时，要了解前后轴承载的负荷，从而知道每一条轮胎上所承载的重量。正确的胎压可以由制造商提供的轮胎负荷表和胎压表或拖拉机操作手册来确定。保持正确的胎压而不是低胎压更为重要，因为轮胎亏气会导致轮胎过早报废。

10.4 保 养

通常，农业拖拉机所有者常以按照预先制定的计划进行保养引以为自豪。早期对拖拉机所有者操作员的研究表明，许多操作人员都及时保养，更新滤芯。还有一项研究表明，按照详细的保养计划可以节约许多费用。

密苏里大学曾经开展一项研究（Schumacher 等，1991）：在该州六地对 99 台拖拉机进行的"原地"测试；拖拉机马力用 PTO 倍率计测量其马力大小。在测量拖拉机的功率之前，要现行更换初级和次级空气滤芯和燃油过滤器。滤芯更换后，引擎功率可以平均提高 3.5%。厂家拖拉机专家认为，功率提高 3.5% 属于正常和预期范围。

在检查拖拉机维修记录时，大多数机手会更换滤芯，尽管有些接近保养期结尾，但其他一些却是在保养期的开始。这些结果表明，平均增加 3.5% 的功率，同样，把油门向回调节 3.5% 也可获得同样的功率，这可以通过注意更换气滤芯和油滤芯达到上述目标。

1988—1989 年，研究人员估算，每一台被测试的拖拉机每年可节省 105 加仑柴油。因此，平均引擎功率增加表明，注意拖拉机保养可以节省比这更多，这还取决于每年拖拉机使用的小时数。

10.5 变速器

如果拖拉机牵引较轻的荷载，仅利用其部分功率，那么通过换到较高的档位并适当收回油门（减低引擎的每分钟转数），就可以显著节省燃料。牵引喷雾机或小型耕作机、圆盘耙或播种机时，往往与拖拉机可用总功率不匹配。除非农机具要求在特定的速度下进行 PTO 操作，一般会提高单给和减小油门，降低引擎转速达到节省燃油的目的。要避免仅仅降低引擎转速至起步挡位上来拉动引擎。

近年来生产的一些新型高功率拖拉机具有无级变速器，可利用电子控制装置在特定速度和牵引荷载条件下将变速器自动调节到燃油效率最高。充分利用新技术可达到节油的目的。

经济合作与发展组织在美国内布拉斯加拖拉机实验室对所做的拖拉机测试就是一个很好的例子。该实验室对 Case IH Magnum 275（额定功率 227 马力）进行了测试。

当利用最大牵引功率的 75% 时，燃料可降低 8%，此时变速器从 9 档提高到 11 档，引擎转速从 2091 转 / 分降低到 1589 转 / 分。类似地，当牵引荷载只有 50% 时，燃油利用可降低 21%。1979—2002 年所进行的拖拉机平均节油测试表明，通过降低引擎转速和调高档位，在荷载 75% 时可节油 13%，荷载 50% 时，可节油 21%（Crisso 等，2004）。

10.6 拖拉机选择

尽管我们希望手边已有的拖拉机功率来匹配要完成的任务，但是用一个功率较小的拖拉机开出几英里去完成一项有限的任务通常并不省油。如果采用低油门高档位，柴油拖拉机通常在荷载 75% 甚至 50% 时燃油效率最高。例如，对 Case IH Magnum 275 进行的拖拉机测试表明，荷载从 100% 降到 75% 时，燃油效率并不降低，而荷载降低到 50% 时，燃油效率降低 14%。为处理荷载降低问题，当使用较小的拖拉机时，除非新的作业仅有拖拉机功率的 10%—30% 且有较长的使用时数，否则其燃油效率通常较低，不足以适配作业。

如果有一台新的或使用过的拖拉机，可以得到经济合作与发展组织拖拉机测试。测试中的燃料利用效率以 hp-h/ 加仑列出。数字越大表明燃油效率越高。燃油效率值通常按照 PTO 和牵引荷载的几种水平列出。由于拖拉机使用通常是部分荷载，牵引荷载为 50% 时降低引擎转速可以节省燃油。当对拖拉机进行比较时，一定要比较相同荷载条件时的燃油效率值。如同汽车燃油效率估测一样，燃油效率因实际操作情况不同而不同，测试值是不同拖拉机的相对效率指标。

10.7 其他问题

增加新技术，例如，自动转向、播幅自动控制器、肥料输入器，有助于避免在田间浪费时间和材料。自动转向可以利用全球定位（GPS）信息驾驶拖拉机，避免播幅过度重叠而导致浪费能量及田间作业时间。自动播幅控制器可以在作业幅宽与前面已经作业的部分时防止重叠作业。这些技术可以增加在现有的拖拉机和相关设备上，但是必须在设备升级和更换时购买，使得成本效益最佳。现在，制造商已经开始将这些新技术植入到新的设备当中，并且进一步降低价格。自动驾驶的成本在5000—50000 美元，这取决于所期望的自动驾驶的精度。

奥本大学进行的一项研究（Troesch 等，2010）表明，在利用自动幅宽控制器时每一项田间作业可以节省 1%—12% 的投入。该研究表明，从一个农场观察到，种子成本平均节省 4.3%，有些可以节省高达 7%。节省量还与地块的形状和大小有关，形状规则的地块或者具有水土保持设施（如水渠和梯田）的地块节省成本最多。

一般来说，自动幅宽控制技术两年可以回收成本。

现代柴油引擎需要较短的待机时间来冷却机器。对于特定的设备建议参照操作手册或通过供应商来解决。千万不要让新引擎长时间待机浪费燃料。有关适宜的燃料储备可以找本州管理官员洽商。真空／压力减压阀可以防止燃料发生水凝作用。供油桶上涂刷浅色和／或反光白色油漆或银粉漆有助于避免燃料蒸发损失。

如果应用了引擎缸体加热器，会在天气寒冷时帮助引擎发动，计时器可以帮助避免在行走前预热太长时间。标准的引擎缸体加热器可以对引擎预热两小时。通常用于游泳池水泵的低成本计时器可以用到120伏的加热器上，且可在两个月内收回成本，这取决于加热器的大小和加热的时间。

柴油混合燃料冬夏季节大不同，因此在晚夏不要购买过多的混合燃料，以免冬季来临之前不能用完。在冬季不常用的拖拉机可以安装燃料调节器或油路防冻装置。

10.8 收获作业

割刈和捆绑饲草需要大量能量。割草机割刈饲草时大约需要总能量的40%。保持刀刃锋利且保持与底刀公差最小，并避免切割太短不利于储存，这对能量消耗影响显著。籽粒加工机滚筒用来脱去和压碎玉米籽粒和玉米轴，使其更有利于消解，但不适于收割饲草，因此在割刈青贮饲料时要将滚筒卸掉。

对于割草机和干燥机来说，锋利的刀片也可减少所需要的能量。对于切割式割草机刀片要与保护挡板尽可能接近。干燥机滚筒间隙必须调节适当，但干燥茎秆时压力不能过大。

在饲草作物设备联并和转向方面现在已经取得很多进展。耙子可以通过打开窗扇使得另一面暴露与空气和阳光接触以促进干燥。合并窗体通过与收割机和打捆机额定功率匹配以节省燃料。如果收割机和打捆机在接近额定功率情况下工作，将会更加高效。

对于所有机器而言，按照操作人员手册中所列出的润滑时间表进行润滑可以提高能源利用，避免过早磨损。分离的刀片、活塞间隙维护有利于方形打捆机减少燃料消耗。

谷物联合收割机利用限速引擎进行收割、脱离、分离、净化和传输。由于引擎负载这些操作（有些储备功率）加上田间行进和谷粒卸载，一些保存能量的方法一般限于良好的引擎保养以及需要大功率的功能区域。割草机附属设备一般安装在联合的收割机的后面，需要较大的功率。替换已经用钝的割草机刀片，检查皮带张力以保持轴速（这一点经常被忽视）。要按照气滤芯和油滤芯更换指南进行更换连同进行其他引擎相关保养可以直接提高燃油效率。

10.9　其他单独设备的操作

如果在传递、驱动、轮胎／土壤界面有大量能量消耗，是由于拖拉机主要驱动耕作、播种和许多其他作业机械，同时由于引擎总的可用能量很快消散，因此要首先注意拖拉机节能。要寻找单程联合作业方案，例如用条带耕作机或一次耕作机同时进行耕作和施肥等。

许多与耕作、播种、施肥和其他田间设备有关节能的要点都涉及良好的管理和维护，以确保田间作业圆满完成，避免返工。如果播种、施肥、杀虫剂施用、土壤耕作未满足要求，燃油甚至其他投入就会用于二次返工。

关于耕作设备、磨损的轴承、刮土器或割草机刀刃均会影响田间操作和潜在牵引力。良好的播种作业包括作业前对种子、肥料计量器、种子行间距进行检查，土壤作业是否适当，以及定期润滑等。

10.10　影响能量利用的施肥和其他栽培等技术问题

尽管能量并非直接购买，但是大量天然气用于制造氨和其他氮肥。氮肥制造利用的净能量比用于磷钾肥或杀虫剂制造消耗的能量要大好几倍。作物（特别是玉米）所需的氮肥，其供应商用氮肥所需的能量等于甚至大于所有田间作业所需的柴油燃料。氮肥施用量不超过推荐使用量以使经济回报和能量效率最大化。

我们可以考虑通过商用肥料为玉米、小麦或其他作物提供氮肥。还可以种植苜蓿、大豆或其他豆科作物与前茬玉米进行轮作，这样可以减少氮肥施用。厩肥中的氮素和其他营养成分可以替代商用氮肥。厩肥中的营养成分的有效性因畜禽种类、储存时间以及存在形态不同而异。厩肥成分使用指南可以根据州推广站公报、定期测定分析，从而提供更加确定的使用量。

精准农业技术为田间生产精准管理提供了机遇。精准施用肥料和杀虫剂以及种子播种重量有助于接下来的田间操作。全球定位系统（GPS）和地理信息系统技术可以绘制轮作、除草、害虫的防治、田间产量以及其他管理项目地图，这有助于减少对额外田间作业的需要。

参考文献

Grisso, R.D., Kocher, M.F., Vaughn, D.H., 2004. Predicting tractor fuel consumption. Applied Engineering in Agriculture 20 (5), 553-561.

进一步阅读的资料

Field operations-general

Hanna, M., Harmon, J., Flammang, J., 2010. Limiting Field Operations-Farm Energy. Iowa State University Extension Publication. PM 2089D. Available at: http://www.extension.iastate.edu/Publications/PM2089D.pdf.

Svejkovsky, C., 2007. Conserving Fuel on the Farm. National Sustainable Agriculture Information Service/National Center for Appropriate Technology. Available at: http://attra.ncat.org/attra-pub/PDF/consfuelfarm.pdf.

Tractor-general

Schumacher, L.G., Frisby, J.C., Hires, W.G., 1991. Tractor PTO horsepower, filter maintenance, and tractor engine oil analysis, Applied Engineering in Agriculture 7 (5), 625-629.

Staton, M., Harrigan, T., Turner, R., 2010. Improving Tractor Performance and Fuel Efficiency. Michigan State University Extension Publication.

Tractor ballasting/slip/tire inflation

Hanna, M., Harmon, J., Petersen, D., 2010. Ballasting Tractors for Fuel Efficiency-Farm Energy. Iowa State University Extension Publication. PM 2089G. Available at: http://www.extension.iastate.edu/Publications/PM2089G.pdf.

Tractor transmission

Gri.sso, R., Pitman, R. Gear up and Throttle Down-Saving Fuel, Virginia Tech Cooperative Extension publi-cation. pp. 442-450. Available at: http://pubs.ext.vt.edu/442/442-450/442-450.pdf.

Tractor selection

Grisso, R.D., Vaughn, D.H., Perumpral, J.V., Roberson, G.T., Pittman, R., Hoy, R.M., 2009. Using Tractor Test Data for Selecting Farm Tractors. Virginia Tech Cooperative Extension Publication, 442-072. Available at: http://p ubs.ext.vt.edu/442/442-072/442-072.pdf.

Nebraska Tractor Test Laboratory Reports. Available at: http://tractortestlab.unl.edu/index.htm.

Other tractor issues

Troesch, A., Mullenix, D.K., Fulton, J.P., Winstead, A.T., Norwood, S.H., Sharda, A., 2010. Economic analysis of auto-swath control for Alabama crop production. In Proceedings of the 10th International Conference on Precision Agriculture. Denver, CO, July, 18-21.

Fertilizer issues

Sawyer, J.E., Hanna, M., Petersen, D., 2010. Energy Conservation in Corn Nitrogen Fertilization-Farm Energy. Iowa State University Extension Publication. PM 2089D. Available at: http://www.extension.iastate.edu/Publications/PM20891.pdf.

No-till seeding

Duiker, S.W., Myers, J.C., 2006. Steps Towards a Successful Transition to No-till. Pennsylvania State University.

Bulletin No. UC192. Available at: http://pubs.cas.p.su.edu/FreePubs/pdfs/uc192.pdf.

Leep, R., Undersander, D., Peterson, P., Min, D., Harrigan, T., Grigar, J., 2003. Steps to Successful No-till Establishment of Forages. Michigan State University Extension. Bulletin E-2880. Available at: http://fieldcrop.msu.edu/document s/E2 8 80.pdf.

Schneider, Nick, 2006. No-till Planting of Alfalfa with Italian Ryegrass, Field Research Study

Report. University of Wisconsin. Available at: http://winnebago.uwex.edu/ag/documents/No-Ti
llPlantingofAlfalfawithltalianRyegrass. pdf.

Wolkowski, R., Cox, T., Leverich, J., 2009. Strip-tillage: A Conservation Option for Wisconsin
Farmers. University of Wisconsin Extension. Bulletin No. A3883. Available at: http://
learningstore.uwex.edu/Assets/ pdfs/A3883.pdf.

Corn production

Staggenborg, S.A., et al., 2001. Narrow Row Corn Production in Kansas. Kansas State University
Extension. Bulletin No. MF-2516. Available at: http://www.ksre.ksu.edu/library/crps12/
mf2516.pdf.

Stahl, L., Coulter, J., Bau, D., 2009. Narrow-row Corn Production in Minnesota. University of
Minnesota Extension. Bulletin No. M1266. Available at: http://www.extension.umn.edu/
distribution/cropsystems/ M1266.html.

Thomison, P., 2010. Twin-row Corn Production: 2009 Research Update in C.O.R.N.
Newsletter 2010-07. Ohio State University Extension. Available at: http://corn.osu.edu/
newsletters/2010/2010-07/twin-row-corn-production-2009-research-update.

第十一章
直用植物油作为柴油燃料？

美国能源部，能源效率和可再生能源办公室

生物柴油，一种用动物脂肪或者植物油生产的可再生燃料，受到许多寻求减排和支持美国能源安全的车主和车队经理们的喜爱。这样就产生了用直用植物油（SVO）或者餐饮和其他加工的废油，不经过中间加工，直接给车加油的可行性问题。但是 SVO 和废油与生物柴油（和常规柴油）在某些重要方面不同，一般不认可为大规模或者长期使用的车用燃料。

11.1 直用植物油的性能

研究表明，广泛使用 SVO 作为车用燃料存在几个技术障碍。

已发表的工程文献强烈地表明，使用直用植物油，由于引擎中碳沉积的积累以及 SVO 在引擎润滑剂中的积累，会导致引擎寿命减少。这些问题是由于 SVO 的高粘度和高沸点（相对于所需的柴油燃料的沸点范围）。碳积累不是一使用 SVO 就必然产生，通常是经过长时间后才发生。这些结论在大量技术文献中都是一致的。其中一篇汽车工程学会 SAE 的技术论文，综述了已经发表的关于柴油引擎中使用 SVO 的数据。这篇 SAE 文章这样写：

● 和 2 号柴油相比，所有植物油都粘得多，对氧都很活跃，具有较高的浊点和流点温度。

● 柴油引擎使用植物油短期运转，表现出可接受的引擎性能和排放，长期运转会导致运转和耐久性问题。

一些研究者已经探索改装车辆，将 SVO 在注入引擎前预先加热。另外一些研究者已经仔细测试了植物油和常规柴油的混合燃料。这些技术可能在某种程度上会减轻这些问题，但不能完全消除。研究表明，碳（焦化）随时间持续积累，导致较高的引擎维护成本，和 / 或者引擎寿命缩短。图 11-1 显示形成碳沉积的趋势是随着燃料中混入植物油比例的增加而增加。

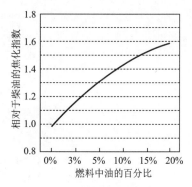

粘度（燃料阻抗流动的度量）是关于 SVO 使用的另一个重要考虑。在正常运转温度下，SVO 的粘度要比柴油燃料高得多。图 11-2 表明柴油燃料和 100% 葵花油在一定温度范围内的粘度。燃料粘度高可能引起燃料泵和喷油嘴的提前损坏，也可能大大改变燃料从喷嘴出来的喷雾结构：增加微滴大小，

图 11-1　引擎中碳沉积集结是燃料中油的比例的函数

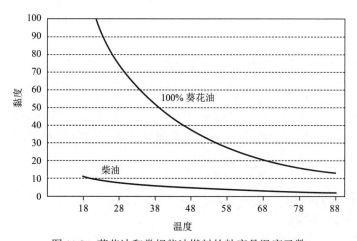

图 11.2　葵花油和常规柴油燃料的粘度是温度函数

降低喷雾角度，增加喷雾穿透力。这些影响往往会增加引擎内表面的湿润程度，因而稀释引擎润滑剂，增加焦化倾向。

在装备现代排放控制系统的柴油引擎中使用 SVO 的长期效应也是个要关注的问题。润滑剂中燃料的积累在这些引擎中更为重要 - 甚至对石油柴油也一样 - 用 SVO 问题可能更为严重。一般来说，这些系统原本不是为适应 SVO 特性而设计的，他们可能会受到不合规格的或者污染的燃料的严重损害或者毒害。

11.2　生物柴油：用 SVO 生产的燃料

生物柴油是一种用 SVO 或者其他脂肪经过一个称为转酯化的化学过程生产的替代燃料，该过程涉及一个使用苛性碱（氢氧化钠）作为催化剂的与甲醇的反应。生物柴油具有与 SVO 很大不同的特性，使之具有更佳的引擎性能表现。特别是，生物柴油比 SVO 具有更低的沸点和粘度。

生物柴油是最常作为一种与石油柴油混合的燃料使用。所有柴油车和引擎生产商都已赞同使用 B5（一种含有 5% 生物柴油和 95% 石油柴油的混合燃料）。一些赞同使用生物柴油含量高达 20% 的混合燃料 B20（20% 生物柴油和 80% 石油柴油）或者比例更高的混合燃料。

为保证引擎的良好性能，生物柴油必须满足国际 ASTM 指定的质量标准。ASTM 标准 D6751 是用于和石油柴油混合的纯生物柴油（B100）标准。达到 ASTM D6751 标准的生物柴油在美国环境保护局（EPA，简称美国环保局或环保局）合法注册。B5 以下的混合燃料可见于常规柴油燃料，不需在加油站额外标识。这些低水平混合燃料的特性包括在柴油燃料标准 ASTM D975 中。对于 B6—B20 范围内的生物柴油混合燃料，有个单独的标准，ASTM D7467，需要对加油泵进行标注，告知消费者出售的是生物柴油混合燃料。

对于一个完整的 ASTM 生物柴油要求，见生物柴油操作和使用指南（www.nrel.gov/vehiclesandfuels/pdfs/43672.pdf.）此外，生物柴油行业已经为生物柴油生产商和市场营销人员制定了一个质量保证计划。想了解有关 BQ-9000 计划的更多详情，请访问 bq-9000.org。

11.3　从哪里可以得到更多信息？

● 美国能源部替代燃料数据中心（网址，afdc.energy.gov），含有大量关于替代燃料和替代燃料车辆的收集信息。

● 国家生物柴油委员会是代表生物柴油行业的国家贸易协会，网址是 biodiesel.org，是有关生物柴油信息的交换场所。

文章来源：

直用植物油作为柴油燃料？

2014 年 1 月

美国能源部

能源效率与可再生能源办公室

DOE/GO-102，014-3449 www.cleancities.energy.gov/publications<http://www.cleancities.energy

第十二章

纤维素乙醇：超越玉米的生物燃料

Nathan S. Mosier

美国，印第安纳州，西拉斐特，普渡大学农业与生物工程系

12.1 引 言

美国燃料乙醇生产量在2012年前，预计超过75亿加仑。这表示从2004年以来，乙醇生产量增加了一倍，消耗了将近美国当年玉米产量的10%。对国产液体燃料需求的增长正在增加动物饲料和燃料生产使用玉米的竞争。纤维素原料（小麦和玉米秸秆，柳枝稷草等）也可以转化为乙醇。克服使用纤维素生产液体燃料的技术和经济障碍，可使美国满足食品和燃料的双重需求。

12.2 纤维素生产乙醇燃料

纤维素是糖聚合物。聚合物是由结合在一起、更像链中连接的较小分子组成的大分子。每天常见的生物聚合物包括纤维素（纸张、棉花、木材中）和淀粉（食物中）。纤维素是葡萄糖的聚合物，葡萄糖是单糖，易被酵母消耗而产生乙醇（Mosier 和 Illeleji，2006）。

从海洋中的单细胞藻类到巨大的红杉树，地球上的每种活的植物都生产纤维素。这意味着纤维素是世界上最丰富的生物分子。

由美国农业部和能源部完成的一项研究得出结论，美国每年至少可以可持续地收集、加工10亿吨纤维素（以小麦玉米秸秆、其他饲料和剩余物以及木柴废弃物的形式）。这些资源相当于 670 亿加仑乙醇，替代美国 30% 汽油消耗量。（美国能源部生物燃料：到 2030 年 30%，网络）

植物使用纤维素作为加固材料，就像骨骼一样，让植物直立并朝太阳生长，承受环境胁迫，阻止害虫。人们已经使用纸张、木材和纺织品（棉、麻）中的纤维素数个世纪了。如果纤维素链分解成单个环，释放的糖可用于生产乙醇。然后可使用和玉米乙醇生产相同的技术将这种乙醇纯化（Mosier 和 Illeleji，2006）。为使该方法生产乙醇具有经济性，目前有许多技术进步正在发展。

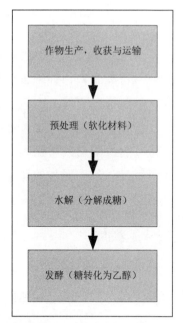

图 12-1　生产纤维素乙醇的主要挑战

12.3 纤维素乙醇的挑战

利用今天已有技术，可以将纤维素转化为乙醇。纤维素乙醇和粮食乙醇的主要区别在于过程前端的技术，乙醇发酵、蒸馏和回收技术相同（Mosier 和 Illeleji，2006）。

面临的主要挑战（图 12-1）是，为使纤维素乙醇能够和粮食乙醇与汽油竞争而降低生产、收获、运输和预加工的相关成本等有关问题（Eggeman 和 Elander，2005）。加工的主要挑战与加工各阶段的生物学和化学相关。

生物技术和工程的进展可能会对改善植物材料加工成乙醇的效率和产量产生很大影响。

12.4 植物生物技术

近来作物遗传学的大部分生物技术进展都集中在粮食生产。种植生物能源作物将为了植物的非食用部分（叶片和茎秆中纤维素丰富的细胞壁材料），而不主要是为粮食。

生物技术工具正开始揭开植物细胞壁如何合成的秘密（Yong 等，2005；Humphreys 和 Chapple，2002）。这个认识正被用于改变植物基因使之多产纤维素，使纤维素更易转化为生物燃料（Vermerris 等，2007）。总之，植物遗传学研究和生物技术正为研究者提供工具，为转化生物燃料量身定制纤维素植物材料，增加其农业产量（Ragauskas 等，2006）。

12.4.1 预处理

预处理是指植物材料分解成单糖（水解）之前进行的处理。进行预处理是为了软化纤维素材料，使纤维素材料更易于分解。这样，后续水解步骤更高效，因为纤维素分解成糖更快、产量更高，需要投入的（酶和能源）更少。

正在开发的领先预处理技术是使用化学品（水，酸，碱和 / 或氨），结合加热，部分降解纤维素或转化为更易反应的形式（Mosier 等，2005）。随着对植物细胞壁和预处理过程中发生的化学反应认识的深入，这些降低乙醇生产成本的技术正在得到改进（Eggeman 和 Elander，2005）。

12.4.2 水解

在水解这一阶段，纤维素和其他的糖聚合物经过被称为酶的生物催化剂的作用分解成单糖。这些酶是由以自然界死亡植物为食的真菌产生的。

我们对于这些酶如何工作的理解正在促进确定在工业应用中什么样的一套酶一起工作可以最好地水解纤维素（Mosier 等，1999）。生物技术已经可以使这些酶更便宜地生产，并在生物燃料应用中具有更好的特性（Knauf 和 Moniruzzaman，2004）。

12.4.3 发酵

纤维素生产乙醇的设备和加工技术和粮食生产乙醇一样。此外，粮食基乙醇生产中使用的酵母菌也可以利用从纤维素获得的葡萄糖。然而，来自富含纤维素植物材料的糖中只有大约50%—60%是葡萄糖，其余的40%—50%主要是一种被称为"木糖"的糖，天然酵母不能将其发酵为乙醇。

生物技术已经用于遗传修饰酵母（Sedlak 和 Ho，2004）和一些细菌（Ohta 等，1991），使之既可以利用葡萄糖也可以利用木糖生产乙醇。

这些进展可使每吨纤维素材料的乙醇产量增加 50%。根据对微生物基本代谢和遗传学的理解所进行的增加微生物将木糖转化为乙醇的效率和速度的其他改良正在进行（Bro 等，2006）中。

12.5 结 论

用非粮植物材料生产燃料乙醇可能对减少美国汽车运输中石油的使用做出重要贡献。要使这种丰富的原料转化成能够和粮食基乙醇和汽油经济竞争的燃料，还需要多学科在基础科学和技术方面的进步。将生物技术应用于作物、工业微生物和工业生物催化剂（酶），连同生物过程工程整合优化生产技术，可能会让纤维素乙醇的生产成为现实。

致　谢

本文是为普渡大学推广生物能源系列（技术编号 ID-335）而准备的。

参考文献

Bro, C., Regenberg, B., Forster, J., Nielsen, J., 2006. *In silico* aided metabolic engineering of *Saccharomyces cerevisiae* for improved bioethanol production. Metabolic Engineering 8 (2), 102–111.

Eggeman, T., Elander, R.T., 2005. Process and economic analysis of pretreatment technologies. Bioresource Technology 96 (18), 2019–2025.

Humphreys, J.M., Chapple, C., 2002. Rewriting the lignin roadmap. Current Opinion in Plant Biology 5 (3), 224–229.

Knauf, M., Moniruzzaman, M., 2004. Lignocellulosic biomass processing: a perspective. International Sugar Journal 106 (1263), 147–150.

Mosier, N.S., Hall, P., Ladisch, C.M., Ladisch, M.R., 1999. Reaction kinetics, molecular action, and mechanisms of cellulolytic proteins. Advances in Biochemical Engineering/Biotechnology 65, 24–40.

Mosier, N., Wyman, C., Dale, B., Elander, R., Lee, Y.Y., Holtzapple, M., Ladisch, M.R., 2005. Features of promising technologies for pretreatment of lignocellulosic biomass. Bioresource Technology 96 (6), 673–686.

Mosier, N., Illeleji, K., 2006. How Fuel Ethanol Is Made from Corn. ID-328. Purdue University Cooperative Extension Service.

Ohta, K., Beall, D.S., Mejia, J.P., Shanmugam, K.T., Ingram, L.O., 1991. Genetic-improvement of *Escherichia coli* for ethanol-production – chromosomal integration of *Zymomonas mobilis* genes encoding pyruvate decarboxylase and alcohol dehydrogenase-II. Applied and Environmental Microbiology 57 (4), 893–900.

Ragauskas, A.J., Williams, C.K., Davison, B.H., Britovsek, G., Cairney, J., Eckert, C.A., Frederick, W.J., Hallett, J.P., Leak, D.J., Liotta, C.L., Mielenz, J.R., Murphy, R., Templer, R., Tschaplinski, T., 2006. The path forward for biofuels and biomaterials. Science 311 (5760), 484–489.

Sedlak, M., Ho, N.W.Y., 2004. Production of ethanol from cellulosic biomass hydrolysates using genetically engineered *Saccharomyces* yeast capable of cofermenting glucose and xylose. Applied Biochemistry and Biotechnology 113–116, 403–405.

U.S. Department of Energy Biofuels: 30% by 2030. http://www.doegenomestolife.org/biofuels/.

Vermerris, W., Saballos, A., Ejeta, G., Mosier, N.S., Ladisch, M.R., Carpita, N.C., 2007. "Molecular breeding to enhance ethanol production from corn and sorghum stover". Crop Science 47, S142–S153.

Yong, W.D., Link, B., O'Malley, R., Tewari, J., Hunter, C.T., Lu, C.A., Li, X.M., Bleecker, A.B., Koch, K.E., McCann, M.C., McCarty, D.R., Patterson, S.E., Reiter, W.D., Staiger, C., Thomas, S.R., Vermerris, W., Carpita, N.C., 2005. Genomics of plant cell wall biogenesis. Planta 221 (6), 747–751.

第十三章
取暖生物燃料

Robert G. Hedden

赫登 (Hedden) 公司——一家高效取暖咨询与培训完全服务公司董事长

13.1 生物柴油

生物柴油是一种无毒、可生物降解、可燃烧的液体燃料。它是用天然植物和动物油生产的国产可再生燃料。它具有美国测试与材料协会（ASTM）B100 纯生物柴油标准 D6751。生物柴油是由长链脂肪酸的单烷基酯组成。现在生产生物柴油的原料（图 13-1）有：大豆、芥花籽、葵花、芥菜、菜籽油，以及废弃烹饪油脂、地沟油、牛油和动物脂肪，比如鱼油。操作生物柴油的程序和操作生产生物柴油所有油脂相似。

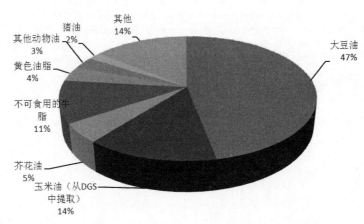

图 13-1　生物柴油原料（2012—2013 销售的生物柴油原料）

生物柴油是最多种多样的燃料。它用美国丰富的区域性可再生生物资源生产。环保局（EPA）最近肯定了生物柴油是一种满足 EPA 可再生燃料标准的先进生物燃料。将来用微藻和细菌原料生产将使这种燃料具有更好前景。

生物柴油通过 100 磅植物油、动物脂肪和 / 或废油脂以 10 磅乙醇和氢氧化钠做催化剂，生产 100 磅生物柴油和 10 克甘油。这一过程被称为"转酯化（图 13-2），具有所有可再生燃料的最高能量平衡。生产生物柴油中使用每单位能量，获得 5.54 单位的能量回报。用作生物柴油原料的植物油和动物脂肪不是特意为生物柴油生产的，而是食品生产中的少量副产品。因此不会像乙醇那样遭受用粮食生产燃料的污名。

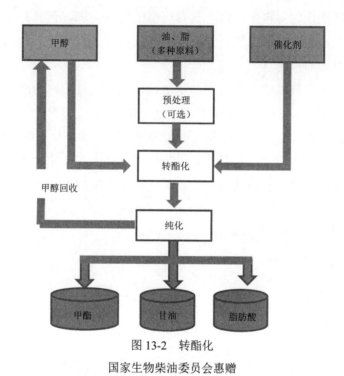

图 13-2 转酯化

国家生物柴油委员会惠赠

13.2 生物取暖燃料

生物取暖燃料是由 95%—98% 的 2 号取暖油（2 号油，ASTM D396）和 2%—5% B100 生物柴油（ASTM D6751）混合产生的一种与 2 号燃油相当，但实际上难于区分的取暖燃料。5% 混合燃料称为 B5。生物取暖燃料可用于燃油炉，只需对设备或者操作方法与程序稍加修改或完全不修改。虽然 5% 以下的混合燃料闪点较高，但点火不存在任何问题。粘度虽高，但仍在 ASTM 对取暖油的限定内，而流速和雾化相似。生物取暖燃油由于硫含量的降低，在热交换器上产生的沉积稍微少些。B100 含有 10%—12% 的氧，能为火焰增加额外的空气。B100 的热值是 118170 BTU/ 加仑，和 2 号油相比，它的密度稍大，浊点和流点较高。

国家油热研究联盟正在和宾夕法尼亚州、国家生物柴油委员会及布鲁克黑文国家实验室一道进行测试，以决定他们如何能快速向 UL 和 ASTM 推荐增加生物燃料的浓度。目前，正在向 ASTM 介绍推进到 B20 的数据和合理性，希望到 2015 年 6 月能够获得 ASTM 和 UL 的批准。燃油取暖行业的目标是到 2040 年，达到 B100 和零碳足迹。今天已经有 B100 取暖设备，走向更高含量之前需要解决的问题是这种燃料在寒冷天气下的性能，并确定将田间安装的传统取暖设备升级到可以安全可靠地燃烧 B100 的改型策略。

生物取暖燃油作为可再生燃料，具有较强的公众诉求。它具有优良的润滑性，使低硫燃料锦上添花。它增加燃料来源的多样性，降低对国外石油的依赖，对美国农业是个潜力巨大的市场。

没有加工成生物柴油的初榨或者精炼植物油或者回收的动物油脂，不是生物柴油，应该避免使用。研究表明，使用浓度低至 10%—20% 的植物油或者动物油脂，会引起严重的操作和维护问题。这些问题大多是由于粗油粘性（稠度）（~40mm^2/s）相比取暖油较大引起的。通过转酯化将植物油或动物油脂转化为生物柴油，燃料的粘度降至与常规柴油燃料相似的值（生物柴油粘度通常是 4—5mm^2/s）。

生物柴油是在美国环保局依法注册的燃料和燃料添加剂。环保局注册包括所有达到 ASTM 生物柴油标准 ASTM D6751 的生物柴油。

13.2.1 BQ-9000

国家生物柴油认证委员会已经创立了一个授权生产者、营销者和实验室的自愿质量保证计划。BQ-9000（图 13-3）推动生物柴油的成功，保证质量保持在 ASTM D6751 标准，帮助检测全部分发系统的质量。

13.2 2 生物取暖燃料及其特性

生物取暖燃料是由 2 号取暖燃油和高至 5% 的生物柴油制作而成。得到的燃料实际上和正常 2 号油没有显著不同。生物取暖燃料操作特性和维护要求和 2 号油一样。

13.2.3 石油燃料取暖

取暖燃油和天然气、甲烷、煤炭一样，是化石燃料。我们称之为化石燃料是因为这些都是从形成化石的史前植物和动物产生

图 13-3　BQ-9000
（国家生物柴油委员会提供）

的。化石燃料是碳氢化合物。生物柴油也是一种碳氢化合物，与石油唯一的真正差异是其不像石油那样，需要上万年的压力和热将有机材料转化为燃料。

碳氢化合物分子是生命基本物质。所有东西，无论是现在的还是过去曾经活的东西，都是由氢原子和碳原子构成的分子组成的。碳通常是固体，如果不完全燃烧，就会变成烟和烟尘。氢是最轻的气体，也是最小的原子。碳氢结合在一起，碳氢化合物可以是气体，比如甲烷，可以是液体，比如取暖燃油，也可以是固体，比如柱蜡。碳氢气体含有更多的氢；碳氢液体和固体含有更多的碳。

石油以原油和湿气的形式来自地下，是多由碳元素和氢元素组成的化合物的复杂的混合物。硫和氮也结合到一些碳氢化合物上。这种分子的混合物在石油炼制厂通过蒸馏到不同沸点范围（图13-4）而得到分离。取暖燃油、柴油、航煤和煤油归类为中馏分，因为沸点处于蒸馏过程中分离的全部石油产物的中间。蒸馏过程直接产生的取暖燃油被称作直馏产品。取暖燃油也可通过催化和热将较重和较复杂的分子裂解成较小的取暖燃油碳氢分子，称为裂解产物。将各种中馏分产品混在一起，也成为取暖燃油。将生物柴油混入这种混合物中成为生物取暖燃油。

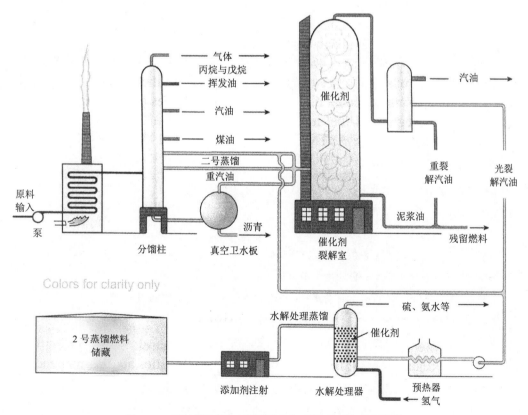

图13-4　石油炼制厂（美国国家取暖燃油研究联盟提供）

13.2.4 取暖燃油和生物取暖燃料的特性

应该以和取暖燃油一样的小心和技术技巧处理生物取暖燃油（图 13-5 和 13-6）。有些生物取暖燃油应该考虑到的技术和服务方面，比如材料污染因素和冷流特性，在本节进行概述。

13.3 美国测试与材料协会标准

ASTM 公布了许多不同材料的工业标准，包括石油产品。燃料油的标准是 ASTM D396。该标准设定了燃料的最低要求。ASTM 规定 D396 为含有 5% 以下 ASTM D6751 的生物柴油。

13.3.1 闪点

燃料油的闪点是其安全储存和处置、没有严重火灾危险的最高温度。ASTM 规定的 1 号、2 号油的闪点是 100°F（最低）。当油加热到其闪点时，一些氢闪出，但燃料不会继续燃烧。B100 的闪点高些，是 150°F（图 13-7）。

13.3.2 燃点

燃点或者起火点是燃料在空气中迅速燃烧的最低温度。就是在这个温度下，所有燃料已经加热，充分蒸发，继续燃烧至少 5 秒钟。对 2 号油和生物取暖燃油来说，其燃点高于 500°F。

取暖燃油的物理特性（2 号油）	
ASTM 标准	D396
闪点	最低 100 °F，（37.8℃）
燃点	>500 °F（260℃）
流点	17 °F（8.3℃）
浊点	流点温度 +10—20 °F
粘度	变化：随温度下降而升高
水分 / 沉淀	ASTM 允许含水量：0.1%（实际上含水量通常很低）
硫含量	分布于 0.5%—0.05%（5000—500ppm）
颜色	无色，但取暖燃油染成红色，因税收遵从的原因，颜色和蔓越莓汁相似。
BTU 含量	139000（近似）

图 13-5 取暖燃油的特性（国家油暖研究联盟提供）

生物柴油（B100）标准—ASTM 6751-11a

生物柴油（B100）和石油柴油，混合前必须达到各自的 ASTM 标准

特性	ASTM 方法	限制	单位
钙、镁，相加	EN 14538	最大 5	ppm（g/g）
闪点（闭杯）	D 93	最小 93	℃
醇控制（需满足一条）			
1、甲醇含量	EN 14110	最大 0.2	质量 %
2、闪点	D 93	最小 130	℃
水和沉淀	D 2709	最大 0.05	体积 %
运动粘度，40℃	D 445	1.9-6.0	mm^2/s
硫酸盐灰分	D 874	最大 0.02	质量 %
硫			
S 15 级	D 5453	最大 0.0015（15）	质量 %（ppm）
S 500 级	D 5453	最大 0.05（500）	质量 %（ppm）
铜条腐蚀	D 130	最大三级	
十六烷值	D 613	最小 47	
浊点	D 2500	报告	℃
碳残留 100% 样品	D 4530*	最大 0.05	质量 %
酸值	D 664	最大 0.5	Mg KOH/g
游离甘油	D 6584	最大 0.020	质量 %
总甘油	D 6584	最大 0.240	质量 %
磷含量	D 4951	最大 0.001	质量 %
蒸馏	D1160	最大 360	℃
钠 / 钾，相加	EN 14538	最大 5	ppm（g/g）
氧化稳定性	EN 15751	最小 3	小时
冷浸过滤	D 7501	最大 360	秒
用于温度低于-12℃		最大 200	秒

黑体字 =BQ-9000 关键指标测试，曾经控制下的生产过程
* 碳残留应该用 100% 样品
# 在美国有相当多的使用 20% 生物柴油和 80% 柴油燃料混合燃料（B20）的经验。虽然生物柴油（B100）可以使用，但高于 20% 生物柴油与柴油燃料的混合燃料，应该进行逐案评估，直到获得进一步的经验。

图 13-6　B100 标准

13.3.3 流点

流点（图 13-8）是燃料流动的最低温度。低于该点，燃料变成蜡胶。未经处理的 2 号油的 ASTM 标准是 17 ℉。冬季在取暖燃料油中加入添加剂或者煤油保证其流动性。

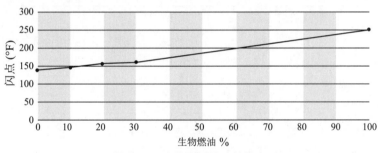

图 13-7　生物取暖燃油的闪点

（资料来源：布鲁克海文国家实验室）

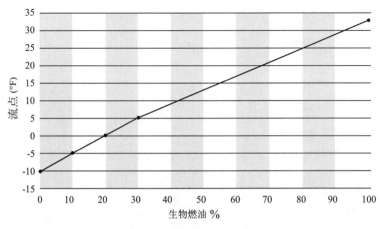

图 13-8　生物取暖燃油的流点

（来源：布鲁克海文国家实验室）

13.3.4 浊点

浊点是燃料中开始形成蜡质结晶的温度，通常高于流点 10—20 ℉。这些结晶会堵塞过滤器和滤网，限制燃料流动。加温使结晶回到溶液。ASTM 没有列出取暖燃油的浊点标准。流点和浊点都影响冬季性能，如果处理不当，可能会引起问题。

13.3.5 粘度

粘度是燃料的稠密程度——对流动的抗性。动物油脂具有较高的粘度。汽油具有较低的粘度，易流动。取暖燃油的粘度随温度剧烈变化，当温度降低时，粘度增加。通常情况下，地下室储油罐中的油温是 60℉。在冬季，你买的可能是 5℉ 油。较冷的油具有较高的粘度，使燃烧器的性能受到影响，直到燃料变暖。冷油会使雾化较差，延迟点火，火苗噪音、跳动，并可能生成炭黑。生物取暖燃油的粘度高于取暖燃油（图 13-9）。

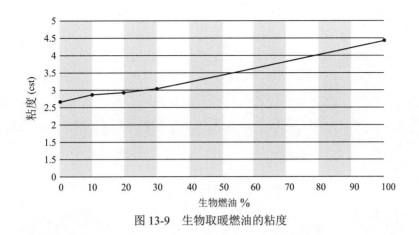

图 13-9　生物取暖燃油的粘度

13.3.6 水分和沉淀物

油箱底部积累水分是一件很讨厌的事，因为这会导致污泥和冰的形成。污泥主要是油和水。水和油通常互不相溶，但是如果燃料中存在有机沉淀物，它就会起到粘合剂的作用，使燃料和水的混合物稳定下来，形成不能燃烧的白色乳状物。ASTM D396 对水的限制是 0.1%，但销售的大多数燃料含水量要低得多。不幸的是，水分可从系统中的冷凝中获得，管线泄露、排气不善或者加油盖也可造成水分进入。

生物取暖燃油能够持有比 2 号油更多的悬浮水。所以，避免冷凝，检查泄露到油箱的水分，并去除油箱中的水分，对生物取暖燃油来说更为重要。

13.3.7 硫含量

硫不同程度地存在于所有化石燃料中。取暖燃油的硫含量分布于 0.5% 到 0.05%。生物柴油实际上不含硫。当硫燃烧时，硫和氧混合形成二氧化硫，也产生少量三氧化硫。三氧化硫和燃烧气体中的水蒸气反应，产生硫酸气溶胶。如果酸冷凝（150—200 ℉），它会附着在热交换器、油烟管道上和烟道内部，会产生黄到红色的鳞状硬皮。鳞状物通常 50% 在热交换器上沉积，会降低全年效率的 1%—4%，还会阻塞排烟道，限制空气流动，增加烟尘。使用超低硫燃料，混合生物柴油几乎可以消除热交换器表面鳞状物和烟尘的形成，取暖季节效率不下降，节约能源，也能减少电器服务。

13.3.8 颜色

由于税收遵从的原因，将取暖燃油和生物取暖燃油染成红色，以便和道路上的柴油燃料相区分。问题是这种燃料没有指出颜色深浅。然而，如果外观昏暗，则可能说明燃料有问题。

13.4 相关燃料服务

油暖行业的 4 个顶级服务优先权是安全，提高可靠性，效率最大化，降低取暖设备服务成本。反复无常的燃料品质，燃料品质变差和污染会导致相当数量的非预先安排的非取暖服务。

13.4.1 背景

取暖燃油随季节而变。石油来自全世界，从马来西亚到美国北达科他州。生物柴油原料变化广泛，每家炼制厂稍有不同，生产的每批产品也会稍有不同。大量的产品是通过混合各种燃料而产生的，达到 ASTM D396 标准制定的相当宽松的 2 号取暖燃油定义。因此，客户油箱里的油可能是各种燃料的混合物。此外，随着时间的推移，燃料品质下降，水分可能进到系统，细菌有机会生长。良好的家务管理、在所有燃烧器上安装过滤器以及积极的问题油箱替换计划，可以大幅度减少燃料相关的服务电话。

13.4.2 潜在问题

随着油箱老化，锈蚀和沉淀会在油箱中积累。油箱中燃料的存放时间也可能是问题。油和生物取暖燃料都有一定的货架寿命，会随着时间分解。另一个问题是交货规模和速度。向油箱加油会泛起油箱底部所有沉淀和铁蚀，导致管线、过滤器和喷嘴的堵塞。这里给出的解决方案是，不要让油箱中的燃料水平过低，降低卡车泵速，当加注地下油箱时，在"吹哨管"（地下注油管）上使用避雷针。

13.4.3 燃料降解的主要因素

（1）燃料化学。
a. 加热，引起有机物氧化
b. 硫和氮的存在，加速降解
c. 腐蚀，产生氧化铁（铁锈）
d. 硫醇式硫引起的凝胶
e. 不兼容燃料
（2）微生物的影响。
（3）油箱及其环境—湿度，由于温度差异导致的燃料循环，等等。
（4）油箱缺乏维护，设计安装较差，不能进行恰当的油箱检查；抽出水和沉淀；

过滤不当或者不过滤；缺乏锈蚀防护。

13.4.4 燃料稳定性

正如前面提到的，燃料随时间降解。如果燃料受到污染，降解会更快。取暖燃油的稳定性在很大程度上取决于其生产中的原油来源，炼制过程的严谨性，添加剂（包括生物柴油）的使用，以及其他炼制处理。长时间存放和遭受极端温度的燃料可能会形成过量的沉淀和黏胶，堵塞滤器、滤网和喷嘴。

13.4.5 水分问题

最严重的燃料问题是油箱中的水。水分以下列途径进入油箱：

（1）冷凝

（2）油箱仪表损坏

（3）加注或排气孔装置松懈，油帽丢失

（4）直接来自运输卡车

（5）通风管、注油管或油箱泄露

（6）向新油箱泵入了旧油。

13.4.6 出现污泥

污泥（图 13-10）是水、细菌群落、分解的燃料和其他污染物（如沙石和铁锈）的结合。细菌几乎在任何地方都能生长，令人吃惊的快速繁殖能力使之成为非常常见的问题。细菌生活在水中吃燃料，把燃料分解成氢二氧化碳和富含碳的残余物。

图 13-10　污泥
（国家生物柴油委员会提供）

细菌也产生粘液或黏胶保护自身。科学家将这种粘液称为生物膜（biofilm）。这种燃料变坏是出现在所有油箱中的自然现象，除非进行适当的维护。污泥在油—水界面产生，当搅动时，会导致严重的日常维护问题，尤其是堵塞燃料管路、过滤器、滤网和喷油嘴。污泥是酸性的，会从内部毁坏油箱。

为了减少污泥形成：

● 永远不要从一个油箱向另一油箱泵油。你可以转移油箱—去除污泥。

● 降低加油速度。高压加油会搅起现

有的污泥，使其被吸入燃油管道。

● 经常检查油箱中的水。在你去掉水后，如可能的话，清洗掉油箱中的污泥，用燃料调节添加剂进行处理。

● 从油箱底部抽出燃料。水会在所有油箱冷凝汇集，所以最好在水形成时就吸出来。少量的水会在燃烧过程中烧掉。如果让水分积累，就会为形成污泥创造有利条件。

这条规则的例外是室外地上油箱。在寒冷的冬季，底部吸入管路的水分可能结冰，引起堵塞，不产热。看来这个问题的最佳解决方案是把吸入管经过地上油箱上一个顶部胶带，使用浮动的吸入管装置，偶尔去除油箱底部冷凝的水分。

13.4.7 低温性能

随着燃料变冷，会发生一些不好的事：

（1）燃料中的水会结冰，堵塞管道和过滤器。

（2）燃料粘度开始增加，引起燃烧器运行问题。

（3）燃料中开始形成蜡质结晶。这种蜡质或者石蜡是取暖燃油的天然成分。它会堵塞喷嘴和过滤器。

（4）油温是改变燃料粘度的主要因素（图 13-11）。随着油温降低，粘度会增加。燃料变稠会引起烟火。

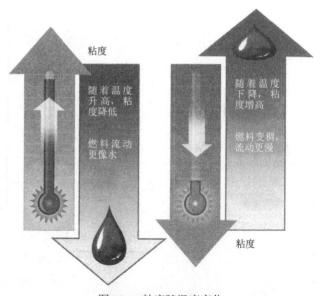

图 13-11 粘度随温度变化
（国家油暖研究联盟提供）

13.5 如何处理冰冻的油箱和油管

被称为流点抑制剂的冷流添加剂可能有助于避免管道结冰，但油箱或管道已经结冰或者产生蜡质，需要其他解决方案。最佳解决方案是用煤油打开油箱。通过煤油的输入搅动油箱中的燃料，煤油的溶剂性会打破溶解蜡质结晶。也可能不得不去掉过滤器，暂时转换成单管系统，用吹风机或者热灯给吸入管道加热。如果不能安排送货，一些技术人员报告，加少量加仑的煤油会有帮助。另一些报告用流点抑制剂成功"冲击"了油箱。

小心高温胶带。如果缠绕多层高温胶带，就可能烧毁自身绝缘，引起短路，导致火灾。电线上的绝缘可能随着老化而破裂，暴露于各种元件下，产生火灾隐患。

13.5.1 取暖生物燃油和冰冷天气

与正常取暖燃油一样，生物取暖燃油在低温下可能会形成胶体，燃料中的水会结冰。然而，如果有良好的燃料管理，使用 ASTM D6751 和 ASTM D396 混合燃料并添加冷流添加剂，或者煤油，冷天燃料会非常可靠。

13.5.2 要保证一个没有问题的冬季

● 只购买质量达到 ASTM 标准的燃料。

● 生物取暖燃料中混入煤油（1 号）可以改善冷流特性，煤油具有卓越冷流特性。对于较冷天气下的室外地上油箱，建议混合至少 25% 的煤油。

● 有许多添加剂可改善生物取暖燃料的低温（性能）。这些添加剂包括流点抑制剂、流动改良剂、防蜡质沉淀添加剂。所有添加剂必须根据生产商的建议混合。

13.6 成功管理生物取暖燃料的三个步骤

13.6.1 检查质量

首先，订购生物取暖燃料时，查找 BQ-9000 供应商，只接受 ASTM D6751 和 ASTM D396 燃料。这样做避免质量不合格，导致堵塞喷嘴、过滤器和滤网。可以向燃料经销商索要文件资料。

13.6.2 保养如常

使用生物取暖混合燃料（B5）要求和取暖燃油一样的维护保养程序。燃料—空气混合物和泵压设置是标准的。确信加油的油箱没有污染水、旧燃料和细菌生长（污泥）。储存的燃料应该在 6 个月用完。每次打服务电话都要检查燃料过滤器并按需更换。

13.6.3 了解限制

燃烧器和元件生产商的质量保证只涵盖 B5（包括 B5）以下浓度。然而，混合水平高至 B20 正变得日益受欢迎。由于清洁燃料系统和良好的服务程序，这通常不是问题。如往常一样简单地检查油管、油泵密封圈和衬垫。任何高于 B20 的混合燃料可能遇到燃料系统的堵塞、泄露、寒冷天气以及假熄火问题。高浓度混合燃料和多数取暖设备兼容，但是会随着时间的变化而影响垫片、O 型圈和密封圈。

13.7 燃料质量快速检测

13.7.1 清晰明亮度检测

清晰明亮度检测的目的是通过目视检查检测燃料中可能的水和固体污染。使用清洁的玻璃容器，从燃料单元的放气口取样。取样前以最大流速冲洗，确信燃料样品阀门（排气阀）清洁，没有模糊的污染物，让样品静置 1 分钟，去掉气泡。在光背景下观察样品，观察清晰明亮情况。样品应该看起来更像蔓越莓汁，而不是红酒（图 13-12）。旋转容器产生漩涡，游离水和固体转而聚集在漩涡底部。清晰明亮这个词语不是指颜色，而是指清晰明亮的燃料没有漂浮或者悬浮的物质，没有游离水。明亮的燃料趋于闪亮。

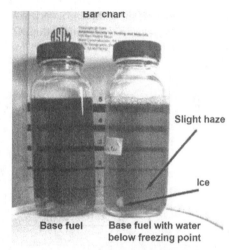

图 13-12 清晰明亮度检测
（国家油暖研究联盟提供）

13.7.2 白桶试验

白桶试验是司机确信正在给他们的卡车加入良好燃料的比较好的快速检测方法。本测试的目的是目测燃料中可能存在的污染物和水。在白色干净的桶中加入一半燃料，让样品静置 1 分钟消除气泡。将桶放到水平面上，桶内光照良好，检查燃料，应该清晰明亮，没有水和固体，不应该模糊或者浑浊，不应该有棕色或黑色污垢。向桶中投入一枚闪亮的硬币，如果能很容易地看清日期，燃料可能就是好的。燃料闻起来也应该正常，奇怪的味道可能说明有问题。在清晰—明亮度测试或白桶测试中，如果天气太冷，燃料中可能会出现由蜡质结晶引起的模糊。不太冷的燃料中出现模糊可能是水污染的结果。

13.7.3 细菌污染的目视检测

清晰—明亮度测试或白桶测试也可用于检测油箱过滤罐和燃料泵排出管是否存在微生物和污泥。如果有证据（微生物和污泥）的话，能够看见，也能闻到。将燃料放进干净白桶或者玻璃缸，让样品静置 2 分钟。从一边向另一边倾斜或者旋转容器，查看是否有任何黑色固体、黑色水的迹象，是否有容器内壁附着物质或者是否有浮渣粘液状物质的迹象。要把样品放在灯前。

为了测试固体是不是铁锈，沿着容器外面移动一小块磁铁。铁锈颗粒会集中并跟着磁铁走。如果样品是黑色污泥状物质，对磁铁没反应，那么可能是细菌污染。这种微生物的其他指标有，无光泽，块状或丝状粘稠物，有种恶臭的霉味。

13.7.4 水分探测糊

使用水分检测糊可检测储油罐底部水的深度。在探测杆涂上薄薄一层水分探测糊，所涂高度从零到怀疑的界面之上几英寸。小心将其放进油罐，直到轻轻碰到底部。在这个位置保持探测杆30秒到1分钟取出。探测杆明确的颜色变化会清晰地显示出水的水平。水分接触糊的地方会发生清晰的颜色变化（图13-13）。水分探测糊不能探测燃料—水乳状液。每次检修都要检查客户油罐的水分，一旦发现，就要抽排出或泵出。

图13-13 水分探测糊
（国家油暖研究联盟提供）

13.8 燃油过滤

13.8.1 概述

强烈建议在燃烧器燃料吸入管路上安装过滤器。在污染物到达这些元件前过滤器能将其捕获，从而保护油泵和喷油嘴。燃烧器喷油嘴有些通道直径比人的发丝还细，只要很小的污染物就能堵塞喷油嘴的这些通道。这就是为什么说尽力确保进入燃烧器的清洁燃料非常重要的关键。

13.8.2 过滤器和污泥

过滤器可能会因为覆盖具有生物活性的粘液或污泥而失效（图13-14）。产生的黑色或者灰色"油球"是个难办的服务问题。这种污泥不是从油罐中吸上来的，它是活的，实际上是在过滤器里生长的。当油罐中的小污泥颗粒抽入油管时，这些颗粒中的细菌就会寻找潮湿的地方繁殖。只要在过滤罐底部有一点水分，或者燃料中存在乳化水，细菌就会长出生物膜。和流行的看法相反，不是必须要有一层水才能支撑生物活跃的污泥的增长。总会有些水分溶入燃料，这就是为什么有时过滤器和滤网上的污泥会比油罐中长得更快。污泥增长的速度取决于温度和水分与养分的可获得性。

即使是使用新油罐和管线，过滤器也可能会堵。"种子"污泥颗粒可能是随着销售系统中受污染油罐上游的燃料而带进来的，可能还未来得及沉入罐底就被直接抽倒吸入管。如果条件合适，过滤器安装数周内就可能会堵塞，即使是非常干净的油罐。污泥还具有腐蚀性，未经处理的油泥会侵蚀钢制过滤器外壳，引起针孔泄漏。

图 13-14　油泥
（国家油暖研究联盟提供）

13.9　燃料添加剂处理

添加剂旨在避免或延缓燃料变坏。市场上已有许多类型的添加剂可以买到。一个成功的燃料处理需要了解油罐中燃料的质量和特别需要的服务问题。使用现成的添加剂而不经测试可能比什么都不做还有害。

13.9.1　添加剂的选择

用于取暖燃料油和生物取暖燃料的多功能售后添加剂是提供一系列特性的专利产品。选择添加剂的指南如下：

- 明确问题和所需添加剂；
- 确保测试的样品代表欲处理的燃料；
- 添加剂是使用一次还是需要连续处理？
- 添加剂具有一种以上的作用吗？
- 如果你遇到问题或麻烦，添加剂供应商有技术支持吗？
- 供应商提供某些特殊情形下的有效性测定方法吗？
- 遵照包装附带的标签和材料安全数据表上所有安全和操作指示；
- 遵照推荐处理用量；
- 妥善处理添加剂容器，了解并遵守当地有关处理污泥和水底的法律。

13.9.2　添加剂的类型

13.9.2.1 冷流改良剂

冷流改良剂旨在降低燃料的低温可操作性的限制，避免蜡质堵塞过滤器。降凝剂降低燃料凝胶或者引起固化的温度。冷滤点降低剂降低蜡质堵塞过滤器的温度。在燃料中形成蜡质后，添加剂不改变已存在的蜡质。要溶解蜡质，必须使用溶剂，比如煤油。

13.9.2.2 分散剂或洗涤剂

要让小块废物漂浮保留在燃料中，以使其可能溜入燃料系统燃烧掉，而不是沉入油罐底部。开始使用分散剂可能会引起过滤器堵塞，因为现有的沉淀、油泥、尘土破裂，悬浮在燃料中，会被油泵抽起来。

13.9.2.3 抗氧化剂和金属钝化剂

氧化或老化引起的燃料降解会导致胶质沉淀，抗氧化添加剂可以延缓这个过程。溶解的金属，比如铜，会加速老化和降解，产生含硫的硫醇胶。为使这些影响最小化，金属钝化剂与金属结合，使之钝化。如果使用这些添加剂，建议定期监测燃料稳定性。

13.9.2.4 杀菌剂

微生物繁殖可能会引起严重的问题，包括形成油泥，形成酸和表面活性剂，导致操作问题。（解释：油罐中会长生物，产生泥团，引起许多不产热的电话）。杀菌剂杀死或者防止细菌或其他微生物生长，但必须是溶于燃料的，必须能够沉入油箱底部的水中（微生物生活在这里）。燃料中的微生物有细菌、霉菌和酵母菌。因为杀菌剂有毒，使用时必须要小心。阅读标签，确定产品使用方法、处理用量和人类接触危险警告。

13.10 预防性维护

良好的家务管理意味着竭尽所能，最大限度地减少粉尘和水进入油罐。水分促进微生物生长，微生物利用燃料作为食物来源，加速油泥的生长和油罐内部的腐蚀。水分可能通过破裂的或者泄露的加油管和管口进入，应该定期和怀疑水污染的时候检查这些地方。空气温度和湿度的变化可能引起油罐冷凝。一般来说，尘土和碎片是由于粗心操作引入燃料的。

13.10.1 提升燃料性能的步骤

● 在拿掉地下贮油罐注油盖之前，司机必须确定水、灰尘、雪或者冰不会落入油罐。加完油后，如果需要的话，司机应该检查注油盖上的垫圈和 O 形环，确信其完整无损；重新安上加油盖，确信密封严密。

● 注油时，司机要检查确认通气管帽还在，加油管周围没有水，通气管结实，油罐内没有水。

● 对于地上室外油罐，司机应该确定油罐支架是否稳定，地基是否牢固。油罐表面是否有锈蚀、渗油、湿斑、划痕或者凹痕的迹象；是否有漏油或者溢油迹象；油罐是否需要涂漆。

● 应该经常性地（检修发动机时）取油罐底部样品，检查是否干净无水。

● 如果发现过量的油泥和水，要尽快清除。

● 暂缓向有问题的油罐注油，直到油泥和水的问题解决。

● 清除油罐中的油泥和水之后，向罐中注入煤油或者特别处理的燃料，调试燃烧器，用手动泵彻底清洗油路，更换过滤器、滤网和喷油嘴。计划一个月以后的随访电话，核实油罐和油路依然清洁。

● 每次加油和检修时，应该检查油罐的注油箱、注油管、通风盖和通风管和加注遥控器是否有裂缝和泄露。经常的问题是就在地面以下的通风管上有孔。在通风孔处挖开几英寸土壤，检查是否生锈。如果注油箱在车道上，它应该是蘑菇状，并带有防水垫圈，而不是金属与金属相配。

● 使用添加剂时，如果可能的话，应在向油罐注油前加入，易于适当混合。

13.10.2 油罐清洗

对于油罐底部和四壁的大量聚集物，有效去除油泥的唯一方法是机械清洗、燃料过滤、使用添加剂和预防性保养计划。市场上可以买到便携式油罐清洗/过滤机械，其效果取决于油罐的状况，进入内部情况和操作者的技巧。在尝试清洗油罐前，让燃烧器把油抽得尽可能低，使必须处置的油量最少。有些公司提供油罐清洗服务；然而，清洗一个住宅取暖燃油或者生物取暖燃油储罐通常很昂贵，也比较困难，更换可能更为经济有效。

13.10.3 储油罐更换

如果储油罐腐蚀太严重，油罐和燃料处理补救办法只能帮你争取一些时间。如果油罐表面含有极小的凹洞和坑，微生物就会"藏"在那里。当加入新鲜的燃料时，一点点冷凝水就让细菌以令人吃惊的速度繁殖，并开始形成油泥。通常，唯一的解决方法是更换储油罐和油管。永远不要把旧油罐的油抽入新油罐。一开始你就要转移引发问题的污染物，否则只需很短的时间，就会让全新的油罐变得和旧的一样脏。

如果你安装（或者保养）室外地上油罐，建议把它涂上可以反光的浅色，这有助于保持油罐温度低一些，使油罐内部水分冷凝得最少。也有一些类型的油罐棚，会使水分积累和油罐结冰达到最低程度，因为油罐温度不会剧烈地波动。

13.10.4 保持满油罐状态

布鲁克海文实验室发现，春季打开油罐的盖特别是室外地上油罐，有助于防止冷凝。罐中空气越少，冷凝越少。

来 源

国家油暖研究联盟，《油暖技术手册》，2008年版

国家生物柴油委员会，

国家可再生能源实验室，《生物柴油操作和使用指南》，第四版，2008

布鲁克海文国家实验室。

进一步阅读的资料

有许多资源提供更多细节和技术信息支撑这些指南，包括：

国家油暖研究联盟网站：noraed.org, nora-oilheat.org

国家生物柴油委员会在线文档库和信息：www.nbb.org; www.biodiesel.org/resources/reportsdatabase/.

1-800-841-5849，国家可再生能源实验室关于生物柴油的技术出版物：www.nrel.gov/vehiclesandfuels/npbf/pubs_biodiesel.html.

美国能源部替代燃料和先进车辆数据中心：http://www.eere.energy.gov/afdc/.

美国能源部技术出版物：www/eere.energy.gov/biomass/document_database.html.

美国环保局可再生燃料计划：www.epa.gov/otaq/renewablefuels/index.html.

第十四章

培养生产高级生物燃料的藻类生物质

Anju Dahiya[1,2]

[1] 美国，佛蒙特大学；[2] 美国，GSR Solutions 公司

14.1 引 言

想象一下，一个微小的活细胞，它是如此之小，大小不足约 1 微米到 1 毫米。例如，一个小球藻细胞 2—10 微米（一根典型人发直径约 40—50 微米）。这种细胞及其同类细胞被认为是地球上生长最快的植物，属于称为藻类（单细胞藻、多细胞藻）的一大组浮游植物。藻类被绑定于地球生命支撑系统的方程中，作为食物链的食物基础和氧气的主要生产者（超过 70%）。这些微小的藻类细胞有可能升级为解决全球主要问题的关键吗？比如：

● 能源危机。

● 全球淡水需求（据 Clarke 和 Barlow(2005) 估计，到 2025 年，全球水需求量将超过供给 56%）。

● 废水处理（目前处理费用高，关于怎样排放，能够排放多少到自然水体都要遵守环保局和州的规定）。

● 废气引起的大气污染。

在过去数十年的藻类领域的研发表明，藻类可能是这些问题的潜在解决方案。

14.2 藻类作为多种用途的可持续原料

● 藻类的生产效率使其每英亩可提供较高的生物质产量（DoE，2010），因为藻类生长显著快于用于生产生物柴油的陆地作物，据报道比传统作物单位面积多生产 15—300 倍油量。

● 藻类作为燃料的生物质原料，不会和食品与水资源竞争。

● 藻类生物质生产可以和工业、城市以及农业废水处理整合。

● 除了大气中的二氧化碳，藻类可以捕获燃木电厂和工业生产的废气中的碳，进行具有成本效益的碳中性的培养。

● 藻类衍生的燃料具有低温燃料特性和能量密度，使之适合作为航空燃料。

● 藻类生物质生产确保生物燃料不断地可再生性供应。

● 藻类生产提供有价值的副产品，如润滑油、生物塑料、动物饲料、营养食品和药物。

14.3 藻类生物质和藻类燃料发展历程的历史展望

为了应对全球挑战，利用藻类作为生物能源原料的优点，必须大量培养藻类。毫无疑问这是非常可能的，因为藻类在自然水体大量出现是众所周知的祸害。

14.3.1 藻类如何、从哪里获得其生物质？

这个问题是 1450 年在高等植物背景下明确提出来的（尼古拉斯 - 库萨，1450 年著作《*De Staticus Experiments*》）。在 17 世纪后期，答案由比利时科学家 Von Helmont 证实。他的柳树实验被认为是植物学历史的经典（Hershey，2003）。Helmont 在陶制容器内填入 164 磅土壤，种上一棵柳树枝，记录柳树枝、土壤和所加水的重量。他发现，5 年后，植株增重约 164 磅，然而土壤的重量保持不变。因此，他推断，所增重量是水引起的（发表于 Ortus Medicinae，1648）。随着接下来数个世纪的科学进步，已经很清楚，植物的大部分质量来自植物（包括藻类）中一个称为光合作用的过程所固定的二氧化碳，正如 19 世纪 60 年代早期 Julius Sachs 确定的众所周知的方程：

$$6CO_2 + 6H_2O + \text{太阳能} \rightarrow C_6H_{12}O_6 + 6O_2 \qquad (6.1)$$

二氧化碳　　水　　　　　　　　葡萄糖（碳水化合物）　氧气

在该方程浮出水面的时候，在大约 17 世纪 70 年代，荷兰科学家 Antonie van Leeuwenhoek（微生物学之父）首次观察到微藻之后，微藻已经变得众所周知。

14.3.2 光合作用中光的重要性

现代科学技术和 20 世纪形成的概念对于非常详细地学习有关光合作用方程很有帮助。Blackman 和 Matthaei1905 年所做的研究表明，光合作用方程遵从两步机制："光反应"和依赖太阳能"暗反应"。就是在那个时候，出现了量子力学的全新纪元，苏格兰科学家 James Clerk Maxwell 将光描述为电磁波，1900 年德国科学家 Max Planck 将波能的描述推向顶峰。他将波能描述为是由称为"量子"的小袋组成的。在那时，阿尔伯特·爱因斯坦的关于能量的思想也正在成形，该思想导致质量能源转换的计算，以及对太阳物质如何转换成空间辐射的能量，一部分电磁能如何到达地球（使光合作用成为可能）。1926 年，一位美国物理化学家，Gilbert Newton Lewis 和他的同事为光量子引入光子一词。所有这些发展帮助了 21 世纪光生物学家进一步研究光合作用的"光反应"阶段的光化学反应，光合作用依赖于细胞叶绿素分子吸收光子来启动（见上面方程），因而使光能转化为化学能并以碳水化合物分子的形式储存成为可能。同样，也发现了光独立的"暗反应"过程促进了固定大气中的二氧化碳中的碳，也就是在此时，转化形成了碳水化合物和脂类。对光反应和暗反应的研究已经十分详细（参考 Hall 和 Rao，1999）。

14.3.3 藻类用于生物燃料

1942 年，Harder 和 Witch 首次建议藻类（特别是称为硅藻的微藻）可能是食用和燃料源脂类（油）的有用来源。10 年后，"藻类大量培养专题讨论会"在加利福尼亚斯坦福大学举行，汇集了当时全世界从事藻类大规模培养方面的专家（Burlew，1953）。更令人关注的利用藻类作为能源的途径开始于用大批量藻类原料经过厌氧发酵生产甲烷（Meier，1955；Oswald 和 Golueke，1960）。

20 世纪 70 年代的能源危机使研究人员认真地将藻类视为生物能源原料，引来美国能源部 2500 万美元的 18 年投资"藻类计划"（ASP）（1978—1996）（Sheehan，1998）。该计划由于汽油价格降回 1 美元 / 加仑，不能与 1996 年石油成本竞争而关闭。ASP 开始重点生产氢，但在 20 世纪 80 年代早期转向液体燃料生产。在藻类株系分离与鉴定、藻类生理与生化、遗传工程、过程开发和示范规模的藻类规模化培养等方面取得重要进展（DoE，2010）。更重要的是，ASP 示范了藻类生物燃料生产。然而，尚未发现具有成本效益的技术。ASP 的一个建议是将藻类生物燃料技术与废物处理整合，来抵消生产成本。光合作用的藻类（和蓝藻，像其他高等植物一样），除了捕获大气中的二氧化碳以外，还需要其他来自生长基质中的养分，如需要氮来制造蛋白，需要磷生产核酸，还要补充一些过程所需的其他离子（如，钠离子、钙离子、钾离子、铁离子），这些都常常存在于废物流中。

14.4 利用藻类生物质生产生物燃料的可能性

在过去的数十年，出现了藻类生物质加工的不同方法，根据所用途径（图 14-1）生产不同类型的生物燃料。

● **沼气** 通过藻类生物质厌氧发酵生产（关于更多厌氧发酵信息，见本书第 17，18 章）。

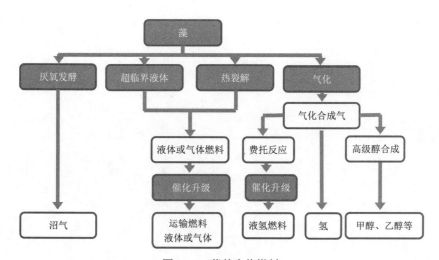

图 14-1 藻基生物燃料

来源：能源部生物能源技术办公室（2010）

● **液态氢燃料** 利用合成气（含有氢、一氧化碳、二氧化碳的混合合成气）气化生产（关于过程的更多详情分别见本书第 17、26 章关于气化和热裂解，过程包括常规燃料提取中所用的液态燃料形成过程）

● **氢** 也是使用合成气气化产生（见第 16 章"气化"）。

● **醇** 也是使用合成气气化产生。

● **运输燃料（液态或气态）** 使用超临界液体和热裂解生产：在临界温度下，超临界液体存在于多相（固相、液相和气相）。二氧化碳的超临界形态是用于基于扩散过程，选择性萃取藻类生物质油的很好选择。需要热化学分解生物质（无氧条件下）的热裂解是生产高质量藻类随加燃料（作为一种与常规燃料如汽油的混合燃料或者替代燃料）的另一种选择。

图 14-2 显示从开始到结束，利用藻类生物质生产液体生物燃料的全过程。包括以下四步：（1）藻株系选择（一些株系能够积累油）；（2）藻培养；（3）生物质收获；（4）藻油提取。

图 14-2 藻生物质到生物燃料生产步骤（GSR Solutions）

接下来四节描述藻类生物质到生物燃料生产的各阶段（图 14-2），后面各节是其他主题，比如经济性和生命周期分析。

14.5 藻类株系选择：藻类类型，株系，与在生物燃料生产中的应用

根据大小，藻分为微藻和大型藻类（海草）。两种藻类均一直被探索用于生产生物燃料，具体描述如下。

14.5.1 微藻

根据营养型，藻类生长可以是光合自养的，混养的，或者异养的，分别描述如下。

14.5.1.1 光合自养藻类

光合作用的藻类吸收光和二氧化碳，产生葡萄糖和氧气（方程 6.1）。图 14-3 显示不同类型的藻细胞。

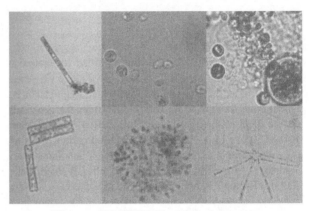

图 14-3　不同微藻细胞（GSR Solutions）

已有 40000 个藻类种进行了鉴定，它们被分为多个主要族群如下：蓝藻（蓝藻纲），绿藻（绿藻纲），硅藻（硅藻纲），黄绿藻（黄藻纲），金藻（金藻纲），红藻（红藻纲），褐藻（褐藻纲），沟鞭藻（沟鞭藻），和微型浮游生物（青绿藻纲和真眼点藻纲）。所有这些类型的油脂含量都有变异，如图 14-4 所示：（a）绿藻；（b）硅藻；（c）其他真核类群中含油的种或者株系；（d）蓝藻（Hu 等，2008）。

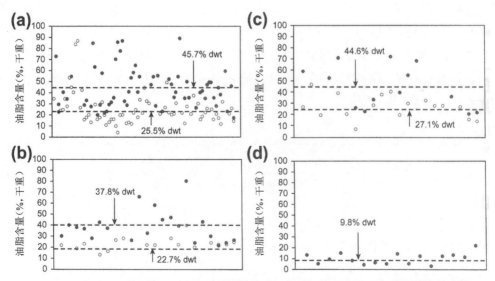

图 14-4 正常生长（开放圈）和已知提高油脂含量（闭环）胁迫条件下各类微藻和蓝藻细胞油脂含量（摘自 Hu 等，2008，经出版商许可）。

要大规模培养藻类生物质生产燃料，所有藻类种应该含有高含量的脂（至少35%）（Dahiya,2012）。表 14-1 列出了藻不同株系的油脂含量。

14.5.1.2 异养和兼养藻类

和光合自养藻不同，异养藻不能利用阳光和 CO_2 中的无机碳，但是需要有机碳源，如糖。一些藻的株系可以利用光合营养的和异养的养分两种模式，既可以利用 CO_2，也可以利用糖，它们被称作混合营养。

虽然异养藻不会受到光照限制，并能产生大量生物质，藻异养模式生产生物质的主要限制与廉价有机碳源的可获得性和经济性投资以及运转成本有关。它在生物燃料及其副产品生产中的应用已经由领先的藻公司——Solazyme 公司进行了示范。

14.5.1.3 遗传修饰藻类及其在生物燃料生产中的应用

微生物包括细菌、真菌等,已被成功地用生物技术应用进行了遗传修饰。类似地,通过遗传工程方法改造藻代谢途径生产生物燃料也是可能的。蓝细菌，是像细菌一样的蓝绿藻，是一种原核生物（细胞不含真实的核），被认为是利用遗传工程方法生产生物燃料的较佳候选。正如藻生物燃料路线图（DoE，2010）所示，"蓝细菌一般不积累贮藏脂类（见图 14-4），但是它们是高产碳水化合物和次级代谢物的生产者。一些株系可以很快增加 1 倍（10 小时内），一些株系可以固定大气中的氮，产生氢。此外，许多株系可以进行遗传操作，使他们变成具有吸引力的用于生产生物燃料的生物"。在原核藻（细胞不含真实的核）中，衣藻作为一个生物研究的重要模式，已经被广泛研究，因其基因组已经知道。已很好地探索了用小球藻生产生物燃料。Solazyme 公司已经利用遗传修饰的藻株系生产数千加仑藻生物燃料，与美国海军签订了供应藻生物燃料的合同。2009 年，ExxonMobil 以一个 5 年 6 亿美元的交易支持了 Celera 基因组科学家，Craig Venter 利用遗传修饰的藻类商业化规模地生产生物燃料。

用遗传修饰的藻生产生物燃料听起来很有前景，然而，全世界不同组织从尚不知对生态系统长期影响的立场，表达了许多关注。因此，将遗传修饰的藻用于生物燃料，由于外源基因插入藻细胞后的表达还是存在疑问的。

表 14-1 生长于不同培养基类型的高端油脂藻（单种）的脂类含量（干重百分比）（Dahiya,2012）

藻	油脂 %	培养基	文献
布朗葡萄藻 (*Botryococcus braunii*)	86	AM（Chu 配方）	Brown 等（1969）.Wolf(1983)
	80*		Brown 等（1969）.
	>75		Banerjee 等（2002）
	63		Metzger 和 Largeau (2005)
	25—75		Chisti （2007）

表 14-1　生长于不同培养基类型的高端油脂藻（单种）的脂类含量（干重百分比）（Dahiya,2012）（续）

藻	油脂%	培养基	文献
裂殖壶菌 Schizochytrium sp. 菱形藻种 Nitzchia species	50—77		Chisti （2007）
分散菱形藻 （Nitzschia dissipata）	66	AM	Sheehan 等 （1998）
谷皮菱形藻（Nitzschia palea）	40	AM	Shifrin 和 Chisholm (1981)
Boekelovia hooglandii	59	添加尿素的 AM	Sheehan 等 （1998）
Monallantus salina	41—72	AM	Shifrin 和 Chisholm (1981)
舟形藻种 （Navicula species）			
Navicula saprophila	58	AM	Sheehan 等 （1998）
Navicula acceptata	47	AM	Shifrin 和 Chisholm (1981)
Navicula pelliculosa	45	AM	Sheehan 等 （1998）
Navicula pseudotenelloides	42	AM	Sheehan 等 （1998）
小球藻种 (Chlorella species)			
Chlorella minutissima	57	AFW	Shifrin 和 Chisholm (1981)
Chlorella vulgaris	41	AFW	Shifrin 和 Chisholm (1981)
Chlorella pyrenoidosa	36	AFW	Shifrin 和 Chisholm (1981)
盐藻（Dunaliella sp.）	45—55	AM	Sheehan 等 （1998）
富油新绿藻 Neochloris oleoabundans	35—54	AM	Sheehan 等 （1998）
单壳缝藻 Monoraphidium sp.	52	AM	Sheehan 等 （1998）
Amphora	51	AM	Sheehan 等 （1998）
Ourococcus	50		Shifrin 和 Chisholm (1981)
微球藻 （Nannochloris sp.）	48	ASW	Shifrin 和 Chisholm (1981)
	35	ASW**45	Sheehan 等（1998），Rodolfi 等（2009）
Nannochloropsis salina	46	ASW	Sheehan 等 （1998）
Scenedesmus	45	AFW	Sheehan 等 （1998）
Scenedesmus obliquus	41	AFW	Shifrin 和 Chisholm (1981)
Ankitodesmus	40	AM	Sheehan 等 （1998）
角毛矽藻种 Chaetoceros species			
Chaetoceros calcitrans	40	ASW	Rodolfi 等 （2009）
Chaetoceros muelleri	39	ASW	Sheehan 等 （1998）
Cyclotella cryptica	37	AM	Shifrin 和 Chisholm (1981)
Amphiprora hyalina	37	AM	Sheehan 等 （1998）
细柱藻（Cylindrotheca sp.）	16—37		Chisti （2007）
Pavlova lutheri	36	ASW	Rodolfi 等 （2009）
AM，人工培养基；AFW，人工淡水；ASW，人工海水；* 未皂化脂；** 较高的油脂含量			

14.5.2 大型藻类（海草）

大型藻类是主要生长于海洋环境的多细胞微藻。大型藻类可以是红藻、绿藻或者褐藻型的。20 世纪 60 年代以来，一直进行通过厌氧发酵（沼气）和发酵（乙醇等）生产生物能源的探索。这已经是成熟的水产养殖产品，主要在亚洲，在其他地方也一直在测试。

14.6 藻培养：生长系统

图 14-5 藻类生长系统
（来源：能源部生物能源技术办公室）

有三个主要类型的藻生长系统正在不同规模地使用：光合生物反应器、开放池和封闭发酵罐（图 14-5）。

14.6.1 光合生物反应器

光合生物反应器是封闭系统（图 14-5 和图 14-6），为生长中进行光合作用的藻提供无菌条件的控制环境。顾名思义，这些反应器被设计成利用人工光或者自然光为光合作用提供充足的光照。在这种反应器中，藻生长参数（pH 值、温度、混频等）可以调控，使藻生物质生产在无菌条件下最大化。控制环境所需能量和物质提高了资本成本，使得利用这种系统培养藻生产生物燃料的成本效益较差。通常光合生物反应器的设计如下（图 14-6）：

● 平板 [图 14-6（a）左和（b）]
● 管状 [图 14-6（d）右]
● 挂袋 [图 14-6（c）]
● 鼓泡塔 [图 14-6（a）右，14-6（c）左和 14-6（d）右]
● 封闭罐 [图 14-6（d）左]

14.6.1.1 开放系统

与光合生物反应器相比，通常被称为滚道的开放系统（图 14-7）相对容易建设和维护，因此，大规模培养藻比较经济。在一个典型的滚道系统，营养丰富的藻培养基通过桨轮混合（图 14-7（a）中）。这些系统一直在运行，可以放大到很多英亩的土地（图 14-7（b）和 14-8）。

图 14-6　封闭光生物反应器系统。（a）（b）（c）（d）显示不同的光生
物反应器类型（Robert Henrikson 提供）

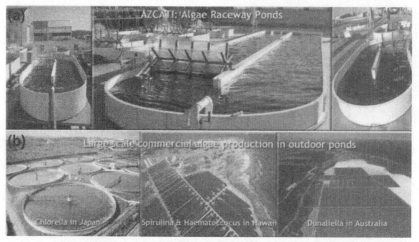

图 14-7　开发池塘系统，指示上图中桨轮操作的滚道（a）室外池塘系统的圆形
池塘鸟瞰图（b）室外池塘系统（Robert Henrikson 提供）

14.6.1.2　发酵罐

异养藻生长于发酵罐中（图 14-5）。发酵罐有不同规格大小，可以垂直安装到很高。例如，一个世界上最大用于藻生产的发酵罐有 12 层楼高，位于肯塔基温彻斯特，由 Alltech 公司运行。

14.6.1.3 无菌光合生物反应器 - 开放池塘 - 异养培养

和开发滚道池相比，无菌的光生物反应器已表现出生产显著较高的细胞体积密度。然而，商业规模的光生物反应器还不具有成本效益，因为相比开放性池塘，投资光生物反应器基础设施开发与维护所需的成本较高。开放性池塘系统受到污染问题的限制，比如浮游动物吃掉藻类，竞争不过其他微生物（例如，细菌、真菌、野生藻类）。与光生物反应器相似，在发酵罐培养异养藻类的生物质可以保持无菌环境，但是对于较大规模的系统，同样由于较高的资本和运转成本而不具有成本效益。表 14-2 总结了光合自养、封闭光生物反应器和开放池塘系统以及异养系统的优点和挑战。

图 14-8　开放滚道池塘生长的藻类鸟瞰图
（Earthrise 公司提供）

表 14-2　不同系统的优点和挑战

		优点	挑战
光合自养培养	封闭光生物反应器	- 较开放池塘水损失少 - 较好的长期培养维护 - 较高的表面 / 体积比可以支持较高的体积细胞密度	- 可扩展性问题 - 需要保持温度，因为没有蒸发冷却 - 可能需要定期清理，由于生物膜的形成 - 需要最大程度的光照
	开放池塘	- 蒸发冷却保持温度 - 较低的资本成本	- 每天和季节性温湿度变化 - 固有的难于保持单一培养 - 需要最大程度的光照
异养培养		- 较易保持适宜的生产条件，避免污染 - 有利用廉价的木质纤维素糖的机会 - 获得较高的生物质浓度	- 成本和适宜原料的获得性，如木质纤维素糖 - 和其他生物燃料技术竞争原料

来源：能源部生物能源技术办公室，2010

相比于在光生物反应器或者开发池塘中自养生产，藻类生产的异养模式需要较少的空间，因为它可以在发酵罐或容器类的控制环境下生长。然而，它有许多缺点（Perez-Garcia 等，2011）：（1）可以异养生长的微生物种类数量有限；（2）日益增长的能源支出和添加有机底物或者糖的成本，相比之下，光合自养株系可利用废物生长；（3）其他微生物的污染和竞争；（4）过量有机底物的生长抑制；（5）不能生产光诱导的代谢物质。

14.7 藻类收获

如图 14-2 所示，藻类生物质培养的下一步是藻类收获。藻类收获方法的选择主要根据藻大小、藻密度和所用培养基类型。藻类的收获比较困难，由于它体积较小，其表面带有负电荷往往形成稳定的悬浮状态，增加了浓缩和收获的难度。一些收获方法的例子如下。

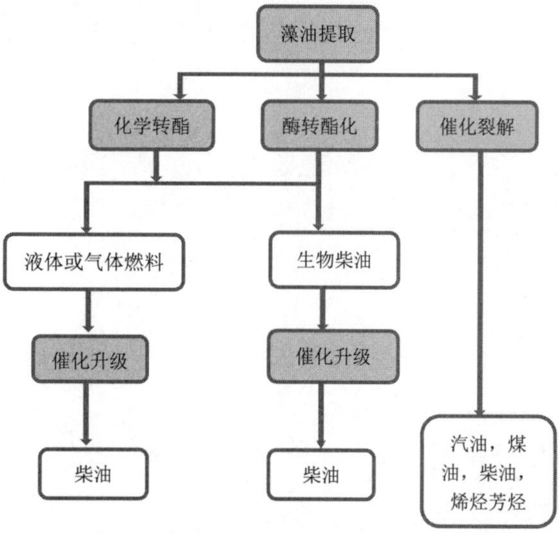

图 14-9　藻类提油途径（能源部生物能源技术办公室，2010）

14.7.1 絮凝和沉淀

已知那些能使藻结合或者影响藻间理化作用的化学添加剂，可以促进絮凝。这些化学添加剂的例子有铝、石灰、纤维素、盐、聚丙烯酰胺聚合物、表面活性剂、壳聚糖和其他人造纤维。

14.7.2 过滤

固体 / 液体过滤技术比较简单，特别适用于体积较大的藻类。体积较小的藻类需要先絮凝，然后再过滤。

14.7.3 离心

用离心机分离培养基中的藻类。这使藻类沉淀于试管底部。由于效率高，这是被广泛使用的方法。但是，目前的离心技术水平使该方法成本较高，不适合大规模藻类生物炼制厂。

14.7.4 干燥

因为干燥一般需要热，通常使用甲烷滚筒干燥机和其他烘箱型干燥机，这是非常耗能的选择。

14.8 从收获的藻类生物质中提取油

有多种提油途径可用于藻类下游加工。图14-9显示出其中的一些途径。

14.8.1 机械方法

榨油机是现有挤压干生物质提油的最简单方法。榨油机成功地应用于榨取作物种子（例如，葵花、加拿大油菜、橄榄）中的油份。就藻来说，生物质压榨前，需要预先干燥，这是个很大的成本，使之不具有成本效益。

14.8.2 酶解转化

可使用天然或者合成酶降解藻细胞壁，然后用水作溶剂，进行油分的分馏。

14.8.3 催化裂解

该方法可用于将长链碳氢分子分解成短链，短链进一步炼制，和汽油或其他燃料混合。

14.8.4 超临界液体方法

如前面所述，使用超临界CO_2（高压液化，并加热至兼具液态和气态特性的状态）作为溶剂，提取藻中的油分。

14.8.5 化学方法

己烷溶剂方法是基于转酯化原理（见本书第21章）的最常用的方法之一。提取藻油分之前，藻细胞需要用细胞裂解方法（例如，超声波降解法）进行预处理，将油分从藻细胞中释放出来。高达95%地释放出来的油分可用溶剂（如己烷）法提取出来。转酯化是一个众所周知的将植物油转化为生物柴油的方法。在转酯化过程中，甘油三酯与醇（甲醇或者乙醇）在碱催化剂（氢氧化钾）存在下发生反应，形成脂肪酸混合物（包括脂肪酸和甘油，作为副产物）。在此过程中，有机基团酯和有机基团醇发生交换，催化剂可加速这个过程。生物柴油主要含有脂肪酸甲酯（FAME）分子（注：FAME和相关萃取过程分别在本书第22和20章有详细描述，作者分别是Laurens和Pruszko）。

为了将生物质衍生燃料用于运输燃料，需要对其进行化学转换，以增加其挥发性和热稳定性，降低粘度（Elliott，2007），这样就产生了FAME含氧量的问题。

使用添加剂可改善燃料性能。藻油通过加氢处理，可转化成可再生柴油。可再生柴油生产过程详见本书第 28 章，题目是"前沿生物燃料转化技术整合到石油基基础设施及整合生物炼制"，作者是 Dahiya。

图 14-10 总结了上面描述的藻生物燃料生产的不同步骤。概括为基于生长模式的藻种选择、培养系统、生产的中间产物（包括碳氢化合物和醇、脂，碳水化合物、蛋白质）、生产燃料终产品所需要的生物质转化过程。

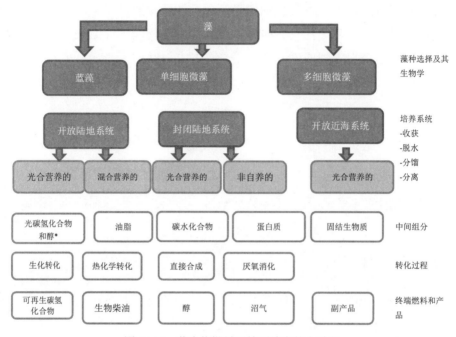

图 14-10　藻生物燃料开始到结束的全过程

（能源部生物能源技术办公室，2010）

14.9　藻类生物燃料运行从实验室到商业规模的放大中的挑战

在藻基便捷生物燃料的生产中，比较大的经济障碍是藻生物质培育和生产所涉及的成本效率问题（Sheehan，1998；DoE，2010；Dahiya 等，2012）。根据藻生物燃料路线图（DoE，2010），若要经济可行的规模化培养，已经出现的下面 4 种广义的培养挑战需要重点解决，然后是关于大规模系统稳定性的三个重要问题。

培养的挑战：

● 培养稳定性

● 系统水平的生产率分析的标准化指标

● 营养源定标，可持续性和管理

● 水分保持、管理和循环利用

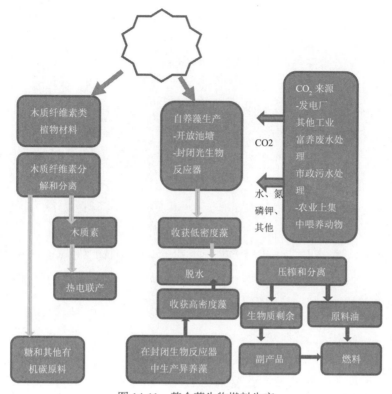

图 14-11　整合藻生物燃料生产

（能源部生物能源技术办公室，2010）

关于大规模系统稳定性的问题：

● 农业或城市废物流是一种潜在的藻培养的重要营养源，还是实际上是一种不利因素，因其含有大量藻类的病原菌和天敌？

● 当地野生杂藻入侵到什么程度才能占领生物反应器和开放性池塘？

● 什么预防或者处理措施可以限制这种占领？

14.10 整合藻生物燃料生产

据估计，包括废水处理的藻生物燃料生产的整合方法具有巨大的潜力。通过废物处理折扣成本的可能性，以及通过生产生物质副产品创造新产品（肥料，动物饲料，新的食物/农业食物链，药物等），整合系统提供了超越常规藻生产方法的额外成本优势。图 14-11 显示藻生物质协同整合廉价碳源（比如电厂烟道气体）。藻生产系统可以和废物管理整合，利用来自城市、工业或者奶牛场污水等废物流的包括氮磷等养分（Dahiya，2012；Dahiya 等，2012）。藻在废水处理中成功作用，自从 20 世纪 50 年代早期在 William Oswald 教授及其小组（1960，1990，2003）的研究中就有很好的记录。已经探索过的许多不同类型的从废水中捕获营养的整合系统如下：

● "藻床洗涤器系统"已证明饲喂牛粪料可以回收农业粪便废水的 95% 以上的氮和磷（Mulbry 等，2005）

● 已有记录用于城市污水处理的"藻基先进整合处理池"系统可以去除污水流中总氮量的 90% 以上（Oswald，1990）。

● 据报道，生长于废水中的藻成功地去除了 99% 以上的氨和磷酸盐（Woertz 等，2009）。

整合系统对于产生污水的城市、工业和奶牛场具有巨大潜力，按照州和美国环保局（EPA）指南，粪便（营养）处理和再利用需要达到标准。已知藻利用废水中额外的营养，包括氮磷钾重金属和其他有机物（Oswald，1990；Mulbry 等，2008）。木质纤维素类植物材料可被降解成糖，来生产异养藻生物质（图 14-11）。电厂的 CO_2 是重要的低成本碳源，可抵消藻生产成本。

14.11 生命周期分析，经济性和环境作用

基于 Dahiya 等（2012），这节概述生命周期分析、藻生物燃料生产、相关经济性和环境影响如下。

截至现在，还难于估算一个整合系统生产藻榨油的成本以及相关的成本效益，因为还没有优化的商业规模运行。考虑到被广泛引用的 Chisti（2007）所做的估算，对于光生物反应器，生产 1 升油的藻生物质成本约为 1.4 美元 / 升，对于开放性池塘大约 1.81 美元 / 升。藻类生物燃料的生产还不能与化石油相媲美。可使藻生物燃料具有成本效益的方法之一是将其与废水处理整合，抵扣投资和维护成本，这是藻生物质生产成本的主要驱动因子（Dahiya 等，2012）。研究（Lundquist，2008）计算表明，藻整合废水处理产油成本将近 6 美元 / 加仑（或者 1.57 美元 / 升）（每产 1 加仑油节约 15kWh），这代表 Lundquist 开放池塘系统的开放池塘每产 1 升油净节约 0.24 美元，相比之下，Chisti 传统开放池塘系统为 1.81 美元 / 升。

根据 Levin 等（2009）所做的生命周期分析（LCA），每年 100 公顷开放池塘处理废水可生产 1.552×10^6 升（41 万加仑）油。然而，由于没有商业规模的工程用藻生产油（DoE,2010），无法追踪从藻培养到生物柴油生产链，进行彻底的 LCA。所做的部分 LCA（Beal 等，2012；Sills 等，2012）的大部分是基于实验室或者中试研究并结合针对一代生物燃料开发的已知工艺而外推的（Lardon 等，2009；Clarens 等，2010）。Claren 等的 LCA 受到藻生物燃料团体的强烈批评，因为他们高估了藻生产的负面环境影响。在迄今为止的所有初步的藻 LCA 分析中，

都没有直接强调藻生产对水的需求（Aresta 等，2005）。然而，根据他们的分析模型，Clarens 等（2010）证明，当培养藻进行废水处理时，发现藻比传统柳枝稷、加拿大油菜和玉米统作物，也比饲喂清水和肥料生产藻，具有较低的环境影响（水、能耗、排放），这些都表现出较高的上游负担。根据最近 DOE 报告（2010），培养藻的主要好处之一是不像陆地农业，藻培养可以利用几乎没有竞争的水，比如，苦咸水。当我们考虑到未来藻生物燃料生产的发展和扩大需要水资源时，这一观察至关重要。

一个领先的藻油公司（Sapphire 能源）所做的 LCA 表明，在规模化程度上，藻基燃料比石油基燃料少排放将近 2/3 的 CO_2。当和常规生物燃料，比如玉米乙醇和大豆生物柴油相比，藻"绿色原油"显著少于他们碳效应的一半。Sánchez Mirón 等（1999）的报告称，藻生物质含有将近 50% 碳（干重），这样，生产 100 吨藻生物质固定近 180 吨 CO_2（Chisti,2007）。这些数据明确表明，藻提供了捕获电厂烟道气体和其他固定来源的免费 CO_2 排放的巨大潜力。当所有这些放在一起，表明藻生产的生物柴油可能是碳中性的，因为藻生产和加工所需的所有电可能都来自生物柴油本身，来自榨油后留下的生物质残余物厌氧发酵产生的甲烷（或者发酵生产的生物乙醇）（Chisti,2007）。

Clarens 等的 LCA 模型（2010）说明，依据土地利用影响，藻较玉米、加拿大油菜和柳枝稷提供了清晰可观的改进。他们的土地利用估计表明，采用现有技术，在美国陆地面积大约 13% 培养藻，即可满足全国年度总能源消耗。相比之下，使用玉米将需要陆地面积的 41%，而柳枝稷和加拿大油菜分别需要 56% 和 66%。大规模生物能源运用所隐含的土地利用的改变预期对气候变化和其他影响具有重要含义，这些所谓的间接变化和将耕地转变成生产生物燃料相关。潜在的年度富油藻的每英亩大豆土地产油量预计至少比大豆高 60 倍，比麻风树高大约 15 倍，比棕榈树高大约 5 倍（DOE，2010）.

14.12 结　论

藻生物燃料是正在兴起的很有前景的燃料。截至 2014 年，领先藻生物燃料公司已经取得巨大进展。为美国海军供应数千加仑藻生物燃料的 Solazyme 公司与基地位于巴西的 Bunge 合作，每年生产 100000 公吨燃料。位于新墨西哥的 Sapphire 能源公司正在经营 2200 英亩藻农场，并有到 2018 年每天生产 10000 桶原油的目标。然而，在藻生物燃料能够和化石燃料成本竞争并商业化之前，还有许多障碍需要克服。这些障碍包括使用改良的富油藻株系，培养系统的成本效益及其相关运行成本，高效榨油技术，基于藻培养所需低成本全营养源的持续供应的完整供应链条。

参考文献

Aresta, M., Dibenedetto, A., Barberio, G., 2005. Utilization of macro-algae for enhanced CO_2 fixation and biofuels production: development of a computing software for an LCA study. Fuel Processing Technology 86, 1679–1693.

Banerjee, A., Sharma, R., Chisty, Y., Banerjee, U.C., September 2002. *Botryococcus braunii*: a renewable source of hydrocarbons and other chemicals. Critical Reviews in Biotechnology 22 (3), 245–279.

Beal, C.M., Stillwell, A.S., King, C.W., Cohen, S.M., Berberoglu, H., Bhattarai, R.P., et al., 2012. Energy return on investment for algal biofuel production coupled with wastewater treatment. Water Environment Research 84 (9), 692–710.

Brown, A.C., Knights, B.A., Conway, E., 1969. Hydrocarbon content and its relationship to physiological state in the green alga *Botryococcus braunii*. Phytochemistry 8, 543–547.

Burlew, J.S. (Ed.), 1953. Algal Culture from Laboratory to Pilot Plant. Carnegie Institution of Washington, Washington DC, p. 357.

Chisti, Y., 2007. Biodiesel from microalgae. Biotechnology Advances 25 (3), 294–306.

Clarens, A.F., Resurreccion, E.P., White, M.A., Colosi, L.M., 2010. Environmental life cycle comparison of algae to other bioenergy feedstocks. Environmental Science and Technology 44, 1813–1819.

Clarke, T., Barlow, M., March 1, 2005. The battle for water. YES! Dec 2004. YES! Magazine. http://www.yesmagazine.org/article.asp?id=669.

Dahiya, A., 2012. Integrated approach to algae production for biofuel utilizing robust algae species. In: Gordon, R., Seckbach, J. (Eds.), The Science of Algal Fuels: Cellular Origin, Life in Extreme Habitats and Astrobiology, vol. 25. Springer, Dordrecht, pp. 83–100.

Dahiya, A., Todd, J., McInnis, A., 2012. Wastewater treatment integrated with algae production for biofuel. In: Gordon, R., Seckbach, J. (Eds.), The Science of Algal Fuels: Cellular Origin, Life in Extreme Habitats and Astrobiology, vol. 25. Springer, Dordrecht, pp. 447–446.

DoE, 2010. National Algal Biofuels Technology Roadmap. US Department of Energy, Office of Energy Efficiency and Renewable Energy, Biomass Program (accessed 30.06.10.). http://www1.eere.energy.gov/biomass/pdfs/algal_biofuels_roadmap.pdf.

Elliott, D.C., 2007. Historical developments in hydroprocessing bio-oils. Energy and Fuels 21 (3), 1792–1815.

Hall, D.O., Rao, K.K., 1999. Photosynthesis, sixth ed. Cambridge University Press, Cambridge.

Hershey, D., 2003. Misconceptions about van Helmont's willow experiment. Plant Science Bulletin 49, 78.

Hu, Q., Sommerfeld, M., Jarvis, E., Ghirardi, M., Posewitz, M., Seibert, M., Darzins, A., 2008. Microalgal triacylglycerols as feedstocks for biofuel production: perspectives and advances. Plant Journal 54, 621–639.

Lardon, L., Hélias, A., Sialve, B., Steyer, J.-P., Bernard, O., 2009. Life-cycle assessment of biodiesel production from microalgae. Environmental Science and Technology 43, 6475–6481.

Levine, R., Oberlin, A., Adriaen, P., 2009. A Value Chain and Life Cycle Assessment Approach to Identify Technological Innovation Opportunities in Algae Biodiesels. Paper presented at the Nanotech Conference & Expo, Houston, TX.

Lundquist, T.J., February 19–21, 2008. Production of algae in conjunction with wastewater treatment. Paper presented at the National Renewable Energy Laboratory-Air Force Office of Scientific Research Joint Workshop on Algal Oil for Jet Fuel Production. Arlington, VA.

Meier, R.L., 1955. Biological cycles in the transformation of solar energy into useful fuels. In: Daniels, F., Duffie, A. (Eds.), Solar Energy Research. Univ. Wisconsin Press, Madison,Wisconsin, USA, p. 179.

Metzger, P., Largeau, C., 2005. *Botryococcus braunii*: a rich source for hydrocarbons and related ether lipids. Applied Microbiology and Biotechnology 66, 486–496.

Mulbry, W., Kebede-Westhead, E., Pizarro, C., Sikora, L.J., 2005. Recycling of manure nutrients: use of algal biomass from dairy manure treatment as a slow release fertilizer. Bioresource Technology 96, 451–458.

Mulbry, W., Kondrad, S., Buyer, J., 2008. Treatment of dairy and swine manure effluents using freshwater algae: fatty acid content and composition of algal biomass at different manure loading rates. Journal of Applied Phycology 20, 1079–1085.

Oswald, W.J., 1990. Advanced integrated wastewater pond systems. In: Paper Presented at the Supplying Water and Saving the Environment for Six Billion People 1990 ASCE Convention EE Div/ASCE. San Fransisco, CA, November 5–8, 1990.

Oswald, W.J., 2003. My sixty years in applied algology. Journal of Applied Phycology 15, 99–106.

Oswald, W.J., Golueke, C.G., 1960. Biological transformation of solar energy. In: Umbreit, W.W. (Ed.), Advances in Applied Microbiology, vol. 2. Academic, New York, pp. 223–262.

Perez-Garcia, O., Escalante, F.M.E., De-Bashan, L.E., Bashan, Y., 2011. Heterotrophic cultures of microalgae: metabolism and potential products. Water Research 45, 11–36.

Rodolfi, L., Zittelli, G.C., Bassi, N., Padovani, G., Biondi, N., Bonini, G., Tredici, M.R., 2009. Microalgae for oil: strain selection, induction of lipid synthesis and outdoor mass cultivation in a low-cost photobioreactor. Biotechnology and Bioengineering 102 (1), 100–112.

Sánchez Mirón, A., Contreras Gómez, A., García Camacho, F., Molina Grima, E., Chisti, Y., 1999. Comparative evaluation of compact photobioreactors for large-scale monoculture of microalgae. J Biotechnol 70, 249–270.

Schenk, P., Thomas-Hall, S., Stephens, E., Marx, U., Mussgnug, J., Posten, C., Kruse, O., Hankamer, B., 2008. Second generation biofuels: high-efficiency microalgae for biodiesel production. BioEnergy Research 1, 20–43.

Sheehan, J., Dunahay, T., Benemann, J., Roessler, P., 1998. A Look Back at the U.S. Department of Energy's Aquatic Species Program: Biodiesel from Algae. National Renewable Energy Laboratory, Golden, Colorado.

Shifrin, N.S., Chisholm, S.W., 1981. Phytoplankton lipids: interspecific differences and effects of nitrate, silicate and light–dark cycles. Journal of Phycology 17, 374–384.

Sills, D.L., Paramita, V., Franke, M.J., Johnson, M.C., Akabas, T.M., Greene, C.H., Tester, J.W., 2012. Quantitative uncertainty analysis of life cycle assessment for algal biofuel production. Environmental Science & Technology 47 (2), 687–694.

Wolf, F.R., 1983. *Botryococcus braunii*: an unusual hydrocarbon-producing alga. Applied Biochemistry and Biotechnology 8 (3), 249–260.

Woertz, I., Feffer, A., Lundquist, T., Nelson, Y., 2009. Algae grown on dairy and municipal wastewater for simultaneous nutrient removal and lipid production for biofuel feedstock. Journal of Environmental Engineering 135, 1115–1122.

第十五章

生物质液体生物燃料服务性
学习课程和案例研究

Anju Dahiya

[1] 美国，佛蒙特大学；[2] 美国，GSR Solutions 公司

密歇根州立大学生物能源推广高级专家 Dennis Pennington 建议，种植生物燃料作物前，第一步要从值得问的问题开始（见第 7 章）："有可靠的市场吗？种植、收获或者处置生物质，需要投资额外的设备或者劳动吗？生产成本是多少？哪种能源作物适合我的情况？需要能源作物具有什么样的产量潜力和价格，才能至少与现有作物利润一样？考虑到上面所列问题，需要制定一个退出策略或者时间表吗？"

所有这些问题都说明农场主采用一种强大商业模式进行能源作物生产的重要性。服务性学习的学生首先需要了解这些问题，在更深入这些话题前，先看一下成功的故事。在第 8 章，佛蒙特大学推广专家 Heather Darby 和 Chris Callahan 博士介绍了两个案例研究，重点介绍了分别具有每年 13000 加仑和每年 100000 加仑的加工能力的基于农场的生物柴油生产。选择较小规模的例子用来说明小体积生产，甚至只用每年 4000 加仑的部分生产能力，获得可预测的燃料供给和成本的可行性。Darby 在其报告中这样描述：这种较小规模的运行表明，种植 66 英亩向日葵，每年启动阶段生产 4000 加仑生产燃料，其成本是 2.52 美元 / 加仑。

这种课堂报告随着实地考察，给了学生与农场主和农场团队面对面讨论的机会（图 15-1），直接影响服务性学习经历。例如，在 2012 版的生物质到生物燃料课程期间，一名学生在关于能源作物主题的课堂论坛上反映，"他们（奶农）不愿把数英亩饲草生产转出，担心没有足够的饲料。农场主可以喂这些作物（加工后）的饲料粉，但他们还不得不接受。所需要的是受尊重，富有创新精神的农场主开始说，

他节约了多少燃料？他的拖拉机运转得如何好？他喂这种饲料的牛奶如何得好？然后，这事可能就成功了"。

接下来，几个学生，Chuck Custeau，一位信贷官员，Meghan Seifert，一位环境研究的大学三年级学生，与当地一家生物能源农场合作，开始了一个服务性学习项目，生产含油种子转化生物柴油的成本分析。并与 Darby 博士一起，确定让农场主种植油料作物需要打破的高大障碍，看是否奶农能够认识到拿出 20% 的土地种植油料作物转化生物柴油的经济效益。他们发现牛奶场拥有足够的土地基础，利用本该轮作玉米或干草的土地种植一年油料作物，并分析比较了向日葵、加拿大油菜和大豆，还分析了副产品饲料粕替代购买谷物的价值。分析的结果是有利于生物燃料生产的。本章就介绍这篇报告。请注意，本报告中的表格提供了对不同作物的分析。Chuck 和 Meghan 的工作由 2013 生物质到生物燃料课程的学生 James MacLeish 接着进行，他将他们的研究带入更高水平，探讨了"玉米和原油价格的波动"。Chuck 全面整合了这两个服务性学习研究，呈现在本章中（见下文）。

早在 2011 年，一位生物质到生物燃料的学生（原籍非洲喀麦隆，一位受聘于加拿大石油行业的工程师）也与 Chuck 和 Meghan 合作的当地同一家农场合作。对于他的服务性学习项目，目标是向现有基于油料作物的生物柴油农场学习，把知识带回喀麦隆，建立一家当地的基于能源作物的生物燃料设施。他的长期计划是利用当地原料供应，或者是在土地上当地农民种植的植物的含油种子，或者是当地农民和 / 或者棕榈油生产行业种植于土地上的棕榈树的汁液。完成这个服务性学习项目几年后，他建立了一个企业，一直和当地农民合作。

取暖燃油市场是生物柴油混合燃料的另一个消费者，这种混合燃料按照国家油暖研究联盟（NORA）教育与高效取暖顾问和教育家 Bob Hedden(见第 13 章) 所述，被称为 Bioheat（生物取暖燃油）。他提到，油暖行业的三项顶级服务优先权是提高可靠性、效率最大化和降低取暖设备服务成本。相当大量的计划外的暖气不热的服务电话都是各种燃料质量问题，燃料降解和污染引起的。随着油罐老化，罐中会积累锈蚀和沉淀。罐中燃料的存放时间也可能是个问题。燃油和生物燃油有一定的货架寿命，时间久了会分解。第三个问题是加油体积和速度。给油罐加油会激起油罐底部的所有沉淀和铁锈，导致管路、过滤器和喷油嘴的堵塞。

图 15-1　农场基于油料作物的生物柴油过程示范

案例 15A：含油种子生产转化生物柴油的成本分析
以及玉米和原油波动

Chunk Custeau

美国，佛蒙特，伯灵顿，佛蒙特大学，2012"生物能源课程"学生

项目

（1）含油种子生产转化生物柴油的成本分析，Chuck Custaeu 和 Meghan Seifert(2012)；(2) 玉米和原油价格波动，James MacLeish(2013)- 在 2012 年项目报告基础上进行这个项目，社区合作伙伴为扬基信用社。

社区伙伴

农业信贷协会扬基农场信用社（ACA-YFC），是一家会员借贷人所有的合作社，是农场信用制度的一部分。佛蒙特奥尔堡镇 Borderview 农场（与佛蒙特大学推广副教授 Heather Darby 博士合作紧密）。

背景

2012 年，进行了一项分析，权衡奶牛场利用生产饲料的土地种植油料作物生产生物柴油的经济可行性。研究假定一个拥有 125 头奶牛和 300 英亩可耕地农场的农场主，到扬基农场信用社请求贷款资助，购买榨油机、生物柴油反应器、储藏箱和二手联合收割机。请求贷款总额为 5 年期 69000 美元。设备成本是基于各种设备的实际数量。这种假设的农场正种植着 125 英亩玉米青贮饲料，175 英亩干草和干贮饲料。进行研究时，玉米价格接近 7.00 美元/蒲式耳（芝加哥贸易委员会（CBOT））。柴油燃料 4.00 美元/加仑。饲料成本正在上涨，由于生产乙醇对玉米的需求，当玉米价格上涨时，种植玉米对土地需求增加，代替了大豆，结果提高了大豆的价格。佛蒙特奶农面临着日益增长的能源和饲料成本。该分析采用 Heather Darby 博士的逻辑，使用 20% 可耕地生产生物柴油。

方法

分析比较了玉米青贮饲料和大豆、加拿大油菜和向日葵的价值。所有这些作物都使用动物粪便补充商业肥料。假定施肥量是 5000 加仑/英亩，提供每亩 60 磅氮，20 磅磷，80 磅钾。商业肥料用于满足每英亩 20 吨玉米青贮饲料、2400 磅大豆、1500 磅加拿大油菜、1500 磅向日葵的营养需求。肥料价格为佛蒙特北部当地经销商的平均值。如同能源和粮食价格一样，肥料也处于历史价格水平，尿素 800 美元

/ 吨，磷（DAP）600 美元 / 吨，钾 600 美元 / 吨。分析中的所有作物都抗草甘膦，使防治杂草的成本相同。种子价格来自佛蒙特北部经销商，还本付息要求是基于 5 年期，按月偿还，利率 5.5%，这是扬基农场信用社对于 69000 美元贷款索要的标准利率。

分析中所用产量来自佛蒙特推广服务中心所做的各种试验（Darby，2011a，b，c，d，e，f；White，2007）。油料作物油和粕的产量来自相同试验。生物柴油的产量是基于 1 加仑油产 1 加仑生物柴油。125 头奶牛场所需的柴油燃料的量来自 2012 年西北农场信贷协会的 2010 年西北奶牛场总结。假定所有作物的种植和收获一样。

结果

比较了油和粕总产量和玉米青贮饲料的价值。油料作物都不能生产足够多的油满足农场的全部需求，这并不是说种植生产、生物柴油经济不可行。玉米青贮饲料的价值是利用每英亩产 20 吨玉米青贮饲料测算的。扣除种植成本，购买农场所需燃料成本，玉米青贮饲料为农场贡献 954 美元净利润。用同样方法计算大豆，每英亩产 2040 磅豆粕，48 加仑油，在分解完还本付息和所需燃料盈余后，大豆净利润 12021 美元。用同样方法计算加拿大油菜，分解完油菜粕和生物柴油价值，扣除柴油燃料（不是生物柴油供应）价值，加拿大油菜贡献 7528 美元净利润。对葵花进行相同分析，亏损 1701 美元。

基于 2012 年春季燃料、玉米青贮饲料、大豆、加拿大油菜和葵花粕的价格，奶牛场可以种植一些自己的柴油燃料需求并有盈利。本研究中，所有物品的价格都是波动的。例如，2012 年秋天，由于粮食价格不断攀升，玉米青贮饲料售价 50—70 美元 / 吨。贷款期限是 5 年。在借贷投资油料作物 / 生物柴油生产之前，农场主需要知道这种投资在贷款期限内是否能够盈利。随后分析比较了玉米、大豆和原油的价格。比较了三种方案：价格上涨方案、正常商业方案、价格下降方案。在价格上涨方案里，研究确定每桶原油价格提高 1 美元，每吨玉米就会增加 3 美元，每吨大豆增加 5.6 美元。在正常商业方案里，每桶原油增长 15 美元，每吨玉米和大豆会分别增长 3.33 美元和 5.6 美元。在价格下降方案里，每桶原油降价 10 美元，玉米价格保持不变，每吨大豆下降 4.5 美元。这些都是历史数据。

这个分析表明，一个农场主对生产生物柴油设备的资本投资和从饲料生产转出用于种植大豆的机会成本，具有良好的盈利机会（图 15A-1、图 15A-9）．

对社区伙伴的好处

通过这项研究和报告，我们能够为社区伙伴提供好处。扬基农场信用社将受益于这个项目，可用这个报告作为模板，帮助分析生物燃料项目贷款申请。该报告将为信用分析师和信贷官员提供一个判定申请是否有益于借贷者，这个尝试是否能够产生足够的收入和利润为自己买单。扬基农场信用社不是唯一受益的社区合作伙伴，该报告表明 Borderview 农场正通过种植生产油料作物生产生物柴油创利。这个成本分析将向农场所有者展示哪种含油原料作物会创造最多的利润。总之，我们相信，这个报告将不仅向我们的社区伙伴展示，而是向整个社区展示，种植哪个油料作物生产生物燃料最盈利。

未来方向

在审查与分析所有投入成本和净回报之后，看起来奶牛场场主可以从自己生产生物柴油中受益。对于全佛蒙特含油种子生产生物柴油的研究，农场主有很多途径获得投产油料作物所需的资源。尽管我们得出了结论，但生产生物柴油的潜在效益每个农场会存在很大差异。根据农场主的管理技术和农场的环境条件，产量和启动成本差异很大。因此，需要对每一农场进行研究和完整分析。正如我们在这个报告所见，农场主肯定会从自己生产生物柴油中受益。

表 15A-1　设备总投入

项目	金额（美元）
二手拾穗 N6 联合收割机 6 行玉米，20 英寸弯曲穗	20000.00
阿阳压榨机	3500.00
Spring board 生物柴油反应器	17000.00
二手 20000bu 箱 / 干燥机	15000.00
20 英寸螺丝钻 load bin	5000.00
Misc 油罐，泵，过滤器等	7500.00
设备总和	68000.00

表 15A-2　贷款总额

项目	金额（美元）
UCC 记录费	25.00
YFC 股票购入	1000.00
按月支付，84 个月，5.5%	992.00
贷款总额	69025.00
每年还本付息	11904.00

表 15A-3　作物成本　　　　　　　　　　　　　　　　　　　（单位：美元）

作物	种子成本	播种量 / 英亩	种子成本 / 英亩	肥料成本 / 英亩	杀虫剂成本 / 英亩	总投入
玉米	300.00	30000	112.00	157.39	50.00	319.89
向日葵	250.00	30000	50.00	-	-	-
加拿大油菜	650.00	50	65.00	-	-	-

表 15A-4　肥料需求

作物		氮（N）/ 英亩	磷（P）/ 英亩	钾（K）/ 英亩
玉米		150	80	160
	农肥贡献	60	20	80
	肥料需求	90	60	80
大豆		0	30	45
	农肥贡献	60	20	80
	肥料需求	0	10	0
向日葵		125	25	30
	农肥贡献	60	20	80
	肥料需求	65	5	0
加拿大油菜		112.5	26.25	45
	农肥贡献	60	20	80
	肥料需求	52.5	6.25	0

表 15A-5　肥料成本　　　　　　　　　　　　　　　　　　　（单位：美元）

作物	$/lb N	$/lb P	$/lb K	肥料成本 / 英亩
玉米	0.87	0.65	0.50	157.39
大豆	-	6.52	-	6.52
向日葵	56.52	3.26	-	59.78
加拿大油菜	45.65	4.08	-	49.73

表 15A-6 成本比较 （单位：美元）

作物	肥料成本 / 英亩	种子成本	除草剂成本	总计
玉米	157.39	112.50	35.00	304.89
大豆	6.52	-	35.00	41.52
向日葵	59.78	50.00	35.00	144.78
加拿大油菜	49.73	65.00	35.00	149.73

参考文献

Custeau, C., Seifert, M., 2012. Cost Analysis of Oil Seed Crop Production for Biodiesel. UVM, Burlington, VT. Unpublished raw data.

Darby, H., 2011a. Soybean Tineweed Trail. University of Vermont Extension. http://www.uvm.edu/extension/cropsoil/wp-content/uploads/Soybean_tineweed_report_20111.pdf.

Darby, H., 2011b. Winter Canola Variety Trial. University of Vermont Extension. http://www.uvm.edu/extension/cropsoil/wp-content/uploads/2011WinterCanolaVarietyTrialReportfinal.pdf.

Darby, H., 2011c. Sunflower Tineweeding Trail. University of Vermont Extension. http://mysare.sare.org/MySare/assocfiles/9432902011%20Sunflower%20Tineweed%20report.pdf.

Darby, H., 2011d. Sunflower Variety Trail. University of Vermont Extension. Retrieved from: http://www.uvm.edu/extension/cropsoil/wp-content/uploads/2011_Sunflower_VT_report_final.pdf.

Darby, H., 2011e. Sunflower Seeding Rate × Nitrogen Rate Trial. University of Vermont Extension. http://www.uvm.edu/extension/cropsoil/wp-content/uploads/Sunflower_SR×NR_report_final.pdf.

Darby, H., 2011f. Vermont Sunflower Planting Date Study. University of Vermont Extension. http://www.uvm.edu/extension/cropsoil/wp-content/uploads/2011_Sunflower_Planting_Date_Study-final.pdf.

MacLeish, James, 2013. Volatility in Crude Oil and Corn Prices. UVM, Burlington, VT. Unpublished raw data.

Northeast Farm Credit Associations, May 2012. 2011 Northeast Dairy Farm Summary. Prepared by Lidback, J., Laughton, C., Farm Credit East, ACA, Farm Credit of Maine, ACA, Yankee Farm Credit, ACA. https://www.farmcrediteast.com/Knowledge-Exchange/~/media/Files/Knowledge%20Exchange/2011%20DFS%20Report.ashx.

White, N., August 2007. Alternatives for On-farm Energy Enhancement in Vermont: Oilseeds for Feed and Fuel. Vermont Biofuels Association. http://www.uvm.edu/~susagctr/Documents/SAC%20Oilseed%20ExecSumm_Final.090107.pdf.

案例 15B：热暖燃料转换

Ethan Bellavance

美国，佛蒙特，伯灵顿，佛蒙特大学，2013"生物能源课程"学生

摘要

社区合作伙伴，日落湖农场，是一家中型商业奶牛场，位于佛蒙特奥尔堡半岛。这家农场，像该州几乎所有其他农场一样，依靠外购资源有效经营，生产其核心产品——牛奶。在近代史上，采购这些资源的价格日益上涨。日落湖农场目前使用 2 号燃油和煤油为现有建筑设施取暖，提供热水。目前这家农场的取暖负荷分布在两个拖车、一间农场办公室、一个挤奶大厅和卫生消毒所需热水。在将来，计划建设一个犊牛舍和再建一座办公楼，因此取暖需求扩大。日落湖农场每年经营中，热暖消耗将近 6000 加仑燃油当量。

项目目标

本报告的目标是量化降低日落湖农场利用林木生物质取暖的成本。这保障日落湖农场价格稳定的能源供应，满足其日益增长的需求。在分析这个目标时，仔细检查将现有取暖系统改造更新为生物质替代系统的成本。在这个方案中，要考虑的主要选项是，是否创建一个中心锅炉系统，用管道把热水输送到不同荷载中心，或者继续利用现有火炉和锅炉系统提供分散取暖。这些建议将产生一个路线图，供日落湖农场采用，并为他们提供下一步接洽生物质工程公司所需的信息。这个路线图将从收获到燃烧阶段评判权衡不同生物质系统。这将为日落湖农场提供可能获得最具成本效益系统的最佳信息。本文要分析的生物质原料是锯成段的木材、木屑颗粒和木片。

背景

目前，日落湖农场每年取暖燃料花费高达 20000 美元。有两个 100MBH 车载煤油炉和一个 350MBH 燃油锅炉系统。该系统为办公室、挤奶厅和奶牛场所有热水加热。重要的是，请注意现有锅炉和火炉系统都已陈旧，如果用它们为所有设施提供全暖负荷，近期需要进行更换。这是必需的基本建设投资，而一个新的生物质取暖系统所需成本会降低，因为需要替代现有化石燃料取暖。日落湖农场把这个系统转换为生物质视为双赢，他们可以降低资本支出，更好地利用他们的土地，保持佛蒙特州经济中的能源美元。

东北部的农业设施都独特地量身定制为获得生物质取暖的效益。农场拥有与土地的亲密关系，经常位于林木资源附近。此外，耕作大面积土地的农场通常不得不修建自己的领地边界，使之远离林木残枝碎片。这种清理过程本身会产生大量生物质。可将其削成片或者粉成颗粒，生产成一种用来取暖的产品。许多农场，特别是奶牛场，和工业或者大型商业设施相比，取暖需求并不是很大。农场接近当地林木资源，林木生物质加工相对容易，使之成为利用这种资源的理想备选者。农场主想减小他们对化石燃料的依赖及其热暖的经济成本。他们也希望加强自己的原生森林景观。如果管理得当，生物质取暖可以实现所有这些目标。

社区合作伙伴

我在日落湖农场合作的具体社区合作伙伴是我的父亲，Tom Bellavance，也是这个设施的主人。Tom 认为，如果能控制农业企业的投入成本，将会有额外的灵活性，使核心产品多样化。我和 Tom 制定了一个旨在降低日落湖农场投入成本、提高盈利能力、降低外购资源依赖性的能源计划。该计划的第一步是安装能源高效的奶制品加工设备。传统上说，在经营中采取有效措施是最具成本效益的。由此，我们开始为农场热能需求考虑转换燃料。日落湖农场想减少运营取暖的燃料油和煤油用量。

工作计划

对这个全设施的分析计划如下。通过热效率透镜查看日落湖农场。记录下建议，作为额外的反馈提供给农场经理。这些建议是广泛的，不包括额外的绝缘措施、专门的空气密封和最佳管理方法。这样做的原因是多方面的。由于这套设施中有过程制冷，所以目前在调节空间中捕获大量散热。这种热无论如何都必须得消耗，所以隔热只能提供有限的利润。日落湖农也几乎没有兴趣深入检查这套设施的大规模改造更新，因为这套设备所需的多数热暖是为利用热水，而不是空间取暖。

● 在农场通过热效率透镜测试并提供建议后，将分析生物质原料的可获得性。这种原料分析将考虑只收获每年产生的生物质量的最佳伐木管理方法。

● 一旦完成原料分析，我们将深入研究设备的足迹，采取集中还是分散供暖系统更为有效？深入调查每一系统的利弊，并提出建议。

● 一旦确定采取分散式还是集中式取暖计划，评判每种生物质原料的利弊。选择的原料有，截段木、木屑颗粒和木片。进行经济学分析，使日落湖农场决定这些适用于他们的产业。分析完这些方面，就及时提供信息。

结果／预期后果：2013 年 3 月 9 日在日落湖农场进行了效率测试。测试结果是减少跑气的一系列建议。这些建议如下：

● 加入衬垫，让电缆穿过密封的墙洞，会减轻不得不在窗户上开口穿过电缆的问题。

● 修好关不上的破损窗户。虽然一些敞开的窗户在冷凝器风扇排气取暖区域，如果关好窗户，会引起冷凝和发霉。

● 门上需要有自动关闭装置，或者需要培训工作人员，确保冬季门关闭。

● 封闭挤奶厅和开放式牛舍间区域的门通过时钟自动控制开关；目前除了比较寒冷的夜间，门一直开着。

虽然这些建议是关于热效率方面基本的东西，但会降低办公室、挤奶厅设施的室内供暖量。重要的是，注意室内供暖只是其中一部分；接近 50% 热暖需求是由于工艺流程热水需求。过程热水的使用对奶牛场的运转，确保挤奶设备和基本设施清洁至关重要。这保持奶牛和牛奶两者都干净地供人消费。日落湖农场每天消耗 870 加仑 180℃ 的水和 360 加仑 120℃ 的水，确保安全的操作条件。单单加热这种热水每年就消耗 3500 加仑燃料油。这占了农业设施取暖账单的 50% 以上。重要的是，在考量生物质供暖系统时要牢记。

分析生物质原料的可获得性对于确保生物质供暖系统有足够的、可持续的木柴供应至关重要。根据与林务员的交谈，可以放心地假定日落湖农场每英亩可获得接近 1 吨的生物质产量。如图 15B-1 所示。日落湖农场拥有将近 120 英亩林地。这就是说可每年持续收获 120 吨林木生物质。图片显示不同植树区域，所有照片都是在同一尺度下拍摄的。人们相信，采用适当的林业管理措施，从这些林子可以收获足够量的木柴来满足农场取暖需求。农场每年取暖使用 7.8×10^8 BTU 热量。假定每吨木片可产 7.6×10^6 BTU 能量，那么每年将需要 102 吨木片为农业设施供暖。这个值少于 120 吨的森林预期，并为日落湖农场提供了一个良好的缓冲材料。如果才用有效措施，这个木柴量还会更少。

日落湖农场拥有足够多的生物质，为其现有条件下运行可持续性地供热。下一步要做的决定是日落湖农场是否要深入调查是使用集中锅炉系统还是分布式供暖系统？集中锅炉系统的好处是需要的设备较少，节约成本。此外，由于位于中心的机械系统较少增加了系统效率，维护减少。中心锅炉系统的不足是热必须从产生源转移到负荷，这就需要地下热水管道，使成本迅速累加，还有热损耗的可能。此外，还需要水—空气热交换，将高温水传递到空气，可通过现有的拖车上的管道系统来移动。据估计，需要近 1000 英尺地下管道，将热水传送到所有负载中心，并回流。管道成本估计约 15 美元 / 英尺。由于这个成本，系统中最长的管道（到第二个拖车）可以排除。排除这段将会减少管道长度近 400 英尺。图 15B-1(右下) 重点突出了所建议的地下管道铺设和估算的管道总长。

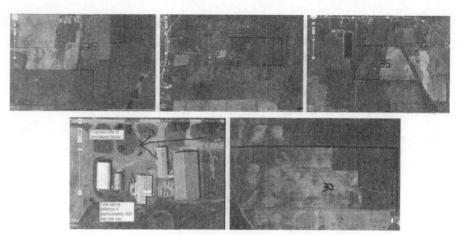

图 15B-1　日落湖农场土地，右上：拟建地下管道

热水—空气热交换将会设计成与现有车载油炉的负荷相匹配。这些炉子具有接近 100000 BTUS/h 的产热能力，这个产能的热交换器很容易以每系统 300 美元的价格买到。此外，车载炉子的风扇必须重新配置，以保证合适的系统运行。分散式系统也有其好处与坏处。要花 2000 美元安装一部额外的 100000BTU 的颗粒燃炉、壁炉和通风系统，来匹配现有供热车的产能。如果安装短木燃烧炉，这个成本还要增加 1000 美元。这个 6000 美元的投资具有大大消减成本的潜力，同时保证冗余，将无须去掉现有燃油炉。如你所见，有些强烈的争论保留已有分散式供热系统，特别是对于第二个具有 300 英尺管线的供热车。

基于和日落湖农场的交谈，如果经济上可行，和分散式系统比起来，他们更偏好于支持集中供热系统。这些讨论揭示，安装地下管道系统需要较高的初期投资，因此，管道应该限制在尽可能短的距离。有了这个信息，日落湖农场相信最经济可行的路线是安装集中供热系统，向所有负载中心供应热水，最远的供热车除外。对于那个供暖车，短木或者木片燃炉更有经济意义，除非铺设管道的成本下降。现已决定，我们要采用基于大型集中锅炉的木柴系统。现在的问题是，利用那种类型的林业生物质原料。有三种选择：短木、木质颗粒、木片。每一类型都有其独特的优点和不足，都很好地呈现在表 15B-1 中。

日落湖农场决定保证其系统获得最有效的、环境最友好的运行。要做到这点，相信进行储热是非常重要的。预计在这个地点储存近 1000 加仑热。

未来方向

日落湖农场对关于采用什么样的林木生物质燃烧系统，有很多思考。他们计划接下来几个月与一家林木生物质工程公司联系，敲定成本估算、系统效益和系统设计。每个系统都有其优缺点，但最终信息是清晰的：可从林木生物质高效产热。木柴取暖系统不仅可以刺激当地经济，也可以降低农场支出和排放。如果有关于该项目如何进展的任何问题，尽管与我联系。

对社会伙伴的益处

日落湖农场在其路线图中还有使其完成可持续的另一步骤。依据提出的建议，他们具有降低年度运行成本近20000美元的潜力，取得其投资16%的回报。此外，日落湖农场现在有更有效利用其所拥有土地的手段。

表 15B-1 三种选择是短木、木质颗粒、木片

最终用途	好处	坏处
短木	终端使用改变最少，每英里能源投入回报高，加工成本最低。相比当地基础建设投资，当储水量翻倍时，系统变得相当高效	如果管理不当，火焰可能污染；自动化程度低＝高人力；炉子可能每天要拨旺火一次
颗粒	自动化允许日落湖农场有更大的自由度。生物质可室外贮存，低排放，自动化高	高成本，必须加工，能量投入回报较低，必须购买木材削片机、锤式磨粉机，造粒机
木片	最便宜，易处理	室内存贮以免冰冻，机械加工和成本与系统有关

表 15B-2 系统成本

日落湖农场信息 生物质安装成本							
系统类型	建议系统规模	估计锅炉成本（送到价）（美元/MBh）	安装成本Turnkey系统（美元/MBh）	1000加仑热水储罐(美元)	开沟成本400英尺管道	加工设备成本（美元）	估算安装成本（美元）
短木	400	100	86	10000	6000	1500	91786
颗粒	350	86	171	10000	6000	15000	121000
木片	350	129	171	10000	6000	10000	131000

生物质系统经济学						
系统类型	估计安装成本（美元）	估计热供暖燃料消耗（加仑）	估计热供暖燃料抵消（加仑）	化石燃料减少％	估计年度节约化石燃料（美元）	估计回报率	回收期
短木	91786	6000	5300	88%	21200	23%	4.3
颗粒	121000	6000	5300	88%	21200	18%	5.7
木片	131000	6000	5300	88%	21200	16%	6.2

案例15C：移动式乙醇整流设备：可行性研究

Tracey McCowen

美国，佛蒙特，伯灵顿，佛蒙特大学，2012"生物能源课程"学生

摘要

佛蒙特奶农在经济上一直受到玉米和燃料投入高价的伤害。乙醇生产的副产品酒糟（DG）是替代玉米的饲料源。然而，长距离运输湿酒糟是不可行的。因此，在像佛蒙特这样的州，农民无法受惠于乙醇副产物的好处。佛蒙特州越来越多的农民在农场生产生物柴油，试图降低成本。乙醇可以替代为了制造生物柴油所必须向油中加入的20%的甲醇。由于甲醇作为添加剂来自于化石燃料，因此，其价格会随之而变。这就使得甲醇易受抬高成本的全球供应问题的影响，佛蒙特农民对此毫无缓冲能力。然而，生产乙醇的基础设施极其昂贵。本研究试图探寻能否降低启动成本，研究在增加副产品饲料源时，通过移动设备分享基础设施是否可行。

背景

生物柴油生产

生物柴油主要是动物脂或者植物油，数千年作为燃料使用（译注：此处原文概念有误）。然而，自从布什政府的2005年生物燃料法令开始颁布，其研发持续扩张。对用其油分生产生物柴油的油料作物的需求大幅攀升。除此之外，随着其他曾经贫困的国家迅速工业化，全球对化石能源的需求呈指数上升。随着需求增加，价格也随之升高，这对农民来说一直特别困难，其农业生产手段本质上是通过燃料、肥料和其他农化产品的联系，而与化石燃料相关联。

结果，农民摆脱化石燃料工业的束缚的动机从没有如此强烈。由于农民已经拥有土地，燃料自足只有几步之遥。佛蒙特奥尔堡的 Borderview 农场的罗杰兰维尔(Roger Rainville) 证明，他能以1.7美元/加仑的价格从许多油料作物中选择任何一种生产生物柴油，这其中包括了对其设备的摊销。这在"越野"柴油将近4美元/加仑的时候是个相当大的刺激。正如前面介绍的，生物柴油主要是植物油。然而，有两种其他主要原料将植物油转化为可在任何常规柴油引擎上运行的优质生物柴油。这两种其他原料是碱液（氢氧化钾或含水碳酸钾99%）和甲醇（99%）。碱液用量极少，因此成本不高。然而，甲醇（乙醇）必须占到生物柴油混合液的20%，当价格高时，这是个重要的支出。要把100加仑植物油生产为生物柴油，需要加入20加仑乙醇。种子榨油留下的种粕是非常有价值的肥料。葵花粕氮磷钾比例为

5.6:1.2:1.5，加拿大油菜籽粕氮磷钾比例 4.6:0.74:0.68（Darby 等，2014）。籽粕肥料为土壤提供有机质，来自化石燃料的合成肥料则没有。籽粕也可以造粒，用作炉子的燃料，或者造粒的籽粕用作畜禽高蛋白饲料。这意味着除了燃料用途之外，还有许多与生物柴油有关的副产品。

乙醇生产

乙醇基本上就是伏特加、杜松子酒或者威士忌。它的生产方法非常相似，只是你不必担心风味，但必须获得 199 标准酒精度。发酵糊浆是由具有高糖含量的谷物制成。将这种发酵糊浆加热后，加入酶或酵母，然后让其发酵。一旦发酵完成，即进行蒸馏。根据国家高粱生产者协会 Chris Cogburn，在一些环境下，每英亩高粱可以产生 1410 加仑乙醇，相比之下，玉米产生 499 加仑 / 英亩（Cogburn，2009）。乙醇生产的副产物之一是蔗渣或者酒糟（DG），一种比直接的纯粮食更易让牲畜消化的有价值的饲料。酒糟质量不一，但干酒糟售价与纯粮食价格相似。湿酒糟未经进一步的耗能脱水过程，因此，为乙醇厂附近的农场提供了廉价的营养饲料源（Dooey 和 Martens，2009）。高粱酒糟是玉米 DG 的直接替代者，并且提供每英亩近 3 倍于玉米的产量。2010 年 Callahan 农场内生产乙醇的报告表明，如果将蔗渣用于蒸馏过程的燃料，每加仑盈亏平衡的成本是 5.5 美元。然而，Callahan 的报告没有计算高粱 DG 的饲料价值。对于多余的每英亩近 3 吨的 DG 产量，假设 DG 和玉米价格相同（当前是 6.55 美元 / 蒲式耳）。每吨 37.9 蒲式耳，Callahan 的报告每英亩漏掉了 747 美元附加价值（译者注：此处计算不够准确）。

发酵

乙醇发酵过程由农民在各自的农场建筑物内完成。100 加仑发酵糊生产 10 加仑乙醇。所以，需要的空间比蒸馏器大得多。而且，在发酵过程中，卫生非常重要，但绝大多数熟悉经营奶牛场的农民都懂得卫生标准，对此所需设备和小啤酒厂相似。

蒸馏

将酒醪蒸馏成乙醇所需的设备价格昂贵，是乙醇生产的限制因素之一。因此，就是这项支出，激发了让正在考虑用自己生产的乙醇制造生物柴油的农民间共享移动蒸馏器的概念。这个想法是将移动设备作为一个与指定运行者的联合体。移动设备只包含蒸馏器，用它蒸馏 148 加仑乙醇，需要约 2.7MBTU 热量，148 加仑乙醇是佛蒙特 Sateline 农场每英亩的平均产量（Callahan，2010）。蒸馏器需要有额外高的蒸馏塔，因为目标是获得几乎没有水分的接近纯酒精的液体。

分馏

在冬季，农民可以利用冷凝温度进行分流，就是让 10%（体积）乙醇的发酵醪结冰。因为醇具有较水低的冰点，水会在罐顶部结冰。然后可从底部将液体抽出，留下冰晶，因而增加了乙醇浓度，而不需额外耗能。

规定

在建立乙醇蒸馏设施前，运行者需要从酒、烟、消防和爆炸局（ATF）获得许可。不清楚一个移动设备以前是否曾经寻求过许可，因此，其他限制可能会阻碍一个移动性乙醇设备的可行性。单独向 ATF 请示超过了这个简短报告的范围。

调查结果

下面的调查结果是基于蒸馏从苹果到玉米不同产品的州酒厂。结果显示，蒸馏这步的成本范围很宽。

公司	蒸馏器成本	生产率	产能或者批次规模
Caledonia 酒厂		-	-
绿山酒厂	50000（自制）	可变~伏特加不同于乙醇	200 加仑
Stateline 农场	200000	70g/h	-
佛蒙特酒厂	没回应	-	-
Shelburne 桔园	7000	?	500 加仑
Chris Davis	120000（1980 年代）	65g/h	1400 加仑
网络	6178	>3g/ 批	28 加仑

乙醇在佛蒙特有生命力吗？2014 年粮食价格显著回落，但是佛蒙特奶牛场农民还会遭受对另一粮食价格高峰的伤害。如果说是这样的话，还可能有一个潜在的牛奶乳清（奶酪工业废物）生产乙醇的潜力。虽然这不会提供 DG 一样的饲料，但还可以提供甲醇替代品，在化石燃料价格波动期间可以缓冲全球市场对佛蒙特农民的冲击。此外，还将解决与乳清处理相关的营养污染问题。

结 论

尚不能确定一个移动乙醇设备是否经济可行，或者甚至是否合法，由于许可的限制。然而，乙醇生产中副产品的价值可能会改变前面已经测定的成本。在大多数情况下，人们的印象里加工玉米生产乙醇，主要是作为燃料。在佛蒙特州，饲料可能是最有价值的产品，而乙醇是次要的副产品。虽然乙醇是一种成本很高的产品，但如果将高粱 DG 的饲料价值包括进来的话，可能就会变得经济可行了。这对面临高额饲料投入成本的奶农来说会有很大帮助，因为自从 2004 年以来，玉米价格上涨了 300%（2012）。

本报告显示，在佛蒙特，用粮食生产乙醇只有在饲料价格或者化石燃料价格较高时，才切实可行。只有在极高纯度（几乎 100% 乙醇）时，乙醇才能替代甲醇。玉米乙醇不如高粱乙醇具有成本效益，但高粱不易储存。分享移动乙醇设备会降低启动成本。最后，乙醇可能是降低大型奶酪厂废弃乳清污染的一种手段。这对佛蒙特河道具有重要的环境生态效益。

重要的是认识生物燃料在应对不可控成本中充当缓冲剂的重要性：不可控成本对于任何生产经营都是最大的风险。随着对生物燃料生产研究的增加，成本无疑会发生变化，出现新的生产机遇。

致　谢

感谢 Stateline 农场的 John Williamson 和绿山酒精厂的 Duncan 和 Todd，Shelbure 桔园的 Nick Crowles，Meach Cove 信托的 Chris Davis。所有这些人都提供了宝贵的时间和信息。

参考文献

Callahan, C., 2010. Producing Ethanol for Biodiesel in Vermont. Prepared for VT Agency of Agriculture, Food and Markets REAP Grant Report (Award #REAP070004.).

Cogburn, C., 2009. Sorghum as a Biofuels Feedstock. National Sorghum Producers. http://client-ross.com/lifecycle-workshop/docs/4.2_Cogburn_National_Sorghum_Producers_6-10-09.pdf.

Dooley, F., Martens, Bobby J., 2009. Using Distillers Grains in the US & International Livestock and Poultry Industries, p. 202. Available at: http://www.card.iastate.edu/books/distillers_grains/ (retrieved 02.05.12.).

Heather Darby, Karen Hills, Erica Cummings, and Rosalie Madden, Assessing the value of oilseed meals for soil fertility and weed suppression. University of Vermont Agricultural Extension report. Available at: http://www.uvm.edu/extension/cropsoil/wp-content/uploads/finalereportmeals10.pdf. September 17, 2014.

第四篇　气体燃料和生物电

气体燃料可以作为有机物经过厌氧消化（例如沼气—甲烷和二氧化碳混合物）降解的副产品而产生，或者通过气化（气化合成气）或者热裂解产生。此外，两种过程均可用于发电。气化合成气可转化为甲醇、丁醇等等。全球沼气市场根据终端用途分为：城市发电，现场热电联产，运输应用。该技术在欧洲和亚洲已经相当成熟。在美国，则刚刚兴起，到 2014 年 1 月，有近 239 个厌氧消化器系统在美国商业畜牧场运转，2013 年产生约 8.406 亿 kWh 当量的能量。压缩天然气（CNG）是一种新兴的交通解决方案。

第四部分包含一章关于气化，两章关于厌氧消化。此外，热裂解过程在第五部分各章有详细描述。

第 16 章 （生物质热气化——入门）介绍气化的基础化学和物理基础，描述各种不同气体混合物是如何生产的，热如何内部产生和管理。描述不同气化方法产生的气体混合物的热含量范围。也讨论理解热裂解作用的重要性。描述工业气化炉一些泛型类型及其每种类型的应用和局限性。最后，描述气体产物最终应用前需要纯化。欲了解更多关于热裂解的信息，请看第 26 章。

第 17 章 （畜禽粪便厌氧消化生产能源之基础）概述畜禽粪便厌氧消化过程。描述厌氧消化的好处以及怎样操作适宜厌氧消化。

第 18 章 （生物能源和厌氧消化）描述详细的厌氧消化过程步骤（水解、发酵或产酸、产乙酸、产甲烷），发酵细菌和产甲烷的关系，原料，碳氮比（C/N），挥发性固体，启动消化器的过程，寒冷天气启动消化器，负荷率及其计算，水力负荷率，消化器的运转和控制，沼气生产中搅拌的作用，厌氧消化器的类型。

第 19 章 （气体燃料和生物电的服务性学习项目及案例研究）包括关于沼气和气化这两个话题的服务性学习项目：每天餐厨垃圾的变化对厌氧消化中产沼气的影响，厌氧消化对于满足全州能源需求的潜力，生物质气化作为从田间农村电气化课程的策略。

第十六章

生物质热气化——入门

Robert G Jenkins

美国，佛蒙特，伯灵顿，佛蒙特大学工程与数学学院工程系

16.1 引 言

该章重点讨论经过高温下（一般大于 700℃）的化学反应和过程，由富碳固体材料，比如固体生物质、城市固体废弃物、煤、焦炭等生产气体燃料混合物的原理。几乎所有这些过程都程度不同地涉及含碳材料的部分氧化，即固体燃料易受贫氧条件影响，因而不能完全燃烧形成二氧化碳（CO_2）和水（H_2O）。由于固体也遇到高温，存在伴随的热分解（热裂解，后面讨论），产生碳氢气体/液体和高富碳的固体。

正如刚刚所述，气化的主要目标是将初级含碳燃料转化为次级或衍生的气体燃料混合物。想取得该目标的原因很多，但总的来说，最重要的原因如下：

● 气体燃料比固体燃料更容易完全燃烧，因为它们非常容易和氧气混合，是均相反应，这样，就容易确保燃烧时几乎不产生烟。

● 气体燃烧生产的灰分最少甚至没有灰分，减少对污染传热表面以及直接接触燃烧产物使材料加热的污染的顾虑。

● 从气体流中比从固体和液体中更容易去除液体、固体和气体杂质。因此，燃烧前从气体燃料中比从固体燃料中可能更容易干燥和去除焦油、灰尘和不想要的气体，比如硫化氢（H_2S），羰基硫化物（COS）和氨（NH_3）。

● 气体燃料的燃烧一般比液体和固体的燃料具有更灵活可控的放热率（即调节比大）。

● 气体可以相当容易地储存于在一系列压力下的罐或者管道中。

● 通过适当的压力调节，就可通过管道直接将气体输送到最终用户，虽然输送的距离受压缩过程中能量的考虑的限制。

● 富含碳氢的气体比固体或液体燃料具有更高的能量含量 / 单位质量，然而，密度相当低。

热气化产生的气体混合物由不同数量的可燃成分组成，如一氧化碳（CO）、氢气（H_2）、甲烷（CH_4）和其他低分子量碳氢化合物——如丙烷（C_3H_8）。此外，混合物可能还含有不可燃气体，像氮气 N_2，水气和 CO_2。在后面一个章节，一种特定气体混合物的实际热值（HV）是由每种气体组分的含量和热值决定的。由特定工艺产生的气体混合物的精确 HV 也受诸如平衡和动力学方面的因素、投入的材料和气化炉的设计等方面的影响。由于本章所述的气化过程均涉及生物质同时或者先后暴露于热分解和部分氧化的化学反应，两种工艺的原理将根据实际气化方法进行概述和讨论。

16.2 气体混合物分类

在任何热裂解的讨论中，考虑到所生产的气体混合物的 HV（或者热值）非常重要。一般来说，根据气体混合物的热值，气体混合物分为三大类。各类别总结于表 16-1 中。

低热值气体混合物：生产这些混合气体在所有类别中成本最低，采用的技术也相对简单。低热值混合气体主要用作工业气体燃烧，用于很宽范围的用途，比如生成蒸汽，生产过程用热。这些混合气体通常的工业名称是发生炉煤气和水煤气。因为这些燃料能量密度低，必须在气化炉附近就地使用。这是由于将这种气体压入管道的压缩成本 [1] 超过了该气体的经济价值。使用设计得当的炉子燃烧这些气体产生稳定的火焰；然而，这些混合燃料不能使用常规天然气炉子。

表 16-1　气体混合物根据热值分类

类别	高热值范围（Btu/scf）[a]	高热值范围（MJ/m^3）	主要组分
低	90—190	3.35—7.1	N_2，CO，H_2
中	250—550	9.3—20.5	CO 和 H_2+ 低碳氢
高	950—1150	33.4—43.0	CH_4+ 低碳氢
a 英制热单位 / 标准立方英尺（60 ℉，143psi）			

低热值气体混合物的一种特殊用途一直是用于装载气化装置的车辆。虽然最近一直有许多该技术示范，但第二次世界大战期间使用最广泛，当时轴心国中驱动大

1　从基础热力学考虑，可以证明，压缩液体所需做功的量，和物质的密度成反比，这样，压缩任何气体所需做的功远大于抽取液体所需的功。同样，密度较低的气体（比如氢气）比密度较大的气体（比如甲烷）需要更多压缩功。

量平民汽车和照明设备，就是由木材汽化器推动的，因为汽油非常短缺。该技术不被广泛接受的主要原因是缺乏车辆整体性能，因为 N_2，CO 和 H_2 混合物的热值大约为汽油的 12.5%，并且车载汽化器给车辆增加了相当重的质量。

中热混合气体：对于中热值混合物，其应用与较低热值范围的混合气体相似。由于这些气体混合物的密度相对较低，必须考虑压缩和用泵输送的经济性限制。虽然一些消费是就地使用，仍有一定程度的异地使用，这取决于所产生气体的确切热值。与低热值气体相似，这些燃料必须用特别设计的气炉燃烧。正如接下来讨论的那样，这些气体混合物的另一个的重要用途是在合成气生产和转化过程中。合成气这个词表示 H_2 和 CO 的混合物，随后用于催化生产碳氢燃料、化学品和氨。

高热混合气体：在热气化时，高热值气体指的是生产基本具有常规天然气的特性的富含 CH_4 的混合物，因此也常将其称为替代或者合成天然气（SNG）。之所以如此，是因为 SNG 和天然气在能量含量、燃烧特性以及压缩方面难于区分。然而，生产 SNG 涉及应用复杂的技术，是目前三大类气体混合物中最昂贵的一种。为直接由生物质生产 SNG 特别设计的工艺不在此做进一步讨论，但详细信息可从所建议的进一步阅读资料中获得。

16.3 化学概念和背景

气化含碳燃料的基本概念相当简单，在工业上已经使用了 200 多年。如果认为碳是气体生产的主要来源，那么下面的吸热化学反应可用来说明热解气化的基本原理。

Bouduard 反应：

$$C（s）+CO_2 \rightleftharpoons 2CO(g)；\quad \Delta H=172MJ/kmol \tag{Rxn 16.1}$$

碳流反应：

$$C（s）+ H_2O（g）\rightleftharpoons H_2（g）+ CO（g）；\quad \Delta H=131MJ/kmol \tag{Rxn 16.2}$$

在这两个反应中，在高温情况下，碳都是和活跃的气体（CO 或者气体）反应。然后这些氧化还原反应产生可燃气体（CO 和 H_2）。总的净结果是固体碳燃料转化为了有用的燃料气体—气化的主要目标。严格地说，认识到燃料气体的起源不只是固体燃料，同样也来自反应剂 CO_2 和 H_2O，这点很重要。

如 Rnxs(16.1) 和（16.2）所示，两者都是吸热反应，因此，要让其以合理的速率发生就需要热量和高温。例如，C/H_2O 反应只有在 750℃ 以上才显著发生。那么问题就变成了：如何向这些反应提供所需的热量？有两种不同的来源可以考虑。一是自热方法，反应热由与气化反应同时发生（原位）的一些放热反应提供；另一种热源是异热（或间接）方法，反应热由一些外部加热方法提供（比如外部燃烧方法）。在本章，只对更为常见的自热策略进行详细描述。

在自热气化方法中，主要热源通常是碳和氧强烈的放热反应。

$$C（s）+O_2(g) \rightleftharpoons CO_2(g)；\quad \Delta H=-394 \text{ MJ/kmol}$$ (Rxn 16.3)

反应（16.3）不仅为吸热反应 [Rxn（16.1）和（16.2）] 提供大部分能量，而且为 Bouduard 反应 [Rxn（16.1）] 提供 CO_2，该反应转而产生燃气 CO。虽然这个氧化反应写成纯氧 O_2，但更便宜的、最容易得到的氧气来源是空气。如果在氧化反应中使用空气，相应的化学计量关系为：

$$C（s）+O_2(g)+3.76N_2 \rightleftharpoons CO_2(g)+ 3.76N_2$$ (Rxn 16.4)

在这种情况下，空气的主要组分 N_2 被认为是惰性的，其影响是降低了氧化反应的放热，因为 C/O_2 反应的反应热是驱动 Rxn（16.1）和（16.2）的有利条件，不需要 N_2 或者使用纯氧气稀释。然而，外部加热的成本可能会大大增加工艺的总体经济成本。

使用空气作为初级气化介质的另一个后果是，在接下来 Bouduard 反应中，N_2 充当了稀释剂。在这种情况下，Bouduard 反应写成：

$$C（s）+ CO_2(g)+3.76N_2(g) \rightleftharpoons 2CO(g)+ 3.76N_2(g)$$ (Rxn 16.5)

不过，由于大量惰性稀释剂 N_2 的存在，Rxn（16.5）产物的联合热值低于 (Rxn 16.1)[译者注：原文为 Rxn（16.3），可能有误] 产物的联合热值。这说明这样一个事实：

碳在空气中气化，相比于在纯氧气中气化，产生气体混合物的热值低（见：气体和气体混合物热值部分）。

在气化过程中有其他放热反应发生，为吸热反应贡献一些能量。首先考虑的是碳的部分氧化：

$$C（s）+1/2 O_2(g) \rightleftharpoons CO(g)；\quad \Delta H=-111 \text{ MJ/kmol}$$ (Rxn 16.6)

在该反应中，产生热量和 CO，提供了热量需求，为气体燃料的产生做出贡献。

另一个必须考虑的反应是水煤气变换反应（WGS）反应：

$$CO（g）+ H_2O (g) \rightleftharpoons CO_2(g)+H_2(g)；\quad \Delta H=-41 \text{ MJ/kmol}$$ (Rxn 16.7)

这个气相反应最为重要是改变气体组分，因为这个反应将有毒的 CO 转化为 CO_2，增加混合物 H_2 含量。它的放热量和 Rxn（16.3）和（16.6）相比是相当的低。该反应可发生在气化炉的气相和催化的固体碳的表面。WGS 反应也用于后气化处理，调整混合物的 H_2/CO 比例。

对于完整性来说，还有许多其他反应可以考虑，包括 CO 和 H_2 的原位氧化反应，两者都是很强的放热反应：

$$CO（g）+ 1/2 O_2(g) \rightleftharpoons CO_2(g)；\quad \Delta H=-283 \text{ MJ/kmol}$$ (Rxn 16.8)

$$H_2（g）+ 1/2 O_2(g) \rightleftharpoons H_2O(g)；\quad \Delta H=-242 \text{ MJ/kmol}$$ (Rxn 16.9)

此外，还有其他两个重要反应，碳直接加氢成甲烷：

$$C(s)+ 2O_2(g) \rightleftharpoons CH_4(g)；\quad \Delta H=-75 \text{ MJ/kmol} \tag{Rxn 16.10}$$

和 CO 与 H_2 直接产生甲烷：

$$CO(g)+3H_2(g) \rightleftharpoons CH_4(g)+H_2O(g)；\quad \Delta H=-206 \text{ MJ/kmol} \tag{Rxn 16.11}$$

上述所有反应的动力学均强烈地受到含碳材料中固有催化活性的无机物种类影响。例如，饲喂材料中很少量的细小弥散的钠或钾化合物会大大增加几乎所有这些反应的速率。任何生物质中存在的无机物种类的和浓度是栽培环境的反映。如果土壤和 / 或地下水相对富含某种无机物，来源于那个地区的生物质的无机物组分就极有可能富含这种无机物。由于许多无机物非常活跃地催化气化，只要很小含量就能显著影响动力学。这些考虑的一个重要结果是，明显非常相似但来源不同的生物质，如果无机物组成不同，在特定气化过程中可能表现差别很大。

16.4 气体和气体混合物的热值

通常引用的许多纯合气体和天然气（主要是甲烷）的热值[2]列入表 16-2。

对于任何含氢燃料，都有两个不同的热值，高热值和低热值。两者的区别取决于燃烧产物中的水相，水相又受控于温度和压力。在燃烧过程中，燃料中的氢被氧化成水蒸气。这需要一定量的能量用于蒸发并保持蒸汽状态。达到这种状况所需的能量是该条件下蒸发的潜热，即焓。然而，如果产物的温度降到水的饱和温度以下，那么蒸发的潜热即得到恢复。

表 16-2　一系列气体的高、低热值[3]

气体	高热值（HHV）		低热值（LHV）		
	Btu/scf	Btu/lb	Btu/scf	Btu/lb	HHV/LHV %
一氧化碳（CO）	323	4368	323	4368	0
氢气（H_2）	325	61084	275	51628	18.2
甲烷（CH_4）	1011	23811	910	21433	11.1
乙烷（C_2H_6）	1783	22198	1630	20295	9.4
丙烷（C_3H_8）	2572	21564	2371	19834	8.5
丁烷（C_4H_{10}）	3225	21640	2977	19976	8.3
天然气	950—1150	19500—22500	850—1050	17500—22000	9—11
N_2，CO_2，H_2O	不能燃烧				

热值来源：www.engineeringtoolbox.com (2013 年 3 月)

2　热值是室温下单位体积或质量燃料化学计量地（即燃料不多也不少）燃烧时产生的热量。当考虑气体燃料时，通常报告的这些值是基于标准体积的。

3　HHV= 总热值、高热值；；LHV= 净热值。

HHV 是指产物中的水分回到液态（在某些标准状态下，通常是室温，1 个标准大气压下）时燃料的热值。相对应地，LHV 是当产物中的水分保留在水相中时燃料的热值。任何燃料的 HHV 和 LHV 之间的差，用燃烧时产生的水的量和水蒸发的潜热来计算。LHV 可用下列式子用 HHV 计算：

$$LHV = HHV - mh_{fg}(Btu/lb 或者 kJ/kg)$$　　　　　　　　　　　　(16.1)

这里，m 是产物中水的质量 / 单位燃料质量，mh_{fg} 是特定温度下蒸发潜热。如果在某一特定过程中，燃烧的气体产物冷却到低于饱和温度，则 HHV 是合适的。然而，在许多过程中，产物都是在高温时直接排到大气中，在这种情况下，LHV 合适。

表 16-2 表明，对于纯合氢气，HHV 只比 LHV 高 18% 多点。正如所料，对于低分子量碳氢化合物，随着碳氢比降低，HHV 和 LHV 差异百分比也会降低。由于 CO 不含氢，其 HHV 和 LHV 一致。

再来看看 Rxn(16.1)(C/O_2 反应)，该化学计量反应的产物（CO）的热值是 323 Btu/scf。相比之下，对于 Rxn(16.4)（碳在空气中气化），产物气（$2CO+3.76N_2$）的热值是 [2×323/5.76=] •112 Btu/scf。可见，在这种情况下，使用空气作为初级气化介质降低了产物气体的热值，降低因子几乎是 3。

为了进一步说明和氧气相比，空气对气化的影响，空气气化炉的一个真实的产物气体将是：

H_2=4.1%（体积百分比），CO =23.9%，CO_2=12.8%，CH_4=3.1%，N_2=56%。

注意大量氮气肯定了气化过程使用了空气作为氧化剂。很容易估计该混合物的 HHV[4] 接近 122 Btu/scf。另一方面，如果该气体混合物是由氧气单独产生（即产物中没有氮气）计算的 HHVmix 将是约 277 Btu/scf（增加约 127%）。

控制这些混合物热值的另一个重要因素是轻质烃气体的影响，因为其热值比 CO 和 H_2 大得多。结果，相对小的烃含量变化对热值就有很大的影响。还用前面的例子，将 CH_4 的百分比加倍至 6.2%（体积），氮气降低 3.1%，HHVmix 就会增加到 153 Btu/scf(增加 26%)。

16.4 气体生产性能的测量

经常引用两种通用的性能测量作为衡量特定气化方法是否有效。在碳转化效率（CCE）中，其效能是由原料中碳转化为气体的百分率来测定的。分析固体剩余物质（灰分）的碳含量，并和原料碳含量相比较。理论上，所有输入的碳应该在气化炉中被消耗掉，灰分中应该没有未反应的碳。显然，CCE 越高，气化的碳的量越大。

CCE=(1- 灰分中未转化碳的质量 / 原料中进入气化炉碳的质量)×100%（16.2）

4　$HHV_{mix}= 0.041*325(H_2)+0.239*323(CO)+0.128*0(CO_2)+0.031*1011(CH_4)+0.56*0(N_2)Btu/scf$

另一个广泛报道的效率是冷气效率（CGE），比较所产生气体混合物的热值和原料的热值。

$$CGE = \eta CG = 气体产物的热值 / 原料的热值 \times 100\% \qquad (16.3)$$

在商业气化炉中，CGE 的值一般在 60%—80%。CGE 越高，原料中潜能转化为气体中有用的能量的过程效率越高。

16.6 热裂解

在高温（600-1500℃）发生热解气化过程时，所有气化过程除了"化学概念和背景"这节所描述的化学过程外，还包括喂入含碳原料的热分解。这些热分解现象通常称为热裂解。[5]

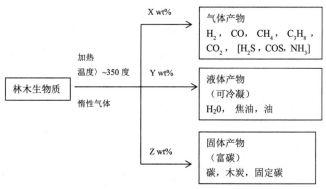

图 16-1 含碳固体热裂解的主要产物

热裂解是高分子量的有机物 / 含碳物质在相对低的空气（或者真正的无氧惰性气体）中被加热到 275-350℃ 以上的主要过程。在这样的条件下，有机分子初步分解（或"裂解"），形成复杂的挥发性混合物（气体、蒸汽、液体）和高碳含量的固体[6]。总体来说，热裂解反应是少量吸热或者热中性的，没有任何明显的燃烧，因为没有氧气或者氧气浓度极低。

图 16-1 总结了木材或其他含碳生物质等固体在惰性空气中（也同样适合煤炭和重油分馏）加热到 900℃ 热裂解的这些产物的类别。

对于不同含碳固体，每组产物产生的量显著不同，一些固体产生很多或很少量的固体、液体和气体。产物分布也受加热速率、最终热处理温度、停留时间、床深、颗粒 / 块的体积、组成和热解周围空气的活跃性以及压力等因素的影响。

首先讨论富碳固体残余物，生物质裂解中最通常被称为碳（或者木炭）。这种物质具有很高的碳含量，但不是纯合的碳元素，还含有少量可测到的氢、氧，可能还有硫。然而，就是这种碳，代表了'化学概念和背景'一节中讨论的化学反应中

---

5 热裂解也称作碳化或者分解蒸馏。

6 裂解可以以其最简单的形式描述为：$CnHm \rightarrow m/4\ CH_4 + (n-m/4)\ C$。这里一个大的烃分子 $CnHm$ 完全裂解成 CH_4 和纯合碳。然而，真实情况更为复杂，由于这个大分子含有一系列相似的强度不同的 -C-C 键。当裂解时，-C-C- 键或多或少随机发生，产生一系列产物，从 CH_4 到多个分子量低于 $CnHm$ 的分子，一直到纯合碳。实际上，当考虑重排和杂原子基团时，情况会变得更为复杂。

的碳。这种碳是多孔的，特别是在分子或者微尺度上[7]。并且其强度和脆碎度取决于孔隙度和碳结构。当生物质裂解时，总是表现出热固性，即分解的固体当加热时不表现为任何可塑性或者流动性。这样，碳的物理外观和原始材料[8]非常相似。如果原材料是多孔的，那么其碳看起来也是多孔的。另外，一些含碳固体，比如一类特别的煤，经热裂解后却变成可塑性的，在这种情况下，固体残余物，焦炭，不表现出前提材料的外观。如果设想一个工艺，生物质和炼焦煤或者某些聚合物共气化的工艺，热塑性问题可能就是一个考虑因素。因为在塑化阶段，颗粒会结块，这样会大大地阻碍气体和颗粒的流动。

碳也含有原始材料中任何无机组分的非挥发性热分解产物。对于许多生物质材料来说，虽然无机组分的量相对较少，但其中一些对催化气化反应（在"化学概念和背景"一节已讨论）很重要。这些无机组分最常描述为灰分。然而，这个词应该小心使用，因为会让人想起，灰分是无机组分燃烧后的氧化产物，但在热裂解和气化中不是这样。燃烧产生的灰分的化学分析不能恰当地反映热裂解固体中无机物的化学性质。

关于热裂解的挥发性组分，可细分为气体、轻质液体、称为焦油的重质液体（这些重质液体通常定义为可冷凝的挥发性产物，不包括轻质蒸汽）气体由轻质烃气体和蒸汽（通常 C1—C6 有机化合物）和永久气体组成。气体产物的分布取决于原材料的组成，比如高含硫生物质会比低含硫生物质产生更多量的 H_2S。热裂解中产生的轻质烃气体，会提高气化炉产出的热值（见气体和气体混合物热值这节）。图 16-1 表示有些有毒的气体组分，比如 H_2S，COS 和 NH_3，需要在使用前通过气体清洁过程去除。

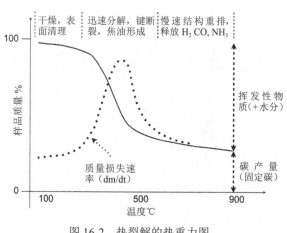

图 16-2　热裂解的热重力图

正如我们行将见到的，对于一些气化过程，处置重质焦油状挥发性组分是一项非常重要的考虑因素。在其他方法中，所有液体都要特意地暴露在严苛的热条件下，将其进一步裂解成更轻的气体类型。

图 16-2 进一步说明了从低到中加热速率热裂解的重要阶段。该图表示大量典型含碳材料在流

动惰性气体中加热的热重力分析（TGA）图。在这种分析中，少量样品材料以某些恒定的速率加热，同时不断记录其质量。TGA 图为描述热裂解现象提供了一种非常好的工具，因为对于特定的材料，在约定的控制条件下，曲线的形状和变化幅度是独特的。

图 16-2 中的实线代表以低加热速率（即 20℃/min）将材料在惰性气体中（通常是 N_2 或者 [He]）从大约室温加热到 900℃时材料的质量。虚线是样品质量对时间的一阶导数，表示质量损失速率。

在低温时，材料的质量显示会随着加热慢速损失。这些低温损失主要是由于吸收和吸附物质干燥和较低程度的挥发/蒸发。一旦温度达到 250—350℃的范围，质量损失就变得愈加明显，通常在 450—550℃的范围达到某些最大速率。在这一区域质量损失是由于其他含碳材料特定的生物质的有机大生物聚合物的分解。这段曲线的挥发性物质是由重质和轻质烃液体，碳氧化物和 H_2 组成。在热裂解的最后阶段，一旦初级大分子分解反应完成，气体继续演变，通常是 CO_2，CO，和 H_2。这些气体是由外围基团和化学重排形成的。应该注意的是，即使在 900℃以上的温度下，还可观察到少量质量损失率（来自 H_2 的演变）。

如果在流动空气中进行实验，TGA 还可用于产生特征点火数据。在这种图中，低较温时的质量损失几乎和热裂解观察到的一样。然而，在某些温度下，质量损失变得极快，直到仅剩下灰分。开始快速质量损失定义的温度是材料燃点的特征。

通常的做法，一个特定材料的总热特性是通过 4 个参数的近似分析来描述，即含水量、挥发性物质（VM），灰分和固定碳含量。这些参数的测定要在适当的 ASTM 标准规程下完成。[9]

表 16-3　各种生物质/废物特性的示例值

特性	生物质典型值
热值（干基）	5000-11000Btu/lb
氢/碳比值	1.2—1.7
含水量（AR[a]，wt%）	2—75
挥发性物质（wt%）	50—75
灰分（wt%）	0.3%—2%（木材），6%（玉米秸秆），>20%（水稻壳），25% MSW[b]
硫[c]（wt%）	≤ 0.3%
氮（wt%）	0.2%—1.2%
氧（wt%）	30%—45%

a 按来样计算　b 城市固体废物　c 轮胎 >>0.3 wt%

部分来源：Sustainable Energy, J.W. Tester,E.M. Drake, M.J. Driscoll, M.W. Golay, W.A. Peters.,MIT Press, 2005

9　例如，ASTM E870-82（2006）林木燃料分析标准测试方法。

● 含水量：将其加热到略高于 100℃，测定样品中水分的质量百分率。

● 挥发性物质：当加热到 950℃时，挥发性物质就会释放出来，测定干样品中挥发性物质的百分率。

● 灰分含量：测定在严密控制条件下在空气中燃烧后初始样品总残余的质量百分比。这样，产生的灰分是由所分析材料中不可挥发性物质的氧化产物组成。

● 固定碳：样品干燥、热解后的富碳残余物（基于无灰），根据 100% 减去水分百分率、灰分百分率和挥发性物质的百分率来计算。

近似分析提供了一种材料的热性能广泛信息，还有另一套依据元素分析（极限分析）和热值（高热值和低热值）的分析方法可以鉴定所关心材料。极限分析直接测定碳、氢、氮、硫等元素的百分率（通常是无灰分干基），通过减法得到氧元素的百分率。这些分析的热值测定的方法详见 ASTM 标准（ASTM E870-82（2006）木质燃料的标准分析方法）。

表 16-3 描述了所能见到的生物质和废物的广泛的特性，表明其范围大，变化大。这些数据清晰地表明，对于任何所关心的特定生物质，在进行任何加工处理之前，对其进行详细的特性和性能鉴定分析非常重要。[10]

有些近似分析或者极限分析没有包括的很重要的特性必须考虑到。其中对于气化特别重要的是 VM 的化学组成。按照测定，VM 是热裂解产生的所有气体和可凝液体的重量百分比。这既没有提供有关产物热值的任何信息，也不能区分单个气体的相对量和可凝物质的组成。如果一种特定的 VM 富含 H_2/CO/CH_4/ 轻质烃气体，那么就有可能产生高热值气体混合物。另一方面，如果 VM 非常富含 CO_2，那么，气体组分的热值就会比较低。同样，因为不了解可凝组分的组成，也就不能判定其潜在功用，热值，或者加工难易。

气化所用的生物质原料重要特性的其他四个例子是测定材料体积密度，化学反应活性，粉碎性能，和灰分特性。考虑这些参数的原因如下：

密度

了解作物和体积密度对于生物质收集、储存和处理都非常重要。众所周知，各种生物质的密度差异很大。

反应活性

许多生物质碳对 O_2，H_2O 和 CO_2 的化学活性比大多数煤炭和石油基碳高，可能需要根据喂料速率和 O_2，H_2O 需求进行气化炉的设计。

粉碎

基本上所有方法工艺都要求输入预先设定大小或者大小范围的固体，以保证和

10　大量数据可从 USDoE 生能能源办公室和 Bushnell, D., 生物质燃料鉴定：测试评价选定生物质燃料的燃烧特征，BPA 报告（1989）（http://cta.ornl.gov/bedb/pdf/BEDB4_Appendices.pdf）获得。

反应气体适当混合，控制固体和气体的流动。为实现这个目的，需要对材料进行某种程度的粉碎。由于生物质倾向于纤维性的，不像煤炭那样易碎，必须有效地将其变小。

灰分性能：所有自热气化炉都需要某种程度的内部燃烧，为驱动吸热气化反应提供热量。在这些情况下，深入鉴定和了解由生物质产生灰分高温性能极为重要。生物质灰分，特别是那些含有大量碱金属的生物质灰分在相当的温度下可能软化，甚至熔化。在无机组分软化的情况下，灰分颗粒至少烧结，形成大量炉渣，妨碍气体和固体的流动，降低碳气化能力，可能和反应器衬料和热传递表面反应。最糟糕的情况是，如果灰分熔化，结渣特性将会不利于和内表面以及固体反应剂互相作用，灰分变得难以去除。气化炉设计中关于反应器中灰分处理，有两种基本方法，设计成在未结渣情况下或者气化炉正在结渣时操作。

在非结渣（或干燥）气化炉中，灰分必会熔化。这是通过特别选择喂入的材料，精细的温度控制而做到这点。另一方面，特别设计结渣气化炉，保证灰分形成并在气化炉内保持液态。在这些类型中，只允许渣滓从反应器一取出就固化。显然，结渣气化炉的设计和操作要比操作非结渣模式复杂和昂贵得多。如果使用 O_2 作为初级气化介质进行气化炉操作的话，考虑这些灰分的性能最为重要。

16.7 热化学途径

通过热化学方法转化生物质的途径和方法有很多，其中大部分总结于图 16-3 中。

转化生物质生产有用的可燃气体、液体和化学产品工艺的数量和种类很多。由这些方法产生了生物质"精炼"的概念，生物炼制可以生产气体液体、气体燃料、以及广泛的化学品，比如醇类，NH_3，焦油和蜡。

对每个途径进行描述超出本章范围，一些建议在进一步阅读材料中会详细论述。然而，对于该图还要做些说明。首先，总有一种途径使用生物质直接作为燃料，好处是依赖于特定的需求和经济。第二，另一种途径广义地分为利用自热源和异热源的途径。但是，可以看出，这两种方法有共同的途径。

图 16-3 不包括任何有关技术难易甚至相对经济性信息。例如，生物质原料氢化生产替代燃气即合成天然气的技术复杂性和费用要高于生产低热值工业气体混合物的数量级。还要注意的是，需要使用催化剂工艺的数量，要求程度相当高的技术先进程度。

一个具有历史意义的途径是含碳原料的异热热裂解生产中热值气体混合物、碳和液体。这是基础途径，19 世纪后期开始，使用煤炭作为原料，生产并分送煤气（也称为城镇或照明气体）供国内和工业使用。在石油天然气广泛使用之前，在欧洲和

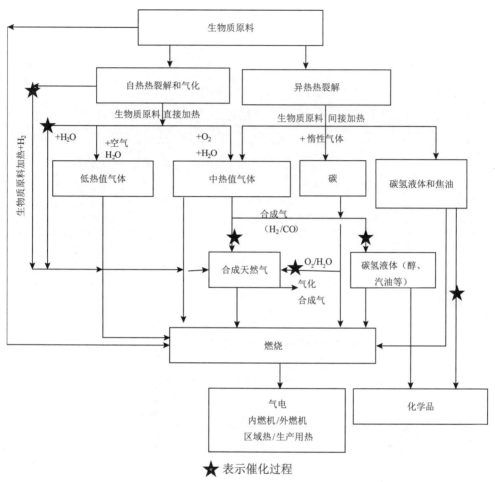

★表示催化过程

图 16.3　热化学生物质转化过程

美国，煤炭化不仅是照明和取暖燃气的主要来源，而且还是无烟固体燃料（焦炭），和非常广泛的化学品的来源。这种工艺最后的主要应用是为钢铁产业生产冶金焦。除了生产这种特别的碳之外，焦炭电池产生中热气体用于钢厂生产用热。

　　最后，图 16-3 提到合成气，如前面提到的，是由 H_2 和 CO 的混合物，用于合成非常广泛的碳氢燃料和化学品（从 CH_4 到汽油柴油，到蜡）[11]。在本章背景下，重要的是认识到生物质材料可用于生产合成气，以及碳氢燃料和化学品。

　　图 16-4 主要描述应用最广泛的采用自热热裂解和气化生产低热值和中热值气体混合物的生物质气化方法。如前面提到的 Rxns（16.3）和（16.4），生产两种气体混合物的区别是使用 空气还是氧气作为主要的起哄介质。

　　当使用空气为放热碳燃烧反应（Rxns(16.4)）提供氧气，得到的气体混合物就是低热值的（通常 80—190Btu/scf），主要由 N_2/CO 组成。然后，燃烧反应产生

11　化石燃料和生物燃料化学，剑桥大学出版社，2013，提供详尽的有关化学和过程的最新细节

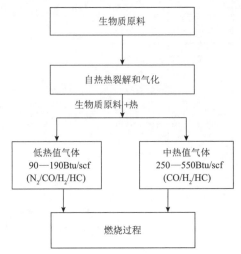

图 16-4　生物质气化成低热值和中热值气体混合物

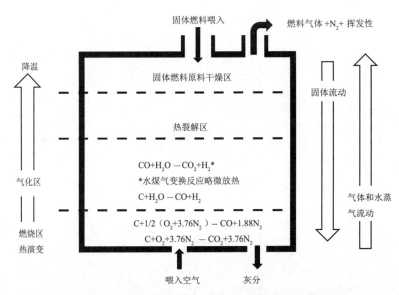

图 16-5　上升气流移动床反向流动气化炉的反应区域

的 CO_2 通过 Bouduard 反应 Rxns(16.1) 还原成 CO。该过程包括将空气吹过热碳床，一旦点燃，碳床就会自己加热。所产生气体的实际热值取决于 N_2 冲淡的程度，以及可能存在原位热裂解产生的轻质烃。这种气体混合物一般称作发生炉煤气。

　　如果将蒸汽同时（或者断断续续地）吹入空气反应器，就会发生 Rxn(16.2) 反应。这个 C/汽反应为 CO/N_2 中添加了 H_2。由于在 输入气体混合物中添加蒸汽没有增加系统中 N_2 的总量，体积热值高于发生炉煤气。热值增加的程度取决于加入蒸汽的量。然而，这个量是受到放热燃烧反应和 Rxn（16.1）和 Rxn（16.2）持续反应所需热量和温度的热平衡的限制。当加入蒸汽时，所得气体混合物通常称为水煤气

（有时称为蓝煤气）。

在这种反应器中，生物质从顶部喂入，空气和蒸汽从反应器底部引入。固体向下流动，水蒸气向上流动。最底部区域是发生 C/O_2 燃烧反应 Rxn（16.4）及其相应的空气替代氧气的反应 Rxn（16.6）的区域，其实所有需要的热量都是在这里产生的。所有的 CO_2 都是以这种方式产生，并随后用于 Bouduard 反应，一些所需的 CO 是碳部分氧化的结果。事实上，使用空气导致气化炉中存在大量稀释剂 N_2，导致总体热值降低，正如"化学概念和背景"这节所述。

从气化炉底部取出灰分，会遇到最高温度，接近最为激烈燃烧区域出口的温度。实际上，燃烧区深度不高，比描述的小得多。在这个区域之上，发生初级气化，主要通过 C/CO_2 和 C/H_2O 反应产生绝大部分所期望的 CO 和 H_2。CO/H_2 比率的一些变化是由于在固体碳表面发生的水煤气变换反应造成的。随着高度增加，温度下降。在一些点，床温过低，使得气化不能进一步进行。

当向下流动的燃料进入气化炉时，和上升的热气／蒸汽相遇，开始脱水。干燥形成的水／蒸汽从出口离开，与气体和重质挥发性物质充分混合。当干燥的燃料继续向下走时，开始热裂解。所产生的挥发性物质以气体流的形式离开气化炉。在这种类型的气化炉中，挥发性烃和焦油从不会经历使其裂解成更期望的轻质烃气体的很高温度。因而，这些蒸汽含有高分子量的有些类似杂酚油那样的复杂混合物。从这些化合物中分离水分是非常困难的，对环境可能是个挑战。

在其向下的途径的某个点，生物质裂解的所有主要阶段都完成了。此时固体是真正的碳，主要由碳元素连同其固有的无机化合物组成。接下来，碳进入气化区，与 CO_2 和 H_2O 反应，形成期望的 CO 和 H_2。剩下未气化的碳最后进入燃烧区，和 O_2 反应产生所需的热和 CO_2。

在"气体混合物分类"这节，已指出低热值气体混合物的消费限于现场应用，因为气体压缩成本使得非现场的广泛配给没有经济性。在过去，克服这种限制的措施是向系统内部热交换表面喷油。通过这种手段，添加的油会裂解成低分子量烃气体，从而显著地将热值增加到中热值气体混合物的水平，这种气体称作加烃水煤气。

自热气化生产中热值气体混合物是利用纯合氧气（或者高度富氧空气）而不是空气作为主要的气化介质（见"气体混合物分类"这节）来实现的。因此，消除了 N_2 稀释因素，使产物气体的热值增加到中等热值水平。见图 16-5，O_2 气化和空气气化除了没有 N_2 外，其他都一致。相同的问题适用于焦油和液体，因为他们从未遇到严酷的热条件。没有 N_2 存在的另一个结果是 CO 和 H_2 混合物没有稀释剂，因而一旦纯化，就是真正的合成气体混合物。

当然，如果气化炉附近有个氧气源运转，那就太好了。因为这要求低温源

O_2，必须要考虑运行成本及其管理费用。氧气气化炉中的温度会提高，由于是在氧气中燃烧，而不是在空气中燃烧。虽然这可能会影响挥发性产物组成的精确分布，但最重要的影响可能是对灰分表观的影响。必须将温度控制在非结渣条件下操作气化炉或者将气化炉特别设计成能够处理结渣灰分表观（见"热裂解"一节）。

16.8 气化炉

16.8.1 对气化炉的基本要求

气化反应器要成功运转，必须完成多个重要任务。除了其他因素，必须提供：

• 外罩，以保持气化所需高温度和高压；

• 安全的反应物和产物容器：最为重要的是要认识到两种主要产物是 H_2 和 CO。氢气在空气中具有很宽范围的易燃性，很容易引爆，一氧化碳是一种无色无味的有毒气体。

• 可控的固体（燃料和灰分）流动，可控制，可保持；

• 反应物适当充分混合，确保高水平的转化效率：未气化的碳表示 CCE 的损失 Eqn（16.2）。有效的混合是气化的重要因素，因为初级化学过程涉及固体和气体的多相反应；

• 热管理，控制热量分布，反应活性和灰分表现。

虽然任何建议的气化工程，其经济性起着最重要的作用，但在为特定应用选择特定气化炉时，还有不少因素必须考虑。其中有：

• 汽化后应用：测定所预期的产生气体的热值。

• 经营规模：独立的小规模应用生产低热值气体混合物的基本要求和打算为生产优质液体染料而生产合成气的大规模运转有很大的不同。

• 生物质原料的可获得性和性质：除了"热裂解"这节所讨论的这些特性（灰分含量和特性，含水量等）外，重要的是，比如了解生物质的可获得性，每批原料的异质性如何？以及是否在正常或者季节性的时间框架上加工不同或者混合原料。

实际的气化反应器有许多设计。下面是其中最常用的自热反应器的一般描述。

16.8.2 气化炉的类型

16.8.2.1 移动或者固定床气化炉

对于生物质来说，这种气化炉类型通常用于生产燃料气体混合物，然而也可用于生产合成气[12]。

12　注：在 SASOL 大规模煤制油技术中，加压上吸式气化炉是合成气生产的基础。

16.8.2.2 上吸式气化炉

这种类型气化炉的反应区如图 16-5 所示，其总体特征上一节已经描述，图 16-6 对这种类型的反应器再次描述。

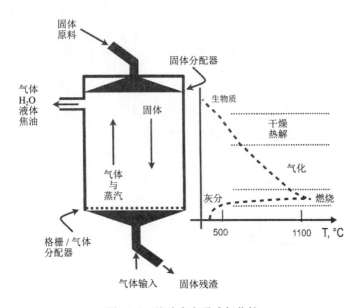

图 16-6　移动床上吸式气化炉

固体床架在炉格上，炉格也作为气体分配器。在这种逆流反应器中，从顶部布料器引入固体，布料器使固体均匀地送到下面的反应床上。有些设计，搅拌装置隐藏在上床中，确保均匀性，并有利于打碎任何结块的固体生物质。通常固体原料大小在 0.5—10cm(0.2—4″)。这些气化炉不能很好地容忍细微颗粒，颗粒倾向于引起反应床间压力剧降。整个反应器中，固体总是互相接触。这意味着，如果原料（或者其无机组分）加热时有任何软化倾向，就会形成结块，引起严重的流动问题。重申一下热裂解这节所讨论过的，热塑性 / 软化问题对于焦煤或者炼焦煤气化来说是很重要的问题，但是，对于生物质气化不应该是个问题。然而，如果设想和某些可能有热塑性的联供原料共同气化的话，就必须考虑这个问题。

在表示气化炉温度曲线图时，固体加热速率在燃烧区之前是相当的缓和。正如所料，在相对狭小的燃烧区，温度剧烈升高。就是在这个区域，会产生关于灰分的软化 / 结渣表现的问题。

这种配置的主要缺点之一是，和其他气化炉相比，焦油产量相当大，原因是热裂解期间一旦焦油形成，就会很快离开气化炉，不会遇到任何高温。因此，焦油不会经历进一步的化学裂解，而基本保持不变。产生大量焦油让人担忧，有两个主要原因。首先，如图 16-5 讨论中所描述的那样，有用的产物气体流富含蒸汽和焦油混合物。虽然从凝结物中分离气体相对简单，但从水中分离重质烃不容易——焦油含有亲水官能团，使之从水中完全去除，在技术上具有挑战性。其结果是，在过程水可能回到环境之前，必须进行重要的化学处理。第二，相对大量的焦油意味着本该转化为 CO 的碳和本该通过裂解产生轻质烃气体的碳损失。这样，降低了 CCE 和 CGE（"气体生产性能测试"一节）。

16.8.2.3 移动床下吸式气化炉

如果热裂解的重质挥发性产物能够通过燃烧区，那么就可能显著降低产物流中的焦油含量。这样的方案是移动床下吸式气化炉的基础。虽然这种气化炉有许多不同的设计，但其主要点如图 16-7 所描述。

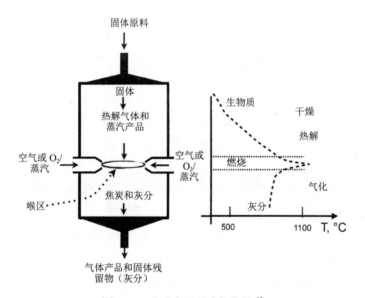

图 16-7　移动床下吸式气化炉 [13]

这是个并流反应器，固体、气体、蒸汽和焦油均向下行。由吸风机保证反应气体流向下。固料从顶部喂入气化炉，从底部去除。从气化炉中部引入反应气体。这种安排，在"咽喉"部位建立了燃烧区，被定义为水平对置式燃烧器。随着固料从入口下行，固料被干燥，经历热裂解。然后，产生的一些碳在燃烧区燃烧，产生 CO_2 和 CO。热裂解的挥发性产物接近燃烧区时被暴于高温，进行相当程度的裂解，产生低分子物质。这些裂解产物通过燃烧区，大部分被燃烧掉，生产 CO_2，CO 和 H_2O。这些气体和焦油燃烧产生的气体一起，在气化区气化余下的碳。灰分和气体产物从底部排出气化炉。采用这种设计对焦油产量的最后结果是产物流中的焦油含

13　这里呈现的温度变化曲线取自 EPRI 技术报告 102034，1993

量降低高达 50—100 倍。在可比条件下，两种移动上床吸式气化炉的气体组成相当相似。对上吸式移动床气化炉所做的评论与这种类型的气化炉一样，因为固料总是相互接触。

虽然展示了对于固料这种气化炉的理想化温度曲线图，但对于气体来说，温度曲线图相似。由此可见，气化炉出口温度相当高，导致大量感热量的损失。因此，对于这种气化方法，在产物流上有个热交换系统，回收大量感热量损失，冷却气体流。增加热回收操作提高亮气化炉的总热效率，当然，也增加了总的投资成本。这些气化炉的应用限于较小规模的运营。

该气化炉另一个必须考虑的运行参数是气体产物流中夹带的灰分和部分转化为碳的小颗粒。结果，夹带的灰尘必须由诸如旋风分离器的设备将其从气体产物中去除。这个问题对于逆流移动床气化炉不是很严重，因为气体产物经过上层裂解和干燥，捕获了大部分夹带的颗粒。

16.8.2.4 流动床气化炉

在流化床，气体流过床上的颗粒，具有足够的动能将各个颗粒吹起，但不足以引起扬析。理想的情况是每个颗粒都刚刚和周围的颗粒分开，反应床看起来和沸腾的液体非常相似。因此，流化床表现得更像液体，而不是固定或者移动床。反应气体和固体混合得极好，这反过来使得温度 [14] 和反应分布（如填料床所看到的，区域表现的确存在）都很均匀。这些反应床的另一个优点是假液体的性质允许将热传递表面置于反应床内部，从而可以控制加热和热回收。

反应床的材料通常是由部分反应的固体燃料（包括灰分）和一床惰性介质如沙子组成。可以加入其他固体 (如石灰石)，原位去除由固体原料中含硫基团产生的不想要的气体如 SO_x。应该注意的是，虽然颗粒基本分离，但彼此却会互相接触。结果，任何程度的导致颗粒结块的原料热塑性，都可能引起严重的运行困难。[15]

在这些反应器中，进来的反应气体作为流化介质（见图 16-8），氧化物的浓度只够保证燃料的部分燃烧。流化床气化炉在相当低的温度（800—900 ℃）下运行，部分原因是保证流化床中的灰化条件，也是由于没有真正的高温燃烧区。如果灰分确实软化，会与其他灰分颗粒和碳形成结块。一旦结块达到某些临界大小，就会下沉，最终引起反应床失去流化功能。

将流化床设计成常压或者高压下运行。所有流化床气化炉的一个主要特征是由于较高的气体速度，产物气体流中小颗粒的浓度高。这就要求在进一步气体处理前，要把夹带的颗粒用旋风分离器去除掉。为提高总转化效率，这些细小颗粒将从旋风

---

14 衡量均匀性的一个方法是从市场上买很好控制的惰性颗粒流化床作为恒温浴，进行高温矫正。
15 反应床中存在惰性固体材料的确能减少热塑性的影响。

分离器直接回到流化床。高气体通量的另一个结果是产物流含有大量感热量。因此，为了最大限度地减少感热量的损失，一个相当大的热回收系统必须整合到现有气流中。

有多种特殊设计，但大部分或者是鼓泡床或者是循环床。前者设计较为简单，除了从排出的产物气体流返回部分夹带的物质外，没有特意的物质回收。鼓泡床以相对较低的气体速度运行，只够搅动反应床中 5—15cm(2—6 英寸) 大小的生物质颗粒。这种类型的气化设备一般用于较小规模的气化运营。然而，在高压设备中可获得较高的产量。

顾名思义，循环床气化炉特意整合了固体和气体回收利用。这类气化炉一般用于大规模、加压或者常压气化方法，因为延长了停留时间和混合使之具有较高的碳转化率。循环床以比鼓泡床高得多的气体速度运行，颗粒性固体在气化炉中处于悬浮状态。在这种情况下，生物质颗粒名义上小于 2cm(0.8 英寸)。

图 16-8 展示循环流化床气化炉的主要特征。

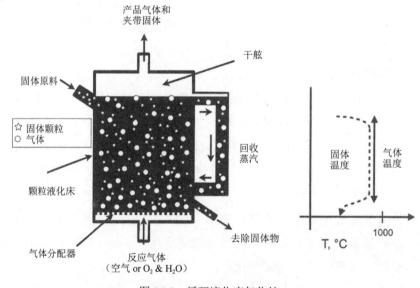

图 16-8　循环流化床气化炉

颗粒直接喂到热床。对进来的固体进行高速率（即大约 10^2—10^3℃ /s）加热。为了增加停留时间，促进混合以及碳转化，特意将主床的一部分进行自身循环。就像流动床那样，其反应床的温度曲线图非常一致。在某些循环流动床气化方法中，采用了一个以上的反应床。比如，来自最初反应器的夹带的部分反应固体直接喂回第二个床完成气化。

一旦进来的颗粒遇到很高的床温，即迅速发生热裂解，挥发性物质立即演变成高温环境，促进裂解。然而，相对较低的运行床温和相对较短的停留时间保证在气体产物流中存在一些轻质烃气体和焦油。产生的数量取决于实际床温，床温越低，产生焦油的量越大。考虑到综合效果，焦油的产量有些介于前面所述上吸式和下吸式移动床气化炉的中间。

流化床之所以成为生物质汽化的吸引人的候选方法，是因为他们对生物质选择相对灵活。然而，不仅有必要深入了解特定生物质灰分结渣特性，而且还要了解，一些共喂材料的灰分组分的存在如何改变结渣特性。

16.8.2.5 气流床气化炉

气流床气化炉最初是为在保证灰分呈液体状态下运行的高温（1200—1600℃）高通量煤气化工艺而开发的，即液态排渣气化炉，也用于气化（以及共气化）石油重油、焦炭、工业有毒废物以及生物质。

很小的固体材料的颗粒被夹带在进入反应器的 O_2 和蒸汽流中。在一些操作中，固体原料被悬浮成浆料，然后再注入气化炉。图 16-9 展示了一个下行垂直气流床反应器，也有另一设计是上吸式的。

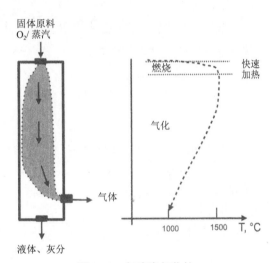

图 16-9　气流床气化炉

气流床气化炉的运行不受原料热塑性能的影响，因为即使夹带颗粒，也很少彼此接触。

固体颗粒一进入接近燃烧炉的高温（>1200℃），即被极速加热（标称速率 $>10^4$℃/s）。在这些迅速加热和高温条件下，基本上所有烃（从 C_1 到重质焦油）都被裂解。因此，所得气体混合没有焦油，轻质烃气体含量低于其他气化方法。虽然裂解阶段极快，碳的部分氧化却相当慢，由于这些反应异质性，必须把反应器设计成有足够的停留时间，使碳 /H_2O/O_2 反应完成——通常的停留时间大约 1 秒左右。总的来说，气体产物的组成将几乎完全是 CO 和 H_2，因此就是合成气混合物（限于中热值 ~320btu/scf，因为缺少烃）。

在液态排渣气化炉中，灰分在反应器里总是呈融化状态，不然就会导致结垢，引起热传递和材料流动中断。一些液态灰分被整合到向下流动的气体流中，其余部分会撞击到壁上，向下流到反应器底部。可能对某些生物质原料来说，排渣的要求是个问题，因为富含在这些气化炉的温度控制下不融化或者部分融化的组分。

气流床气化炉温度变化曲线的重点是，在高强度燃烧区以后，气体和颗粒温度仍保持很高（足以保持灰分处于融化状态）。直接的结果就是，气体以很高的温度离开气化炉，需要利用大型热交换系统对大量的产物感热量进行回收。

当这些气化炉使用煤为原料时，在加入前将煤粉碎成很细的粉，即 <100μm （4×10⁻³ 英寸），通常直径 75μm 左右。这可能带来采用气流床气化炉利用生物质的最大缺点。因为生物质往往是多纤维的，粉碎极为耗能，代价高得几乎没有经济性。

降低粉碎成本的一个方法是干燥（一种低温热裂解方法）预处理生物质。在这种预处理中，将生物质在缺氧条件下加热到 200—320℃温度范围约 30 分钟。回顾一下"热裂解"一节，在这种条件下，生物质会完全干燥，然后开始裂解。裂解的程度虽然不大，但一些挥发性物质会是焦油状。燃烧这些焦油为干燥过程提供热量。干燥过的固体残余物是半焦，不是碳，因为它还含有相当大量的氧和氢。干燥的生物质比原始材料更容易粉碎，并且成本更少，但是要粉碎到 <100μm，可能还不够经济。

另一方面，对于气流床气化炉来说，可能不需要将生物质粉碎到那么细。你会想到，在气化炉中，生物质比煤炭更易反应，因此较短的停留时间就能完成碳转化。因此，在特定设计中，喂入原料颗粒大小可以大到小于大约 1mm（<~0.04 英寸）。那么出现的唯一问题是有关进来的气体流夹带哪种大小颗粒的能力。

16.9 汽化后加工

在所有生物质气化过程里，必须收集灰分并以可接受的方式处置。根据特定工艺和生物质灰分特性，一些会产生颗粒残余物和其他凝固渣。有人提出灰分的很多用途，从生产建筑材料（砖、水泥和沥青块）到农业产品（补充肥料）。特定灰分的潜在价值与其生产的数量及其理化特性有关。例如，按照数量，表 16-3 表明了一些原料，灰分数量相当少，而另外一些灰分的量相当大。物理特性决定了灰分处理后续进一步加工的难易程度。在一个极端情况下，低密度干灰可能需要加固，在另一种极端情况下，灰渣如玻璃状，几乎可以肯定的是，使用前必须磨成小块。灰分的化学特性决定其应用的是惰性还是活性。同样，存在特别痕量元素对于某一特殊用途既可能有益也可能有害。因此，在寻求应用前，对来自特定生物质的灰分进行详细的分析鉴定，以及了解其真实的经济价值都非常重要。

离开任何气化炉的热气无论所期望的应用是什么，都必须进行多种处理，使之被后续利用所接受。这些过程的详情在后面所列的"进一步阅读资料"中均有很好的描述。但是，概述一下，主要包括去除下列东西：

• 颗粒物质：夹带的固体包括灰分和部分转化的含碳物质，可利用机械装置比如旋风分离器和袋式滤器或者液体洗涤进行去除。

•含硫组分：用某些溶剂 H_2S 和 COS 溶解回收，用后续整合的一些化学过程回收硫。

•含氮气体：采用溶剂处理去除 NH_3 和 HCN。

•焦油：一般在汽化后加工过程中采用冷凝的方法去除（取决于特定的清除方法）。所面临的难题是，要在将水再循环回加工过程或者排到环境前，恰当地从任何冷凝水中分离焦油。

•其他化合物 / 化学物类：根据生物质不同，可能需要清除（或者大幅度降低）诸如氯化物、汞、碱金属等组分。

一些应用中，利用水煤气变换反应 Rnx（16.7）工艺，调整产物 H_2/CO 的比例。这对用合成气生产特定烃液体和氨很重要。如果重要的是增加 H_2 含量，那么，从 Rnx(16.7) 反应产物中溶解 CO_2 即可达此目的，并增加气体混合物的热值。如果需要纯合 CO，从 Rnx(16.7) 中去除 H_2O 将会驱动反应平衡朝向相反的方向。

在"气化炉类型"一节中所概括的所有过程中，都必须有气体产物流的热管理。最简单的形式，可能是在下一步处理前用水萃法给气体降温，或者是用更为复杂的热回收系统，用热交换器降温。所描述的所有高通量气化炉必须具有一些整合的热回收设备，降低大量感热的损失。所回收的热是产生蒸汽的形式，供过程内部使用，或者外部使用，为过程提供过程蒸汽或热。

16.10 整体气化联合循环（IGCC）

特别有趣的是整体气化联合循环（IGCC）中生物质气化以较高的总热效率产生电。

一个 IGCC 操作包括如图 16-10 的整合过程。气体纯化后，将合成气喂入固定式燃气轮机，在其燃烧室的空气中燃烧。燃气轮机高温下（$T_{max}\sim1500℃$）以热力学的勃朗登循环运行，产生机械力（$\dot{W}_{GT}$）和非常热的废气（>500℃）。机械力用于发电机发电。用热交换系统（余热锅炉，HRSG）回收废热气的热量。然后，HRSG 产生的蒸汽进入多级汽轮机组，产生额外动力（$\dot{W}_{ST}$——通过朗肯循环），这样，发出更多电。如果汽轮机不为 HRSG 生产足够的热，可根据需要通过燃烧补充燃料额外增加热量。为了使该循环闭合，通过废气和冷凝器的热交换弃掉一定量的热。用热力学的术语，联合循环包含在朗肯循环之上的勃朗登循环。联合循环的热效率描述为：

$\eta_{th,cc}= (\dot{W}_{GT}+ \dot{W}_{GT})/ \dot{Q}_{in}$

其中，$\dot{Q}_{in}$= 所有来源的输入热量总和。

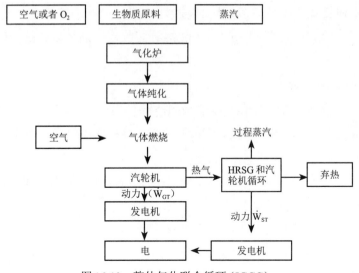

图16-10 整体气化联合循环（IGCC）

来自单一热量输入的两种输出功率相结合，实际总热效率介于45-60%，比勃朗登循环或朗肯循环的单个热效率高得多。

IGCC方法具有环境优势，因为整合的气体纯化过程清除了几乎所有含硫、含氮化合物，从而降低了来自汽轮机燃烧的燃料源SO_x和NO_x。类似地，相比常规燃煤电厂发电，也减少了颗粒物排放。IGCC的不足之处是，与竞争技术相比，过程比较复杂，投资成本较高。

进一步阅读资料

Cheng, J. (Ed,), 2010. Biomass to Renewable Energy Processes. CRC Press.

Republished by Synthetic Fuels, Probstein & Hicks, 2006. Dover Books. Originally published by McGraw-Hill, (1982).

Higman, van der Burgt, 2008. Gasification, second ed. Gulf Professional Publishing.

Kishore (Ed.), 2009. Renewable Energy Engineering & Technology. Earthscan Publishing.

Kreith. Kreider, 2011. Principles of Sustainable Energy. CRC Press.

Miller, Tillman (Eds.), 2008. Combustion Engineering Issues. Academic Press.

Pandey, A., Larroche, C., Ricke, S.C., Dussap, C.-G., Gnansounou, E. (Eds.), 2011. Biofuels: Alternative Feed-stocks & Conversion Processes. Academic Press.

DeRosa, A., 2012. Fundamentals of Renewable Energy Processes, third ed. Academic Press.

Schobert, H., 2013. Chemistry of Fossil Fuels and Biofuels. Cambridge University Press.

Siedlecki, M., De Jong, W., Verkooijen, A.H., 2011. Fluidized bed gasification as a mature and reliable technology for the production of bio-syngas and applied in the production of liquid transportation fuels-a review. Energies 4, 389-434. Open access available online from: http://www.mdpi.com.

Tester, J.W., Drake, E.M., Driscoll, M.J., Golay, M.W., Peters, W.A., 2012. Sustainable Energy, second ed. MIT Press.

第十七章
畜禽粪便厌氧消化生产能源之基础

Klein E. Ileleji, Chad Martin, Don Jones

美国，印第安纳州，西拉法叶，普渡大学农业与生物工程系

17.1 引 言

多种来源的生物能源为当地减少对国外石油和石油基燃料的依赖提供了机遇。集中畜牧经营的畜禽粪便可能是能源生产的一种来源，这不仅为农场提供替代能源，而且也会减轻畜牧经营中气味的负面影响。粪便产生的沼气可直接用于燃气内燃机或者微型燃气轮机发电。汽轮机运转产生的余热的额外能量可用于给农场供暖或者提供热水，也可用于沼气池冬季保温。

17.2 厌氧消化过程

厌氧消化即在无氧条件下发生的有机物质生物降解。该过程释放沼气，同时将不稳定的、病原和营养丰富的有机基质，比如粪便，转化为更稳定的营养丰富，病原量降低的材料（图 17-1）。沼气由近 65% 的甲烷组成，其余大部分是二氧化碳和其他微量气体（Jones 等，1980）。剩余物是更稳定的基质，可能是良好的肥料来源，或者在某些情况下，进一步制成堆肥，重新用做基料。

厌氧消化池是用于利用畜禽粪便生产沼气的操作设备。图 17-2 是描述厌氧发酵过程的示意图。在厌氧消化池中，有机底物首先被细菌液化，接下来是两步过程，即由产生菌产酸，甲烷生成菌利用酸产甲烷。在多数情况下，消化后的废液可以相对容易地分离成固体和液体部分。就奶牛场来说，固体部分可用于再利用基料，消解材料的其他部分可按农艺用量施入土壤，满足土壤和作物需要。粪便的生化产甲烷潜力（BMP），是一种衡量粪便产甲烷潜力的一种度量，它因畜禽种类不同而异。

生产中以每个动物单位（AU）所产甲烷气体立方英尺数来计量。按照美国农业与生物工程学会（ASABE）标准的定义，一个动物单位是基于畜禽的1000活重（ASABE标准，1995）。

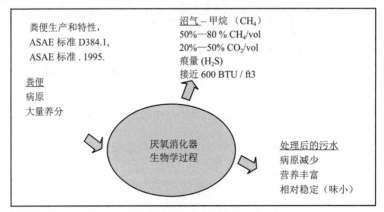

图 17-1　厌氧消化基本过程的示意图

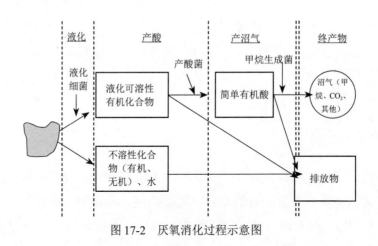

图 17-2　厌氧消化过程示意图

　　表 17-1 展示了一些常见畜禽废物流的 BMP。除了畜禽废物，附近食品加工的残余物一直被有效地用于厌氧沼气池系统来促进甲烷生产。这种残余物包括高淀粉或高脂肪含量材料。

　　厌氧消化池可根据以下两方面分类：（1）厌氧消化设备的运行温度，（2）厌氧消化设备的过程设计。后者即产酸反应和产甲烷反应独立，也可两者混合。温度范围确定为低温（68 ℉，20℃）、中温（95—105 ℉，35—41℃）、高温（125—135℉，52—57℃）。沼气池环境的 pH 水平应该尽可能保持在接近中性（pH 7.0）（Jones

等，1980）。有不少过程设计目前可用于消化畜禽粪便。下面所列的技术多样，从非常简单的设计（覆盖泻湖）到升流式厌氧污泥床（UASB）中较为复杂的设计。然而，大部分农场沼气池使用比较简单的系统，通常是下面所列（1）、（2）、（4）（图 17-3）：

（1）覆盖泻湖；

（2）塞流式沼气池；

（3）混合塞流式沼气池；

（4）完全混合式沼气池；

（5）固定模沼气池；

（6）温度分段式厌氧沼气池；

（7）序批式厌氧反应器（ASBR）；

（8）升流式厌氧污泥床（UASB）。

典型厌氧消化系统的构成部件包括：粪便收集装置、厌氧沼气池、废液罐、气体处理装置和气体使用/发电设备。某些情况下，产生的气体只是烧到大气中。每一系统的优势取决于畜禽养殖的一些可变因素。表 17-2 汇总了 4 种畜禽养殖中常用的厌氧消化技术的特色。

17.3 厌氧消化的益处

在一项大湖地区生物量能源计划委托的研究中，记录了如下的对奶牛养殖的益处（Kramer，2004）：

*每年售电收入或者成本抵扣 \$32—78/ 头牛（转售电取决于各州和设施政策）。

*粪便消化后作为垫料而不用其他垫料可消减每年的垫料成本。

*消化后，改善了畜禽粪便的营养获得性，降低了酸性，减少了气味。由于少购买肥料，生产者可节约 \$41—60/ 头牛（奶牛）。

*控制异味是作一个好邻居的一个关键益处。它提高了农场内外的生活质量，有助于生产者避免抱怨和诉讼，允许继续经营，不然就要安装新设备，增强了经营的灵活性。

*厌氧消化减少了与粪便排出相关联的病原（Mosier，1998）。

表 17-1　最重要的农业原料厌氧消化的特点和运行参数

原料	总固体 TS%	挥发性固体（占TS%）	C:N比例	沼气产量（m³/kg VS）	停留时间（天）	CH₄含量（%）	不需要的物质	抑制性物质	常见问题	参考文献
猪粪	3—8[d]	70—80	3—10	0.25—0.50	20—40	70—80	木屑、猪毛、H_2O、沙、绳秸秆	抗生素、杀菌剂	泡沫层、沉淀	Brachtl(1998), Braun(1982), Thomé-Kozmiensky (1995), Wellinger (1984)
牛粪	5—12[d]	75—85	6—20[a]	0.20—0.30	20—30	55—75	牛毛、土、H_2O、NH_4^+、秸秆、木材	抗生素、杀菌剂	泡沫层、产气量低	Brachtl (1998), Braun (1982), Thomé-Kozmiensky (1995), Wellinger (1984)
鸡粪	10—30[d]	70—80	3—10	0.35—0.60	>30	60—80	NH_4^+、砂砾、沙、鸡毛	抗生素、杀菌剂	NH_4^+抑制、泡沫层	Brachtl (1998), Kuhn (1995)
乳清	1—5	80—95	n.a.	0.80—0.95	3—10	60—80	蒸发物杂质		pH降低	Brachtl (1998), Thomé-Kozmiensky (1995)
发酵废液	1—5	80—95	4—10	0.35—0.55	3—10	55—75	不能降解的果实残余物		高酸浓度、VFA抑制	Brachtl (1998), Thomé-Kozmiensky (1995)
树叶	80	90	30—80	0.10—0.30[b]	8—20	n.a.	土	杀虫剂		Brachtl (1998), Thomé-Kozmiensky (1995)
木屑	80	95	n.a.	n.a.	n.a.	n.a.	不需要的材料		机械问题	Brachtl (1998), Thomé-Kozmiensky (1995)
秸秆	70	90	90	0.35—0.45[e]	10—50[e]	n.a.	土、砂粒		泡沫层、难消化	Brachtl (1998), Thomé-Kozmiensky (1995)
林木废弃物	60—70	99.6	72.3	n.a.	n.a.	n.a.	不需要的材料		难于厌氧生物降解	Brachtl (1998), Thomé-Kozmiensky (1995)
园林废弃物	60—70	90	100—150	0.20—0.50	8—30	n.a.	土、纤维素组分	杀虫剂	纤维素组分难于降解	Brachtl (1998), Thomé-Kozmiensky (1995)
草	20—25	90	12—25	0.55	10	n.a.	砂粒	杀虫剂	pH降低	Brachtl (1998), Thomé-Kozmiensky (1995)
青贮草	15—25	90	10—25	0.56	10	n.a.	砂粒		pH降低	Brachtl (1998), Thomé-Kozmiensky (1995)
果渣	15—20	75	35	0.25—0.50	8—20	n.a.	不能降解的果实残余物、砂砾	杀虫剂	pH降低	Brachtl (1998)
食品残余物	10	80	n.a.	0.50—0.60	10—20	70—80	骨、塑料	消毒剂	沉淀、机械问题	Nordberg 和 Edström (1997)

A 依秸秆添加量而定　b 依干燥速率而定　c 依停留时间而定　d 依稀适度而定　e 以颗粒大小而定　n. a. 没有数据

表 17-2　沼气池技术特点汇总（美国环保局 AgSTAR 手册，2007）

特点	覆盖泻湖	完全混合式	塞流式	固定膜式
消化容器	深泻湖	圆形或方形地下／地上式池	长方形地下池	地上池
技术水平	低	中等	低	中等
补充热源	否	是	是	否
总固体	0.5%—3%	3%—10%	11%—13%	3%
固体特点	细	糙	糙	很细
HRT 天数	40—60	15+	15+	2—3
农场类型	奶牛、猪	奶牛、猪	奶牛	奶牛、猪
适宜地点	温带和热带气候	所有气候	所有气候	温带和热带气候

a 水力停留时间（HRT）是一定体积的粪便在沼气池内停留的天数。

17.4 怎样运行才适合厌氧消化？

在考虑农场厌氧消化设备时，必须了解关键变量，精心计划。下面的清单应该有利于开始时确定农场上安装这个系统的可行性（美国环保局 AgSTAR 手册，2007）：

• 农场运营是密闭式喂养至少有 500 头奶牛／肉牛或 2000 头母猪／架子猪吗？[说明：这将取决于国家和公用事业购买农场生产能源的政策，在一些州，电价或接近零售电价，而在其他州，没有州级政策。在本书出版时，大多数州（包括印第安那州）没有要求公用事业购买农场产生的电力。]

图 17-3 (a) 两种厌氧反应器（前景）显示收集气体的柔性盖子，是德国南部下萨克森州云德村社区厌氧消化系统的部分。也显示：发电机组厂房设施和一个地下混合槽。（b）俄勒冈州一个奶牛场的厌氧消化反应器。（c）输送管道，将厌氧消化反应器经过消化液体粪便污水输送到俄勒冈州的一个农场的开放泻湖。

• 是 90% 的粪便定期收集吗？

• 粪便是全年稳定生产和收集吗？

• 要与沼气能源生产相匹配，粪便是以液体、浆料，还是半固体形态管理？

• 粪便中没有沙子或其他石头类物质的垫料吗？

• 农场回收能源是否随时可用（热，通风风扇等）？

• 操作人员能对系统进行定期检查、

图 17-4　发电设备，展示回收热量
用于给厌氧消化反应器加热的管道。

图 17-5　沼气监测控制面板

维修和维护，他们有渴望看到系统成功运行吗？

• 可以修改畜牧生产系统为沼气池补充比较新鲜粪便，并储存消化的粪便吗？

• 当将多余的电力出售给公用电网时，安全总是一个重要的问题。需要考虑具体布线，避免在电源线掉下来时触电。处理沼气也应格外谨慎。

17.5 结 论

畜禽粪便厌氧消化是管理大量有机废物负荷以及在大型喂养区和密闭式动物喂养（CAFOs）中遇到的相关问题的另一途径。如果计划得当，厌氧消化可以通过能源销售带来收入或节省农场能源发电。尽管厌氧消化不是一种新技术，在美国农场的应用还不普遍，但要获其益处，还需要仔细规划，认真实施。总的来说，厌氧消化技术可以帮助保护和整合社区内的畜牧业生产，创造可再生能源，服务农村地区日益增长的生物经济。

致 谢

作者感谢印第安娜能源和国防发展办公室为使本书出版提供资金支持（合同号8-BM-002）。

参考文献

ASABE Standard, 1995. Manure Production and Characteristics. ASAE Standard D384.1, ASAE Standards.

Brachtl, E., 1998. Pilotversuche zur Cofermentation von pharmazeutischen Abfällen mit Rindergülle. Diplomarbeit. Interuniversitäres Forschungsinstitut für Agrarbiotechnologie, Abt. Umweltbiotechnologie, 3430-Tulln, Austria. (in Arbeit).

Braun, R., 1982. Biogas – Methangärung organischer Abfallstoffe, Grundlagen und Anwendungsbeispiele. Springer Verlag, Wien, New York.

Jones, D., Nye, J., Dale, A., 1980. Methane Generation from Livestock Waste. AE-105. Purdue University Cooperative Extension Service.

Kramer, J., 2004. Agricultural Biogas Casebook – 2004 Update. Great Lakes Regional Biomass Energy Program, Council of Great Lakes Governors.

Kuhn, E. (Ed.), 1995. Kofermentation. Kuratorium für Technik und Bauwesen in der Landwirtschaft e.V. (KTBL), Arbeitspapier 219, Darmstadt.

Mosier, M., 1998. Anaerobic Digesters Control Odors, Reduce, Pathogens, Improve Nutrient Manageability, Can Be Cost Competitive with Lagoons, and Provide Energy Too!. Resource Conservation Management, Inc. Presentation at Iowa State University.

Nordberg, Å., Edström, M., March 1997. Co-digestion of ley crop silage, source-sorted municipal solid waste and municipal sewage sludge. In: Proceedings from 5th FAO/SREN Workshop, Anaerobic Conversion for Environmental Protection, Sanitation and Re-Use of Residues; Gent, Belgium, pp. 24–27.

Thomé-Kozmiensky, K.J. (Ed.), 1995. Biologische Abfallbehandlung. EFVerlag für Energieund Umwelttechnik, Berlin, D.

U.S. EPA, September 2007. AgSTAR Handbook: A Manual for Developing Biogas Systems at Commercial Farms in the United States, second ed. http://www.epa.gov/agstar/resources/handbook.html.

Wellinger, A., 1984. Anaerobic digestion: a review comparison with two types of aeration systems for manure treatment and energy production on the small farm. Agricultural Wastes 10, 117–133.

第十八章
生物能源和厌氧消化

M. Charles Gould

美国，密歇根州，密歇根州立大学农业与农业经济管理研究所推广教师

18.1 引 言

　　厌氧消化，是一种可再生能源技术，它是利用自然生物学过程，使用可获得的生物质（如食品废物、动物粪便和能源作物）生产沼气（可再生甲烷）。沼气可用于发电和产热，或者升级用作车用燃料，或者注入天然气网。沼气由大约45%—65%甲烷和30%—40%二氧化碳以及痕量气体和水分组成（表18-1）。根据美国环保局数据（2013），在美国，甲烷（CH_4）是人类活动中排放的第二普遍的温室气体。虽然甲烷在大气中的寿命比二氧化碳短得多，但CH_4捕获辐射比CO_2更有效。同样的重量下，在100年期内，CH_4对气候变化的比较影响是CO_2的20倍以上。燃烧沼气是降低温室气体排放的一项策略。

18.2 厌氧消化过程

　　厌氧消化是个复杂的、由几类不需氧气生活的微生物多步完成的生化反应。这个反应产生主要由甲烷和二氧化碳组成的沼气。

　　在厌氧环境下，专门的微生物将复杂的有机物（碳水化合物、蛋白质和脂肪）降解为分子量较小、溶于水的分子（糖、氨基酸和脂肪酸）。甲烷和二氧化碳是该过程的主要气体终产物，被称为沼气。表18-1列出了沼气的典型组成。更重要的是，厌氧消化稳定了沼气池中的粪液。

　　复杂有机物转化为甲烷和二氧化碳的整个过程可分为如图18-1所示的四个步骤，即水解、产酸、产乙酸、产甲烷。图18-1带圈的数字与下面描述的步骤对应。应该指出的是，有些研究者将产酸和产乙酸合并，使之变成三步转化过程。

表 18-1 沼气的典型组成（体积百分比）

沼气组分	沼气组成（%）
甲烷（CH_4）	45%—65%
二氧化碳（CO_2）	30%—40%
硫化氢（H_2S）	0.3%—3%
氨（NH_3）	0%—1%
水分（H_2O）	0%—10%
氮气（N_2）	0%—5%
氧气（O_2）	0%—2%
氢气（H_2）	0%—1%

来源：Becky Larson, UW-Madison.

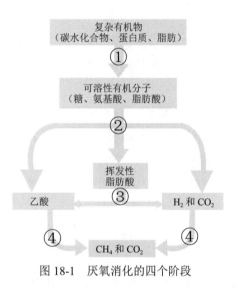

图 18-1 厌氧消化的四个阶段

在厌氧沼气池中，四个过程同时发生。当厌氧沼气池正常运转时，前三步的产物转化为甲烷的转化实际上已经几乎完成，以致这些产物的浓度什么时候都很低。Biarnes（2012）将每步描述如下：

第一步：水解

在厌氧消化中，水解是第一个必要步骤，因为生物质通常是由非常大的有机聚合物组成，若不水解，则不能用。通过水解，这些大的聚合物，即蛋白质、脂肪和碳水化合物，分解成小分子，比如氨基酸、脂肪酸和单糖。虽然一些水解产物，包括氢和醋酸，可用于后来厌氧消化过程的产甲烷，但这些分子的多数，还相对较大，必须在产酸过程中进一步降解，以便用于产甲烷。

第二步：发酵或酸化

产酸是厌氧消化的第二步，在此期间，产酸微生物进一步降解生物质水解后的产物。这些发酵细菌在沼气池中产生酸环境，同时产生 H_2、CO_2、H_2S，较短的挥发性脂肪酸、碳酸、醇类，以及痕量的其他副产物。虽然产酸菌进一步降解有机物，但还是太大，不能用来在中的甲烷生产，所以生物质还需要下一步的产乙酸过程。

第三步：乙酸化

一般来说，乙酸化就是产乙酸菌用碳和能源生产醋酸盐，一种乙酸衍生物。乙酸菌将酸化过程中产生的许多产物异化成乙酸，CO_2 和 H_2，再被产甲烷菌用于产甲烷。

第四步：产甲烷

产甲烷是厌氧消化的最后一步，在此期间，产甲烷菌用乙酸化的最后产物生产甲烷，也从水解和酸化的即时产物产甲烷。

在产甲烷过程中，利用厌氧消化前三步的两个主要产物乙酸和二氧化碳产生甲烷的常规途径有两种：

$$CO_2+4H_2—CH_4+2H_2O$$

$$CH_3COOH—CH_4+CO_2$$

虽然 CO_2 可通过反应被转化为甲烷和水，但产甲烷中产生甲烷的主要机制是乙酸途径。这种途径产生甲烷和 CO_2，厌氧消化的两种主要产物。

18.2.1 发酵菌和产甲烷菌的关系

在正常工作的农场厌氧沼气池，消化的原料（称为浆料）包含所有稳定粪便必需的发酵细菌和产甲烷菌。原料是任何具有产沼气潜力的有机物，比如粪便和食品垃圾。

稳定化是指在停留期间原料中的挥发性固形物被生物降解，搅拌并和发酵细菌相互作用。挥发性固形物总固体（即有机物）中转化为沼气的部分。正如"厌氧"所暗示的那样，这种稳定化发生于无氧条件下。如果运转得当，厌氧消化会降低气味和病原水平。沼渣一直被描述为带有一丝氨味的土腥味。经过生物稳定化的粪便不再是粪便，而是经过处理的废水（Moser，1998）。

在沼气池中保存足够的发酵细菌和产甲烷菌对保证处理过程持续有效运转很重要。只要消化过程的其他要求得到满足，比如 pH 和温度，唯一需要控制的就是保持适当的新料供应，以便沼气池中现有微生物群体能够有效处理每天向沼气池中添加的原料。

消化池条件改变，会影响发酵细菌和产甲烷菌的关系。pH 的变化证明了这一点。pH 在 6.8—7.2 之间产甲烷菌产甲烷效率最高。当 pH 下降到 6.8 以下时，产甲烷菌受到胁迫，不能足够快地将发酵菌产生的有机酸转化为甲烷。在沼气生产的第一阶段，发酵菌不受低 pH 值的影响，继续产有机酸。其结果是有机酸和氢不断积累。产甲烷菌在这种环境中无法存活而相继死亡，导致甲烷产量下降。甲烷产量低导致所产沼气不好，因为它主要是二氧化碳，因此不能燃烧。

产气量下降和粪液的低 pH 值是由于已知的酸池条件导致的。酸池的补救办法取要根据坏的程度和沼气池类型而定。例如，如果沼气池是塞流式的，添加新原料最终会使沼气池回复正常，不需要重新接种。对于其他类型的沼气池，最好的办法是停止投料，并混合一段时间粪液。观察情况，根据对粪液和沼气的分析做出调整。如果在不断尝试整改问题后仍然没有恢复产气，最后万不得已的办法就是清除粪液，用新料重新启动沼气池。

18.2.2 本节小结

沼气是在厌氧环境下由专门将复杂有机物降解成沼气的微生物所产生的。沼气生产是个复杂的过程，包括 4 个阶段：水解、发酵、乙酸化、产甲烷。沼气通常含45%—65% 甲烷，30%—40% 二氧化碳，以及痕量气体和水分。沼气池中厌氧消化稳定粪液。只要保持沼气池中有利于发酵菌和产甲烷菌存活的条件，就可持续产沼气。如果条件发生了变化，比如 pH 和温度下降，甲烷产量就会下降，如果不进行纠正，最终就会停止产气。如果情况已经到了无法纠正的地步，可能需要清空沼气池，填入新料和沼渣重新启动。

18.3 原 料

有种类繁多的有机物质可用作生产沼气的原料。不同原料的能源生产潜力各不相同（图 18-2）。比如，粪便比脂肪、油或者动物油脂的沼产气量低。然而，对于向沼气池添加什么、添加多少都有科学、工程和法律上的限制。

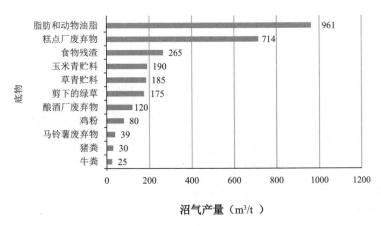

图 18-2　不同原料的沼气产量

18.3.1 原料实例

畜禽粪便是低能原料，因其已经过了畜禽胃肠道的预消化。然而，粪便是厌氧消化的主要选择，因其一般 pH 值中性并具有较高的缓冲能力（抵抗 pH 变化的能力）；含有负责厌氧消化的天然微生物组合；提供一批营养物、微量营养物和痕量金属； 可获得量大；可用泵输送（Kirk 和 Faior，2012）。正因为这些特点，将高能量原料和畜禽粪便混合是最大化产沼气的常用做法。

使用粪便作为农场厌氧消化的基料很重要，因为许多高能量原料，比如食品加工废弃物和酒精糟液是酸性的，几乎不含天然微生物，经常缺乏微生物代谢所需的大量和微量养分。运行厌氧消化系统的农场可能利用额外的废弃物，通过增加产气量而受益，也可以通过收取倾倒费而增加收入。倾倒费是农民接收原料而获得的费用。可加入农场沼气池的原料的例子有：

* 废弃饲料
* 食品加工废弃物
* 脂肪、油和动物油脂
* 屠宰场废弃物
* 玉米青贮料（能源作物）
* 乙醇生产中的糖浆
* 生物柴油生产中的甘油
* 奶房洗涤水
* 鲜活农产品废弃物
* 餐厅废弃物
* 农场死亡动物

应该认识到，这些原料喂入沼气池的量可能受到规定、原料特点或者两者的限制。例如，2011 年，密歇根立法机关修改了"动物尸体法"，包括了将动物尸体厌氧消化作为可接受的死亡管理形式。对于将死亡动物加入沼气池以及沼渣的使用必须遵守具体规定。另一个也是密歇根的例子是，来自乙醇生产的糖浆、脂肪、油或动物油（FOG）可加入沼气池的量限于最多替代 20%（体积）。这条规定还限定了沼渣施入土地或其他处置方式的条件。众所周知，添加高浓度有机物质，比如餐厅废弃物，和高产气量正相关。然而，在某种程度上，有机质可能会过量，导致酸池。下面的材料不应该进入厌氧沼气池。

* 已知对厌氧微生物有毒的化合物，比如车用油、润滑油和凡士林。高 pH 时，氨和硫化物对这些微生物有毒。当 pH 控制在适当水平时，氨和硫化物的毒性对微生物群落没有危险。

* 难于降解的材料。这些需要较长的停留时间，意味着这些材料在厌氧沼气池中必须花更长时间才能要分解并转化成沼气。

* 诸如塑料和金属类的材料在沼气池中保持不变，应该完全避免。无机材料，

比如沙子，不含碳，不能被转化为沼气。沙子还可能引起操作问题，比如管道堵塞、设备过早损毁，以及由于沙子积累导致沼气池体积变小。

18.3.2 碳／氮比例

Fry（1973）说，厌氧微生物利用碳为能源，利用氮构建细胞结构。这些微生物消耗碳的速度比他们利用氮的速度快约 30 倍。当原料同时含有一定量的碳和氮时，厌氧消化过程进行的最快。假定其他条件都有利的话，C/N 比为 30 时，可使消化速率最合适。如果原料中碳含量过高（C/N 比高，比如 60/1），氮会被首先用完，碳会剩下。另一方面，如果氮过高（低 C/N 比，比如 30/15），碳会很快耗尽，发酵停止。剩下的氮会以氨气（NH_3）的形式损失掉。

18.3.3 挥发性固形物

挥发性固形物被发酵菌用于生产有机酸和氢，产甲烷菌将其转化为甲烷。由发酵菌产生的主要有机酸是乙酸。不同原料产沼气的潜力各不相同。

脂肪，富含挥发性固形物，可产较多的沼气，而相比之下，粪便产气量则较低。植物油脂，比如食用油，在厌氧沼气池中很容易分解；然而，单独脂肪、油和动物油脂不是理想原料；最好将他们与其他原料一起消化。

18.3.4 本节小结

不同原料产沼气的潜力各不相同。将具有最高产沼气潜力的原料与提供连续一致的运行环境（比如 pH）的材料相结合才能获得最大的沼气产量。无机物和有毒物质抑制产沼气，不要加入沼气池。

18.4 沼气池启动过程

让任何生物系统运转，都需要小心注意多个参数，虽然确保启动良好的这些参数技术上并不困难，但不遵从正确的程序或者不适当检测启动方法，会导致厌氧消化启动过程延迟较长时间，甚至导致系统完全不能产沼气。

18.4.1 启 动

Balsam(2006) 建议按下面的程序准备沼气池生产沼气：用水填充沼气池，然后将其加热到期望温度。加入来自城市污水处理厂或者农场沼气池的"种泥"（在相同温度范围内操作）到沼气池容积的 20%—25%。在接下来的 6—8 周时间里，逐渐增加填入沼气池中新鲜粪便的量，直到达到期望的负载量。假定系统内的这个温度保持相对稳定，将会在启动后第四周稳定产气。细菌可能需要 2—3 个月才能繁殖到有效群体。用 CO_2 或者另一种非氧气体充入沼气池会有助于缩短启动时间，降低启动期间爆炸的危险。

使用正在运行的沼气池废液为新沼气池接种比较理想，沼液中已经含有所有生产沼气所需的发酵菌和产甲烷菌。用正在运行的沼气池废液为新沼气池接种会加快沼气池产生可燃沼气所需时间，意味着甲烷是沼气的主要成分，而不是二氧化碳。这说明其他所有因素（温度、pH、挥发性酸浓度等）都处于合适水平。如果无法得到种子沼液，使用预先处理的原粪便将会改进启动时间。预先处理的粪便即将粪便在厌氧状态下储存至少 2 周，然后再加到消化容器。

在启动过程中，检测 pH、脂肪酸水平、沼气组分和温度很重要。沼气池的 pH 应该趋向 7。挥发性脂肪酸和二氧化碳浓度应该随着产气量增加而下降。如果沼气池沼液 pH 下降或者挥发性酸的水平升高，两天内不应向沼气池添加原料，直到沼渣状态稳定。然后再回复填料。温度波动，即便很小，也会影响厌氧微生物，因此，影响产气。中温系统应该保持在大约 100°F，高温系统大约 135°F。

18.4.2 启动后给沼气池填料

一旦沼气池启动成功完成，接下来一步就是每天填料。最好的安排是少量持续填料。其次是经常短时间抽吸，每天一次是最糟糕的。沼气池操作者可以填入少量挥发性固形物，但不能太多。过多会导致材料未被消化就被排出沼气池，也会抑制产气。

18.4.3 冷天启动沼气池

无论什么季节，启动期间补充加热总是需要的。然而，从环境温度到高温沼气池，冬季启动沼气池都需要大量能源，这意味着在冬季启动沼气池代价更高。在一年的其他时间，而不是晚秋或者早冬启动沼气池可能更合算。

18.4.4 本节小结

新沼气池产气最快的途径就是用正常运行的沼气池的沼液或者污泥厌氧微生物为其接种，而粪便很慢，需要 6—8 周的时间。检测 pH、脂肪酸水平、沼气成分和温度，必要时进行修正。冬季启动沼气池代价较大，最好是在一年比较暖和的时候启动。

18.5 加载率

18.5.1 背景

定期测量进入沼气池原料，计算单位时间加载量，被称为加载率。发酵菌对注入沼气池的原料种类和体积很敏感。改变原料应当慢慢来，以不知于震荡沼气池，可能引起沼气池停止产气。

18.5.2 给沼气池填料的因素

操作人员必须监控沼气池填料。原料的数量和特征影响消化过程的稳定性和效率。在给沼气池填料时，必须考虑下述几点：

* 填入原料的浓度（浓度是指一定体积的水中固形物的量）；

* 填入原料中挥发性固形物的量（挥发性固形物是发酵菌的养料，是产沼气所必需的）；

* 原料中无机物质（比如砾石或沙子，不能转化为沼气）的量；

* 每单位沼气池容积挥发性固形物的比率（该比率用作加载因子）；

* 水力停留时间（适当的水力停留时间是保证微生物生长，将挥发性固形物转化为沼气所必需的）。

18.5.3 计算加载率（填料速度）

为了确定某一沼气池的加载率，需要一些有关沼气池和投入沼气池原料的基本信息。下面的例子说明如何计算特定沼气池的加载率：

假定每天将 5000 加仑粪便抽到直径 50 英尺、粪便深 20 英尺、锥深 5 英尺的完全混合式沼气池中，沼气池以 100°F 运行。分析表明，粪便含 6.5% 总固形物，69% 挥发性固形物。假定粪便的比重是 1（水的密度），那么，固体加载率是多少？

18.5.3.1 计算粪便体积

A. 粪便圆柱体积（罐）= π × 半径平方 × 高

= 3.14×25 ft^2×20 ft

= 39,250 ft^3

B. 粪便锥形体积 = 1/3 × π × 半径平方 × 高（深）

= 1/3× 3.14 ×25 ft^2 × 5 ft

= 3271ft^3

C. 沼气池总粪便体积 = 圆柱体积 + 锥形体积

$$= 39,250 \text{ ft}^3 + 3271 \text{ft}^3$$

$$= 42，521 \text{ ft}^3$$

18.5.3.2 计算加载率（填料速度）

A. 每天总固形物的磅数 = 加仑 / 天 × 8.34 磅 / 加仑 × 总固形物 %（两位小数）

=5000 加仑 / 天 ×8.34 磅 / 加仑 ×0.065（两位小数）

=2710 磅 / 天

B. 每天挥发性固形物的磅数 = 总固形物的磅数 / 天 × 挥发性固形物 %（两位小数）

=2710 磅 / 天 ×0.69

=1869 磅 / 天

C. 加载速率 = 每天挥发性固形物磅数 / 沼气池粪便体积

=1869（磅 / 天）/42521（ft³）

=0.04 磅 / 天 /ft³

根据上面的假设，0.04 磅挥发性固形物 / 天 / 立方英尺在 0.02—0.37 磅挥发性固形物 / 立方英尺沼气池的可接受加载速率范围内（Fulhage，1993）。这个加载率范围也可表示为 20—370 磅挥发性固形物 / 天 /1000 立方英尺。

18.5.4 水力负荷

水力负荷（即水力停留时间）是指原料停留在沼气池的平均天数。这和沼气池的产能有关。水力负荷是用沼气池体积（加仑）除以填料体积（加仑 / 天）来计算。我们知道，对于保证产甲烷菌有足够的时间将有机酸转化为甲烷很重要。如果时间太短，原料经过沼气池而未被充分处理，原料的产气潜力就不会实现。如果时间过长，沼气产量则开始缓慢下降，因为甲烷菌消耗完了营养。最小水力负荷依沼气池类型、运行温度和投入沼气池的固形物类型和数量而不同。

18.6 估计沼气产量的工具

有几个非常好用的工具可用于估计沼气产量。然而，估计沼气产量只是这些工具的一部分，其真实目的是确定沼气池是否合适特定情形。如果发现合适，下一步就是可行性研究。下载使用这些工具都是免费的。

18.6.1 美国环保局的 AgSTAR

* AgSTAR 手册是一本综合性手册，对商业农场发展沼气回收系统提供指导。

* FarmWare 是一个专家决策支持软件包，可用于进行预可行性评估。

* 厌氧消化筛选表格，感兴趣的生产者用来确定厌氧消化对于他们的经营是否可行？一收到这张表，AgSTAR 代表就会跟进，讨论是否进行更深入的预可行性评估。

18.6.2 明尼苏达大学推广部

厌氧沼气池经济学电子表格将会初步计算在农场拥有和经营一个厌氧沼气池的每年成本和回报。

18.6.3 本节小结

适当的加载速率可保证持续产生沼气。

18.7 沼气池的运行与控制

如果建立并遵守沼气池运行和控制程序，厌氧沼气池就能稳定运行。

18.7.1 运行与控制程序

如前所述，厌氧消化是个复杂的过程，需要严格的厌氧条件才能进行，依赖于复杂的微生物协作群体的协调活动，将有机物转化成为主要的二氧化碳和甲烷。当这种协调活动被破坏时，问题就产生了。因此，运行沼气池达到稳定状态是操作目标。Zickefoose 和 Hayes(1976) 建议 7 个操作程序，避免可能的问题，改善消化结果。这些程序简要概括如下。应该注意的是，在他们的手册里，Zickefoose 和 Hayes 对前五个操作程序提供了详细的操作清单。

18.7.1.1 制定一个投料计划

将多余的水保持在最低限度，定期投料是投料计划的重要特征。

18.7.1.2 控制负荷

用于每天投入沼气池挥发性固形物的磅数和沼气池可用体积计算加载速率，避免沼气池扰动。

18.7.1.3 控制沼气池温度

沼气池温度保持必须稳定。

18.7.1.4 控制搅拌

搅拌的目的是让发酵菌和产甲烷菌接触养分，使浮渣和沙砾形成的最少。

18.7.1.5 控制上清液（即沼液）的质量和影响

原料投入和沼气池类型影响沼液质量。

18.7.1.6 控制污泥（即沼渣）的清除

如果没有消化适当长的时间，气味可能是个问题。处理得当的沼渣可以施入土地，或用于其他高附加值的目的。

18.7.1.7 使用实验室测试或者其他过程控制信息

有某些指标可以衡量消化的进展，并警告即将到来的扰动。没有一个指标可以单独用于预测问题。必须几个指标同时考虑。控制指标已重要性排列如下：

a. 挥发性酸 / 碱性比值。

b. 产气速率。

c. PH。

d. 挥发性固形物的破坏。

Zickefoose 和 Hayes 提醒，谨慎看待从实验室分析的绝对数字。变化速度更为显著。他们指出，指标趋势对预测消化进展最为有用，是过程扰动的信号。

18.7.2 本节小结

为使沼气池达到问题最少的稳定状态，可执行七个操作程序。

18.8 沼气生产中搅拌的作用

18.8.1 背景

搅拌的主要原因是让发酵菌接触挥发性固形物，让产甲烷菌接触有机酸。搅拌可用机械完成，或者通过冒泡的沼气经过沼液床来完成。搅拌次数和频率由操作人员控制。

18.8.2 沼液稳定化

搅拌将微生物暴露于最大量养分中，减少沼气池中分层，减少沉淀的无机物（比如砾石）占据的体积，使消化过程中的代谢废物均匀分布，避免形成漂浮的结皮层（这会减慢沼气从沼液的渗出。搅拌创造一个整个沼气池的均一环境，使沼气池体积得到充分利用（Schlicht，1999）。搅拌的好处是：

* 加速挥发性固形物的降解过程。

* 增加产气量。

搅拌可利用冒泡的沼气经过沼气池的沼液床来完成，或者用机械方法完成。对每种方法解释如下：

18.8.3 搅拌方法

18.8.3.1 沼气

产沼气时，沼气形成簇泡，然后破散升到表面。这种活动产生了一种沸腾效应，从理论上说，导致了一定搅拌作用。加热引起的热对流也引起一些搅浑作用。沼气的搅拌作用是通过填料速度来控制。如果条件允许不断填料，就会产生内部搅拌。对于自然搅拌来说，需要每天每立方英尺约 0.4 磅挥发性固体的填料速度（MDEQ，2004）。只要保持这个水平填料，可能就不需要其他方式的搅拌。然而，如果长时间低速率填料，搅拌可能会中断，就可能形成浮渣层。另一方面，加速填料可能会引起有机物过载，导致产气较慢。虽然引起天然搅拌的条件多少有些不稳定，但是如果严密控制操作，也不失为一种可以负担的、廉价的搅拌方法。

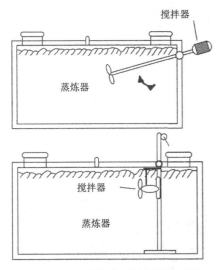

图 18-3　沼气池中不同位置的叶轮

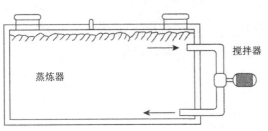

图 18-4　用泵进行液力搅拌

18.8.3.2 机械搅拌

用于沼气池搅拌沼液的装置有多种。典型的是叶轮（图 18-3）和泵（图 18-4）。

（1）叶轮

将叶轮固定在连接马达的轴柄上。当叶轮运动，就带动沼液移动，这样就产生了搅拌作用。调整轴柄长度，和 / 或角度，就会使之搅拌整个沼气池。轴柄可从沼液水平之下的沼气池壁，用防水密封装置插入沼气池，或者通过带有气密密封的气柜插入沼气池。

叶轮可大可小，分别以低速和高速运转（rpm）。叶轮大小和转速与搅拌和混合目的密切相关，这在"沼浆稳定"一节中有详尽的解释。

（2）泵

如果将泵的入口和出口按照与沼气池形状相匹配的方式设置的话，一部强有力的泵应该能够将沼气池所有的东西都带动起来。

18.8.3.3 搅拌速度的影响

一般来说，应该尽可能按需搅拌，但次数尽可能少。用快速旋转机械装置搅拌过于频繁会打乱沼浆的生物学过程。此外，一次过于彻底的混合沼浆可能会导致半消化底物过早地离开沼气池。

Kish(2009) 报道，华盛顿大学的科学家在研究提高沼气池效率的时候，发现不同的搅拌强度不会影响长期表现，却会影响负责降解废物的微生物群体。通过控制微生物群体，会影响到消化过程的总体稳定性。这些科学家确定，在沼气池启动期间，低速搅拌会提高微生物的消化作用。然而，后期较快的搅拌速度可能会改善长期稳定性。更多的搅拌会降低所产生物能源的净盈余。

应该注意，有一种沼气池，即塞流式沼气池，不用搅拌混合原料。通过设计，将流段塞或者塞子注入沼气池，当它经过沼气池时，被微生物作用。

18.8.4 外部配置设备的好处

在沼气池外面安装尽可能多的运转沼气池所需的机械装置有很大的好处。比如，操作沼气池外面泵的人，不需要限制领域准入资格。对设备进行服务和维修，都比把设备装在沼气池内部容易。如果某些东西坏了，不需要清空沼气池。

18.8.5 本节小结

搅拌可用机械完成，也可用沼气完成，其主要目的是使微生物接触产甲烷所需养分。搅拌会加快将挥发性固形物转化为甲烷的过程，从而增加产气量。

18.9 厌氧沼气池的类型

Lusk（2005）说，沼气池可分为两种系统——附着生长和悬浮生长。两种系统的差异主要是沼气池大小、运行温度、固形物停留时间、水力停留时间、投入沼气池原料的总固形物含量、沼气产量、管理难易程度和其他因素。附着生长系统为厌氧微生物繁殖提供更多的表面积多于悬浮生长系统。穿孔的 PVC 管和塑料球是附着生长系统中用于为微生物繁殖增加表面积的两个典型介质。悬浮生长系统中的厌氧微生物形成团块，在沼浆中四处漂荡，而不是附着于某些固定的东西上。悬浮生长系统沼气池的例子有覆盖泻湖、完全混合式沼气池、塞流式沼气池和高固形物沼气池。附着生长系统的一个例子是固定膜沼气池。下面的表 18-2 汇总了这些沼气池的主要特征。然后，对每个系统进行了简要解释。

表 18-2 五种沼气池系统的特点

特点	覆盖泻湖	塞流式	完全混合式	固定膜式	高固形物消化池
消化容器	地下土池或者合成衬里储罐	长方形地下池	圆形或方形地下/地上式池	地上或地下圆形池	地上室
技术水平	低	低	中等	中等	高
补充热源	否	是	是	是	是
总固体	3%—6%	11%—13%	3%—10%	2%—4%	25%—50%
固体特点	糙	糙	糙	细	细—糙
HRT 天数	60+	18—20	5—20	<4	大约 14
农场类型	奶牛、猪	奶牛	奶牛、猪	奶牛、猪	奶牛
适宜地点	温带和热带气候	所有气候	所有气候	所有气候	所有气候

译者注：该表与表 17-2 雷同，但数据有些矛盾。

18.9.1 悬浮生长系统

18.9.1.1 覆盖泻湖沼气池

覆盖泻湖沼气池（图 18-5）用于处理固形物含量低于 3% 粪液并生产沼气 (Roos 等，2004)。从沼气池排出沼气储存于无渗透膜下，一直到应用。这些沼气池不加热，因此常见于美国较温暖的地区。Hamiton(2012) 陈列了覆盖泻湖的如下优点和缺点：

优点：

* 便宜

* 易于水力冲洗

* 建设和管理简单

缺点：

* 混合不好

* 产能差

* 固形物沉淀降低可用体积

* 如果发生短流细菌会被冲掉

* 由于依靠温度消化，局限于较暖天气或者温带

图 18-5 位于美国北卡罗来纳利灵顿布莱克农场的覆盖泻湖沼气池

18.9.1.2 完全混合式沼气池

完全混合式沼气池是一种加热工程罐，具有一个或多个搅拌技术设计，保持固形物处于悬浮状态（图 18-6）。搅拌的目的是促进养分—微生物的接触，使挥发性固形物以最大限度地降解，使甲烷产量达到最高，并最大限度地减少异味。设计完全混合式沼气池是用来处理含有 3%—10% 固形物原料的。Hamilton(2012) 列出了完全混合式沼气池的下述优点和缺点：

图 18.6　位于密歇根芬维尔风景奶牛场
的完全混合式沼气池

优点：

* 高效
* 可消化不同水平干物质含量的原料
* 可利用能源作物
* 混合良好
* 固形物降解效果好

缺点：

* 能不保证材料在罐中多长时间
* 如果发生短流，细菌会被冲走
* 成本相对较高

18.9.1.3 塞流式沼气池

Roos 等（2004）将塞流式沼气池定义为处理固形物 11%—13% 含量的原料的方形加热工程灌（图 18-7）。将原料引入沼气罐作为塞，并以相同方式经过沼气池。当塞经过沼气罐时，遭到厌氧微生物的作用，就产生了沼气。固形物含量低于 11% 的原料在塞流式沼气池中表现不佳，因为缺乏纤维素。Hamilton (2012) 列出了塞流式沼气池的下述优点和缺点：

优点：

* 便宜
* 操作维修简单
* 可用能源作物

缺点：

* 混合不好
* 能源产量差
* 硬顶难于打开，来清除沉淀固体
* 顶膜易于老化（风雪）

图 18-7　位于美国明尼苏达普林斯顿
Haubenschild 奶牛场的塞流式沼气池

18.9.1.4 高固形物沼气池

美国沼气委员会（2014）将高固形物沼气池定义为，利用20%—42%总固形物含量的原料生产沼气的带有刚硬顶盖的直立筒仓型钢筋水泥沼气池（图18-8和18-9）。这些沼气池允许操作人员将高干物质的粪便、能源作物和作物残余物与非常稀的粪液结合起来，即共底物。Hamilton (2012) 列出了高固形物沼气池的下述优点和缺点：

图 18-8　　　　　　　　　　　　　　　　图 18-9

优点：

* 可利用固体材料
* 在厌氧和好氧条件下均可处理

缺点：

* 需要至少25%固形物的可堆放材料
* 过程复杂
* 成本高

18.9.2 附着生长系统

18.9.2.1 固定膜式沼气池

Roos（2004）将固定膜式沼气池定义为填充塑料介质（图18-10）的池子。介质使微生物易于繁殖，使沼气池占地面积较小，缩短水力停留时间。固定膜式沼气池使用稀废水（1%—5%总固形物）性能最出色，Hamilton (2012) 列出了固定膜式沼气池的下述优点和缺点：

优点：

* 高效

* 低细菌洗脱
* 单位体积产气量高

缺点：

* 悬浮的固体必须清除
* 成本高
* 细菌生长介质堵塞
* 产气量较低，由于清除了固体

18.9.3 本节小结

有各种各样的厌氧沼气池。沼气池可分为两种系统——附着生长和悬浮生长。每一系统的沼气池根据内部和外部因素管理，产沼气的方式不同。

图 18-10 位于佛罗里达大学奶牛研究农场的固定膜式沼气池

18.10 结 论

专门的微生物厌在氧环境中，通过一系列的四个复杂的阶段（即水解、发酵、产乙酸、产甲烷）产生沼气。厌氧沼气池有助于所有四个阶段的完成，促成沼气产生。沼气通常含45%—65%甲烷、30%—40%二氧化碳，以及痕量气体和水分。具有最高沼气生产潜力的原料喂入沼气池可获得最大的沼气产量。以适当的填料速率给沼气池调料，适当搅拌全池的沼渣，并保持合适的沼气池环境条件，可以保证长时间持续产气。

致 谢

从"厌氧消化过程"到"沼气生产中搅拌的作用"的章节摘取自"厌氧消化课程介绍（2012）"，一个在线课程（http://fyi.uwex.edu/biotrainingcenter/.）Sharon Lezberg，M Charles Gould 和 Maggie Jungwirth 编辑。该课程材料是基于美国农业部国家食品与农业研究所支持的工作，合同号 No 2007-51130-03909。本文所表达的任何观点、发现、结论或者建议均属于这些作者，不一定反映美国农业部的观点。

参考文献

American Biogas Council, 2014. What Is Anaerobic Digestion?. https://www.americanbiogascouncil.org/biogas_what.asp (verified 27.02.14.).

Balsam, J., 2006. Anaerobic Digestion of Animal Wastes: Factors to Consider. Updated by Dave Ryan in 2006. ATTRA – National Sustainable Agriculture Information Service. Purchased copy in possession of author. Available at: http://attra.ncat.org/attra-pub/anaerobic.html#six (verified 13.08.14.).

Biarnes, M., 2012. Biomass to Biogas—Anaerobic Digestion. Available at: http://www.e-inst.com/biomass-to-biogas (verified 13.08.14.).

Fry, L.J., 1973. Methane Digesters for Fuel Gas and Fertilizer. Newsletter No. 3, Spring 1973. The New Alchemy Institute, Box 432, Woods Hole, Massachusetts 02543.

Fulhage, C., Sievers, D., Fischer, J., 1993. Generating Methane Gas from Manure, fact sheet G1881. University of Missouri Extension, Columbia, MO. Available at: http://extension.missouri.edu/explore/agguides/agengin/g01881.htm (verified 13.08.14.).

Hamilton, D., 2012. Types of anaerobic digesters. Module 3. In: Lezberg, S., Gould, C., Jungwirth, M. (Eds.), Introduction to Anaerobic Digestion Course. On-line Curriculum. Bioenergy Training Center. http://fyi.uwex.edu/biotrainingcenter/ (verified 27.02.14.).

Kish, S., 2009. Making On-farm Waste Digestion Work. USDA CSREES NRI Report.

Kirk, D., Faivor, L., 2012. Feedstocks for Biogas. Available at: http://www.extension.org/pages/Feedstocks_for_Biogas (verified 27.02.14.).

Lusk, P., 2005. Anaerobic Digestion 101. WSU Anaerobic Digestion Workshop. Presentation notes in the possession of author.

Moser, M.A., 1998. Anaerobic Digesters Control Odors, Reduce Pathogens, Improve Nutrient Manageability, Can be Cost Competitive with Lagoons, and Provide Energy Too! Resource Conservation Management, Inc., Berkeley, CA 94704. Available at: http://epa.gov/agstar/documents/lib-man_man.pdf (verified 13.08.14.).

MDEQ, 2004. Digester Operator Training Handbook. Michigan Department of Environmental Quality, Lansing, Mich.

Roos, K.F., Martin Jr., J.H., Moser, M.A., 2004. A Manual for Developing Biogas Systems at Commercial Farms in the United States, second ed. AgSTAR Handbook. U.S. Environmental Protection Agency, Washington DC.

Schlicht, A.C., 1999. Digester Mixing Systems: Can You Properly Mix With Too Little Power? Available at http://www.walker-process.com/pdf/99_DIGMIX.pdf (verified 13.08.14.).

USEPA, 2013. Overview of Greenhouse Gases. http://epa.gov/climatechange/ghgemissions/gases/ch4.html (verified 27.02.14.).

Zickefoose, C., Hayes, R.B.J., 1976. Operations Manual. EPA 430/9-76-001. Anaerobic Sludge Digestion US EPA, Washington, DC.

第十九章

气体燃料和生物电的服务性
学习项目及案例研究

Anju Dahiya[1,2]

[1] 美国，佛蒙特大学；[2] 美国，GSR Solutions 公司

19.1 引 言

根据 2014 年世界生物能源协会的报告，近年来全球沼气的使用正呈现逐年增长态势——即从 2000 年 292 PJ 增长到 2011 年的 1103PJ（WBA GBS 报告，2014）。正如普度大学农业生物工程系的工程师、副教授 Klein 博士在第十七章中所描述的那样，沼气正在被越来越多地用于发电，"来自畜禽养殖场的大量畜禽粪便可以作为生产能源的资源之一，这样不仅为农场提供一种可替代能源，而且还可以减缓畜禽粪便产生难闻气体的负面影响。粪便产生的沼气可直接用于燃气的内燃机或微型燃气轮机发电"。

19.2 气体燃料和生物电的服务性学习项目简介

通过对拥有大规模厌氧沼气池，并把电输送给电网的农场的实地考察，为服务性学习的学生提供了一个很好的学习经历。比如，生物质到生物燃料课程的学生可以对他们在农场中看到的不同沼气池进行比较。在 2012 级这批学生中，有个学生在课程论坛中回应，"看到另一个很大的沼气池，并得到另一来源的回馈，这真是一个很好的经历。很高兴耳闻目睹了这个农民对这个系统的看法比在 Stowe 所见更为积极。这有可能是与更为大型、比较成功的公司比如绿山电力公司合作的结果。也很高兴地看到，通过这学期关于生物质和生物燃料课程，我们小组学到多少东西，都反映在我们提出更多睿智的问题、开展更多有意义的交谈的能力。……很清楚，

300

农场基于厌氧沼气池的沼气发电系统

（A. Dahiya 提供）

技术正在稳步改善，并且这些进步预期还会继续。对于每一次新的安装，他们已经学会了如何去改进。"

同一批的另外一名学生附应道，"这次实习为我提供了一个新的视角去了解沼气生产。在同我们社区伙伴合作整个学期后，我对沼气产生过程是如何进行的有了一个非常狭隘的认识。Monument 农场有个地下系统。这个系统的不同之处在于较难进入池中进行清理。假如你不得不更换槽池的话，那就需要拆毁整个系统，因为它整体安置在地下一层厚厚的绝缘层下面。让我印象深刻的是，沼气池是如此位于中心位置。一个传送带直接将基质倒入在储料仓，畜禽粪便被直接推入沼气池上面的一个搅拌池中，利用重力让粪便进入系统中。这些过程就是在一个中央控制区域内完成的。这就是在一个中心区域所发生的一切。

参加服务性学习的学生还获得一个了解被忽视的厌氧消化好处的机会。密西根州立大学农业生物能源与节能方面的推广教师 Charles Gould 在第 18 章中描述了这些好处："运行厌氧消化系统的农场可以承揽额外的废物，既可以从增加沼气产量中受益，也可以从倾倒费收入中受益。倾倒费是农场主接受原料所获得的报酬。可以加到农场沼气池的原料例子有：废弃饲料，食品加工废料，脂肪、油和动物油脂，屠宰场废物，玉米青贮饲料（能源作物），来自乙醇生产的糖浆、生产生物汽油的甘油，奶房洗涤水，新产生的废水，餐厅垃圾和农场动物尸体等。"

基于这些概念，多年来很多参加生物质到生物能源课程学习的学生已经和那些致力于沼气 / 生物发电和使用厌氧沼气池的社区伙伴合作，承担了有关沼气的服务性学习项目。

沼气实地考察的一个大型奶牛场的牛栏

（A. Dahiya 提供）

2011 年，有几个学生与当地一家从事厌氧生物消化设备设计和运行的公司合作，当地的地理区域内寻找厌氧微生物活源，并检测其生产甲烷的能力。同年，另一个学生考查了利用当地啤酒厂废弃副产品生产可用甲烷气体的可行性。在 2012 年的课程中，有 8 个学生（Walt Auten，Craig Bishop，Terence Boyle，Samantha Csapilla，Rose Fierman，Danika Frisbie，Anna Pirog 和 Sydney Stieler）在当地一家生物消化器公司合作实习，开展了一个名为"检测源分离有机物沼气生产能力：一项对 Avatar 能源公司的服务性学习项目"。他们从学校餐厅收集食物垃圾，并带到该公司的实验室，检测源分离有机物原料的沼气产量。2013 年，这个项目由三个学生（Grant Troester，Adam Riggen 和 Sam Grubinger）接手，测试了不同食物沼气产量的差异作为其项目"分析食品垃圾原料的生物消化"的一部分。2014 年三个学生继续调研了以往这些项目的可行性，并演示了实验室消化器，试图教授如何利用食物垃圾小规模生产沼气。Samantha Csapilla 和 Grant Troester，Adam Riggen 一起，将这两个报告整合在一起为本章呈现一个案例研究（食物垃圾的日变化对厌氧消化期间沼气生产的影响）。

在利用废物生产能源方面政策发挥着重要的作用。比如，根据佛蒙特州通过的 148 号法案，通用回收法带来了新的巨大变化，由于填埋场所有有机物的转移，估计这种变化会发生在整个废物管理土地上。

一名 2014 年"生物质到生物能源课程"的学生 Ariadne Brancato 决定利用这个机会建立她的服务项目（厌氧消化满足全州能源需求的潜力），调查全州范围内可获得的食品垃圾的潜在数量以及通过生物消化可能产生的甲烷产量。

在本章节中所呈现的她的研究报告显示，相比佛蒙特州每年大量使用的能源量，厌氧消化只能充当极为有限的能源。

另一高质量气体燃料是通过被称为气化的过程生产的。正如佛蒙特州立大学工程教授 Bob Jenkins 博士所述（见第 16 章），"富含碳的生物质通过高温气化过程转化为有用的可燃气体混合物比如一氧化碳、氢气和甲烷等，是一项已经得到证实的能源生产技术。在气化过程中，生物质与空气（氧气）、蒸汽和二氧化碳在高温（>600℃）下发生反应而实现了转化"。根据成本分析，有时一套气化设备过于昂贵，难以在合理规模和投资回报下运行，这点被由 4 个生物质到生物能源课程的学生承担的服务性学习项目所证实（如第 6 章的第 3 页所述）。

2014 年，一名"生物能源——从生物质到生物燃料课程"的学生和一名社区发展与实用经济学专业的研究生 Deandra Perruccio（她的课题是"生物质气化作为发展中国家农村电气化的一种策略：向土地学习"）中通过对 Pamoja 清洁技术有限责任公司的商业模式和案例分析，研究了乌干达环境下的可持续发展，在结合当地伦理的情况下，这可能适用于其他地方。这个报告将在本章中介绍。

参考文献

WBA GBS report, 2014. World Bioenergy Association (WBA) Global Bioenergy Statistics. www. worldbioenergy.org.

案例19A：厌氧消化中食品垃圾的日变化对沼气产量的影响

Samantha Csapilla, Grant Troester, Adam Riggen

美国，伯灵顿，佛蒙特大学，2012—2013"生物能源课程"学生

项目目标

本试验的主要目标是检测每日早、中、晚三餐食物垃圾的变化是否会引起沼气产量和消化器稳定性的变化。目的是检测每餐的营养成分是否有足够的平衡，来供养厌氧消化中产沼气微生物。我们认为正向控制三餐垃圾原料表现最好，产生最大、最一致的沼气量。

背景

厌氧消化（AD）是在无氧（厌氧）环境中，微生物将有机物分解或者消化成各种主要组分的生物学过程。有机物分解产生的沼气，由60%—70%甲烷、30%—40%二氧化碳和其他一些痕量气体组成。沼气是一种可再生形式的天然气能源。

食物垃圾的厌氧消化虽然是一个相对较新的研究领域，但也进行了一些相关研究。Chen等（2010）通过试验，检测了从商业厨房、餐厅食堂、地沟油收集公司、渔场和汤料加工厂等获得的不同食物垃圾的沼气生产能力。

Chen等（2010）比较了不同食物垃圾原料的生产潜力，发现每种原料的养分含量对消化时间和产气量均有影响。有些原料需要较长时间才能产气，而且也难于调节系统pH值。他们发现有必要使用氢氧化钠缓冲液控制pH值。

以前一项2012年同一课程的服务性学习研究（结果未发表）在Avatar能源有限责任公司（佛蒙特州的一家消化器公司）首次就食品垃圾作为厌氧消化的潜在原料进行了调查。

正如以往文献所示，发现很难保持食品垃圾稳定的消化能力，因为食品垃圾很快酸化，降低了消化液的pH值，抑制了甲烷的产生。厌氧消化过程中的微生物只能在pH值6.8—7.6这个很窄的范围内旺盛地繁殖（Rittman和McCarty，2001）。Avatar公司已经开发了一套成功消化分解食品垃圾的工艺流程，其至关重要的参数就是控制pH值，以维持厌氧微生物菌群生长。目前的研究是在前面提到的服务性学习项目的延续，在前面的项目中，研究了一日三餐食品垃圾的沼气生产性能和稳定性。

社区合作伙伴

我们的社区合作伙伴，Avatar能源有限责任公司，是一家自从2005年以来一

直在开发厌氧消化器的公司。Avatar 公司向奶牛企业出售消化器，让农民自己发电，为他们的动物生产优质、无病菌垫料，以及为他们的土地生产更高效、更低气味的废料。Avatar 公司还为加工机构的有机废弃物（比如餐厅食堂的食品垃圾）量身开发设备。我们在 Avatar 公司期间，是在 Avatar 研发实验室的 Samantha Csapilla 领导下工作，在佛蒙特州伯灵顿南部研究食品垃圾消化。

方法

从查普林学院的餐厅获得早餐、中餐、晚餐的食品垃圾（FW）各约 5 加仑。在将食品垃圾混合成均匀一致的混合物之前，记录下每餐食品垃圾的成分和比例（图 19A-1）。在混合过程中加入水，使之成为可流动的浆状。将每种浆料分装于夸脱大小的袋中，存放于冰箱直到使用。在进行消化前进行原料分析，测定初始 pH、总固形物／挥发性固形物比例（TS/VS）（表 19A-1）和每种底物的营养特点。在试验结束时，还获得了每一消化器最终的 pH（表 19A-2）。

采用 Avatar 能源公司实验室规模的厌氧消化器对每种原料混合物进行重复测试。每次消化都是用 Avatar 提供的食品垃圾与接种物的专利混合物启动。本研究还包括了消化对照，三餐混在一起加接种物作正向对照，三餐混合没有接种物作负向对照。将消化器密封，置于 105°F 恒温箱，接上气体收集装置。

记录温度、气体体积、气体可燃性的测定结果，每天两次，共 12 天。记录下数据并制成图，检查不同时间产气量（图 19A-2）。在消化 8 天后，向每个消化器补充填加一次食品垃圾。为了获得稳定一致性并减少曝气，在补料前后，都要小心搅拌每个消化器。12 天后，结束试验。

结果

本研究结果以正向消化对照（三餐食品垃圾混合物）支持了起初的假设，一直产生最多的沼气。早餐食品垃圾开始表现较好，但原料很快就用完了，产气量很快下降。晚餐食品垃圾消化用了最长的时间才开始明显产气，但第一次填料后，消化器很快酸化（表 19A-2），未能再恢复（产气）（图 19A-2）（译者注：原文为图 19A-1，可能有误）。填入午餐食品垃圾的消化产气量最少，但在试验结束时表现出稳定的 pH，说明这种原料不适于有关微生物生长或者没有微生物存在。

表 19A-1　三种类型食品垃圾的初始原料以及用于接种每个消化器的材料的特点

原料	接种物	早餐垃圾	午餐垃圾	晚餐垃圾
pH	8.47	6.94	6.41	4.8
% 总固形物	6.02	15.16	10.1	27.04
% 挥发性固形物	72.36	N.D.	N.D.	96.06

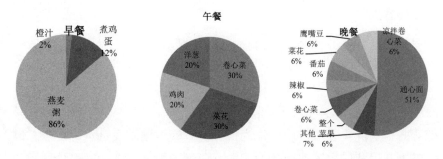

图 19A-1　查普林学院餐厅获得的早中晚餐消费前的食品垃圾中每种食品垃圾样品的分解饼图

表 19A-2　每种消化器的最终 pH。其中 A-B 是阴性对照，C-D 是阳性对照，E-F 是早餐垃圾消化器，G-H 是垃圾消化器，I-J 是晚垃圾消化器

消化器	A	B	C	D	E	F	G	H	I	J
最终 pH	3.48	3.97	8.19	8.25	8.53	8.4	8.42	8.38	6.8	6.41

讨论

食品垃圾是厌氧消化变化最大的原料来源之一。很多食物缺少稳定消化所需的大量和微量营养元素。本研究表明，食品垃圾作为厌氧消化的原料，需要原料多样化，并且营养平衡，以便成为合适处于微妙平衡的微生物群落的底物。有了平衡较好的食品垃圾混合物还有助于缓冲垃圾降解时系统 pH 值的剧烈变化。

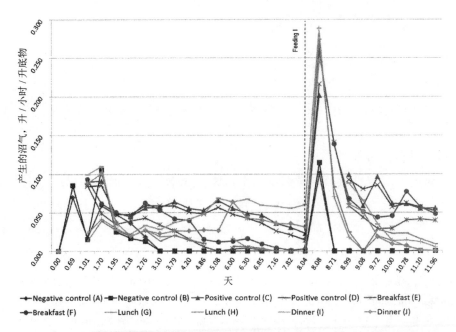

图 19A-2　餐厅早中晚餐食品垃圾实验室规模的厌氧消化 12 天每天的沼气产量

未来发展方向

厌氧消化具有光明的未来。虽然有些方法已被用于牛粪消化，但食品垃圾消化的研究较少。在佛蒙特州，由于 148 号法令的颁布，该技术不久将会有比较好的市场。该法令是一项今年已经从最大垃圾制造商开始的垃圾有机废物分离的政策。像伯灵顿的垃圾运输商们（如 Casella）所做的收集合并这类垃圾的基础设施已经存在。目前正把有些食品垃圾制成堆肥，作为很有价值的土壤改良剂进行出售。然而，食品垃圾有成为商用和民用重要能源的潜力。沼气可用于烹饪，其能量利用效率和成本效率要比转化为电能高得多。这种系统的设计目前正由 Avatar 公司和其他公司进行开发测试。要使之成为一项可行的工艺，还需要进行更多的研究和测试。

下面的工艺流程图（19A-3）说明校园沼气池在佛蒙特州的学院或大学的垃圾流中的可能作用。

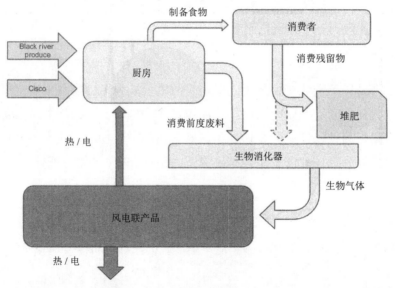

图 19A-3　工艺流程图，说明校园沼气池在佛蒙特州的学院或大学的垃圾流中的可能作用。

对社区伙伴的好处

Avatar 能源有效责任公司受益于这个试验，获得了有价值的信息，可用于设计食品垃圾厌氧消化系统。

参考文献

Chen, X., Romano, R. T., Zhang, R., 2010. Anaerobic digestion of food wastes for biogas production. International Journal of Agricultural and Biological Engineering 3(4)，61-72.

Rittmann, B. E., McCarty, P.L., 2001. Anaerobic Treatment by Methanogenesis. Environmental Biotechnology: Principles and Applications. McGraw-Hill, Boston, pp. 581-584.

案例 19B: 厌氧消化在满足全州能源需求方面的潜力

Ariadne Brancato

美国，伯灵顿，佛蒙特大学，2014 "生物能源课程" 学生

目的

根据最新立法的 148 号法案，要求对垃圾填埋场中所有的有机物进行分离转移，本报告的目的就是检查厌氧消化补偿佛蒙特州化石燃料使用的能力。

背景

厌氧消化：过程及系统概述

厌氧消化（AD）是在无氧（厌氧）环境中，微生物分解有机物的生物学过程，在特定阶段和温度范围内，活跃不同的微生物。与好氧过程相反，厌氧过程效率相对较低，释放出的能量明显少（Roberts，2014）。然而，与好氧过程不同，厌氧过程产生的气体，可被捕获、储存，以后用作能源。

厌氧消化（AD）技术包括多个系统，这些系统对甲烷产量的效应各不相同，因为不同技术是为各种目的而优化的。在历史上，这些系统因为其技术含量低、易复制一直被发展中国家采用以及用于减少废水处理厂的固形物（美国沼气委员会）。

除了产生甲烷和二氧化碳的气体混合物外，厌氧消化还产生消化纤维，可用作动物垫料或加到土壤堆肥中，根据原料而定；同时还产生液体，如果原料太干，可循环回系统，或者用作肥料（Bishop 和 Richard Shumway，2009）。本文所关心的结果是厌氧消化以甲烷气体形式生产能源的能力。

有资料称，甲烷产量高低取决于多种因素，包括原料、总固形物含量和保留时间，但也有可能来自不同的实验方法。有报道称，消化 1 吨食品垃圾可产 376m^3 沼气，相比消化 1 吨粪便产 25m^3 沼气，增加了很多倍（东湾水利局，2008）。因为气体产量用体积作单位，很多资料是以每磅或每吨 m^3 或者 ft^3 报道产量的（Park 等，1995；Zhang 等，2007）。然而，对于本报告，采用 kWh 能更清楚地将厌氧消化的产量和佛蒙特能源消耗量联系起来。通过查阅测定食品垃圾生产甲烷的资料，发现一些甲烷产量的 kWh 当量：180 kWh/ 吨（英国能源合作伙伴）、250 kWh/ 吨（EBMUD，2008）和 300 kWh/ 吨（英国沼气，www.biogas-info.co.uk）。

佛蒙特 148 号法案——"通用回收法"

2012 年佛蒙特立法委员会通过的 148 号法案，也叫作"通用回收法"，目的是到 2020 年在垃圾填埋场将禁止所有有机物和可回收物质，以促进回收利用，降

低佛蒙特废物处理和垃圾填埋场的温室气体排放，创造"绿色"工作并保护资源（VT DEC，2013）。

148 号法案包含了对消费者、垃圾运输商、加工者以及垃圾管理区域就如何转移、什么必须转移以及必须提供的服务范围提出了要求，但是没有强制规定必须使用具体基础设施来满足这些要求。本报告特别关心的是有机物管理相关的信息。对于有机物管理，148 号法案为垃圾流转移策略提供了 5 个优先考虑的事情如下（按照最优先的策略排在最前）：减少源头—人类食品—动物食品—堆肥和厌氧消化—能量回收。

148 号法案报告

148 号法案报告，以下简称为"报告"，是由佛蒙特自然资源局委托 DSM 环境服务公司起草的，该报告系统分析了一直到垃圾填埋场禁止可回收物质和有机物最后过渡阶段两年后的 2022 年，148 号法案对固体垃圾管理单位可能产生的影响。该分析报告包括扩展空瓶回收议案的费用、额外基础设施建设用于拖运、处理更多可回收物和有机物的费用和固体垃圾区的管理费用的成本分析，以及可回收物和有机物收集量的分析。本报告最关注的是有关有机物收集的假设和分析。

分析

148 号法案报告

这份由 DSM 环境服务公司完成的报告，分析了从有机物到有害垃圾的一系列管理问题。这个报告中最中肯的信息是 DSM 环境服务公司汇集了佛蒙特州所产生的食品垃圾的数量，以及根据其他州的堆肥计划的回收率，佛蒙特州预期可以收集的食品垃圾的数量。

该报告建立了 2014 年到禁令全面实施两年后的 2022 年回收率的模型。模型将各种垃圾进行了分类，将有机物描述为三种类型，区分了居民垃圾、工业、商业和院校垃圾（ICI）。所使用的基本食品垃圾数量取自早在 2013 年完成的一项研究，题目是"佛蒙特垃圾堆肥构成研究"（ARN，2013）。虽然该研究样品量相对较小，只有 100 批，200—250 磅，但他们报告平均值位于所述范围内的置信区间是 90%。

该报告中描述了研究人员在对 8 年项目实施期间进行建模时提出的大量假设。这些假设对佛蒙特预期可以收集的潜在食品垃圾的可获得量和质量都有不同程度的影响。然而，该报告只是简单地使用了一套最低的预测回收率到最高的可行回收率，去理解佛蒙特州厌氧消化能源的潜力。该报告中所做的假设几乎与本研究无关。

图 19B-1　佛蒙特州可获得的食品垃圾的潜力范围

信息来源	可获得原料（t）	可能的能源产量（kWh）	占总能源使用量 %
食品垃圾，148 法案报告	28896—60078	722400—15019500	0.02%—0.03%
食品垃圾 + 其他有机物	44420—92816	11105000—23204000	0.02%—0.12%
食品垃圾，FAO	78218—203366	19554500—50841500	0.04%—0.12%

根据该报告中预计数据（表 19B-1），潜在可用于厌氧消化的有机垃圾 44420—92816 吨。在这个范围的较低值是在较高优先管理策略实施以后，假定按照 60% 的转移率计算，所预测的 2022 年将收集到的有机垃圾吨数。较高值是当前产生的所有有机垃圾总和，来自 DSM 环境服务公司计算。

有关这个范围的可行性可与其他的研究相比较。联合国粮农组织 2011 年委托开展了全世界性质的关于每人食品垃圾的研究，利用了所有可获得的跨越众多文化和国家的各种部门的关于食品垃圾的研究结果（FAO，2011）。该研究将"损耗"与"废物"区分开来，前者包括在到达零售商和消费者层面之前已经受损的食用材料。这可能包括田间损失、储藏过程中腐败损耗或运输中受损的作物。在该报告中，"废物"是指被消费者扔掉或被认为不适合出售的任何东西，比如，在货架上放置时间过久变得有瑕疵的物品。在统计了各种各样的变量之后，报告声称，在北美，损失和浪费的食物，用他们的话说，是平均每人每年 650 磅（FAO，2011）。仅在零售和消费者层面浪费的食物，就是 250 磅 / 人 / 年。

根据 2010 年美国人口普查，佛蒙特州的人口数量是 625741 人。按照这个人口数和 FAO 报告中所声称的食品垃圾数量，佛蒙特在零售和消费者层面上的食品垃圾就是 156435250 磅（或 78218 吨），损耗和浪费食物总量为 406731650 磅（或 203366 吨）。

上面所述的数据估算的是人均损耗和废弃食物的数量，但佛蒙特实际能获得用于厌氧消化的食品垃圾数量可能有所不同，因为该研究本该计算北美全部人口的平均食物损耗，拥有较多土地的地区会有与人口密集地区不同的食品垃圾种类和数量。

虽然这表明在佛蒙特可收集的食品垃圾数量可能要低于 FAO 的预测值，但佛蒙特 148 号法案中所使用的数据包括庭院垃圾和可降解纸张，占假定当前可获得有机物总含量的 36.5%，因此，增加了可用于厌氧消化的原料。

能源潜力

采用东湾水利局研究测得的 kWh 产量（每吨食品垃圾 250kWh），说明了佛蒙特州潜在能源产量及其占总能源消耗量的百分比（表 19B-1）。总能源消耗的百分率是基于美国能源信息协会 2011 年有关各州的可再生能源和非再生能源消耗总量。佛蒙特每年消耗能源 43667589500 kWh。

结果

根据这份数据，无论采用哪个食品垃圾吨数计算 kWh 产量，厌氧消化只能补充佛蒙特能源消耗总量中微不足道的一点。这一发现强调的是理解厌氧消化的多种价值和潜在收益的重要性。虽然厌氧消化能力或许不能够补充大量的能源消耗，但也许能够在能源回收方面实现收支平衡，或至少能够在其执行各种垃圾管理功能的同时维持自身运转。

虽然厌氧消化在佛蒙特的工作画面里占有一席之地，但按照 148 号法案扩大厌氧消化技术的使用似乎还在探索阶段。其中一个障碍是在决策者当中普遍缺乏有关厌氧消化的信息。这份报告，其指南当然是决定固体垃圾管理机构如何执行 148 号法案，但却根本不重视厌氧消化，报告声称如下：

对于这些厌氧消化设备如何工作以及现在完成一份更为详细、更为精确的经济性分析要花多少钱，简直有太多未知的东西。（148 号法令报告）

虽然已有一些可行性研究，但在美国州际范围内厌氧消化的应用并不领先。再者，报告特别关注堆肥策略，表明了垃圾物管理对堆肥的偏好，或许既是基于实际数据，也有舒适性和优先性的考虑。鉴于佛蒙特州垃圾管理格局在不断变化，可以从另外一个角度看待该报告中的数据，即厌氧消化作为废物管理策略产生的电力远比堆肥多。

未来研究方向

虽然初步的数据表明厌氧消化佛蒙特所有大量食物垃圾生产大量可再生能源只是厌氧消化一个微不足道的卖点，但为了更好地理解厌氧消化的价值还有其他一些因素值得研究。鉴于 148 号法案禁止有机物进入垃圾填埋场，进一步比较分析堆肥设施和厌氧消化设施的成本与收益特别有用，因为法规会强制发展其中一个，以实现（有机垃圾）转移目标。这种方法可能包括资本成本、选址、垃圾运输问题，以及每个系统最终产品的经济机遇。虽然单独的食品垃圾所产能源占佛蒙特能源需求的比例不高，但进一步研究食品垃圾、奶牛粪便和废液的共消化可能会提高甲烷产量。更加深入研究欧洲成功的厌氧消化系统，尤其重点关注能够鼓励实施和甲烷占可再生能源的程度，将会获得更多信息。

参考文献

Bishop, C., Richard Shumway, C., 2009. The economics of dairy anaerobic digestion with coproduct marketing. Review of Agricultural Economics 31 (3), 394–410.

Cho, J.K., Park, S.C., 1995. Biochemical methane potential and solid state anaerobic digestion of Korean food waste. Bioresource Technology 52 (3), 245–253.

East Bay Municipal Utility District, 2008. Anaerobic Digestion of Food Waste. http://www.epa.gov/region9/organics/ad/EBMUDFinalReport.pdf.

Energy Information Administration. Vermont Data. http://www.eia.gov/state/data.cfm?sid=VT (accessed 22.04.14.).

FAO, 2011. Global Food Losses and Food Waste – Extent, Causes and Prevention. Rome. http://www.fao.org/docrep/014/mb060e/mb060e.pdf.

Roberts, G. Avatar Energy. http://www.avatarenergy.com/information.html (accessed 22.04.14.).

UK Energy Partners. http://www.ukenergypartners.co.uk/ (accessed May 2014.).

UK Biogas. www.biogas-info.co.uk/ (accessed May 2014.).

VT Department of Environmental Conservation, 2013a. State of Vermont Waste Composition Study. http://www.anr.state.vt.us/dec/wastediv/solid/documents/finalreportvermontwastecomposition13may2013.pdf.

VT Department of Environmental Conservation, 2013b. Systems Analysis of the Impact of Act 148 on Solid Waste Management in Vermont. http://www.anr.state.vt.us/dec/wastediv/solid/documents/FinalReport_Act148_DSM_10_21_2013.pdf.

Zhang, R., El-Mashad, H.M., Hartman, K., Wang, F., Liu, G., Choate, C., Gamble, P., 2007. Characterization of food waste for feedstock for anaerobic digestion. Biosource Technology 98 (4), 929–935.

案例 19C: 生物质气化作为发展中国家农村电气化的一种策略：向土地学习

Deandra Perruccio

美国，伯灵顿，佛蒙特大学，2014"生物能源课程"学生

引言

气化涉及的是将生物质暴露在高温低氧环境中，引起热裂解，是一个原料中挥发性成分汽化，产生一种可用于动力内燃机、汽轮机或者燃料电池的气体（发生炉煤气）的过程（Larson，1998）。这些系统能够比相当大小的锅炉蒸汽系统更高效、低成本的发电（Larson，1998）。

在发展中国家，贫乏的能源系统基础设施无法通电，阻碍了远离电网村庄的生产力，这样的村庄占社会的大多数。生物质气化能源（BGE）作为农村电气化策略可以构筑生产力，刺激参与社区的经济活动，同时，还提供本地生产的可再生清洁能源。

2012 年，一个工程师和企业家国际集团创办了 Pamoja 清洁技术公司，这是一个有社会责任感的企业，在乌干达各地的社区经营小规模生产用的 BGE 系统。在过去的两年里，Pamoja 已经筹集了资金，发展了社区关系，在 Ssekanyonyi、Tiribogo 和 Opit 三个村庄安装了三套 10—32KW 的中试系统。

方法

本报告主要是通过回顾相关文献来编制的。查阅了同行评议文章、Pamoja 项目报告、国际发展报告和国家层次的数据，还对 Pamoja 领导进行了访谈。

生物质气化作为农村可持续发展的策略

社区需求与商业目标

目前，乌干达农村社区的通电率远低于其他国家。大约 84% 的家庭位于农村地区，其中只有不到 1% 的家庭用上了现代能源服务（Buchholz 等，2010）。2007 年国家电力赤字估计达 165MW。电力需求正以大约 8% 的速度增长（REA，2007），目前总投资的大约 34% 投到了发电机备用系统（Eberhard 等，2005）。乌干达供电可靠性的不足与缺乏导致经济生产力降低，错失了发展机遇。农村社区不通电的最终结果是为不可再生的低效能源（比如用于照明和手机充电的煤油和干电池）支付高额成本（Christensen，2013）。这些能源的价格估计高达 3 美元 /

Kwh（SharedSolar，2011），导致这样一种情景：许多穷人比他们富裕城区的同胞支付更多的单位能源费用。

大型国家电网电气化工作的障碍包括：缺乏基础设施，由于地形复杂导致的电网连接成本高以及需求不高。农村家庭连接国家电网的成本估计大约在 1000 美元 /家庭（SharedSolar，2011）——一个对国家能源公司没有吸引力的数字。

Pamoja 商业模式

Pamoja 最初的企业计划中包括绿色工厂（The Green Plant），是一个将农业废弃物转化为电力的 10kW 气化设备、太阳能光伏和一个备用柴油发电机组合在一起的混合能源系统。由于和电信公司的合作关系未能落实，Pamoja 修改了企业计划，现在是通过建立 3 个生物质气化设备以及连接用户，并且让农民价值增值的农产品加工设备用电的微电网，为盈利的商业模式提供一个区域性前所未有的概念验证。Pamoja 还在增强商业模式，通过建立成型业务，开发先进的电力、过程热和副产品碳的价值链。在东非，生物质成型可以提供一个高价值的厨用燃料木柴和碳的替代品，解决严重的森林退化的问题。

案例研究：Pamoja 运行情况调研

通过对 Pamoja 系统的可行性研究得出结论，为使生物质气化系统经济上超越柴油系统，他们需要更接近产能的运转。将 150kW 系统的产量提高到全部产能时发电成本是 0.18 美元 /kWh（柴油是 0.22/kWh）；将 10kW 系统的产量提高 8kW时，发电成本就会有竞争性，是乌干达乡村典型的最小负担的 30%（Buchholz 等，2012）。根据这些研究，有效的商业模式要想能取得成功，必须平衡能源需求和系统。对于提高这些系统经济成功性的建议包括：创办能源服务公司、商业化热能副产品以及刺激投资技术的上网电价。

美国生物质气化能源系统及应用

这个风险项目为生物质领域提供了很多有价值的经验教训和洞见。虽然 Pamoja 利用合适的资源、协调伙伴和委托责任的能力对他们目前的成功有很大帮助，但在联合建设项目中利益各方的能力方面，要开发真正可持续的系统，还存在许多挑战。成功需要发展生物质供应链（可持续供应）、促进电力的生产利用（创造能源需求）、建设社区内的技术能力（提供可更电力）——需要发展、协调一个复杂的系统。

BGE 系统具有提供重要的社会和环境效益的潜力，这需要与经济标准结合起来考虑。从广义上说，该项目突出了区别生物质能源系统和其他可再生能源系统的一个关键因素：生物质供应链。开发本地生产的生物质供应链，无论是从现有的废物还是从农林系统，都会创造就业机会，推动环境可持续的能源生产系统为有关地区的社会、经济和环境的繁荣发展做出积极贡献。

一个 BGE 系统在发展中国家的背景下的动机、能力、需求以及应用都与在发达国家比如美国背景下有很大不同。关于小型 BGE 系统应用的可行性，这些不同的背景导致不同的结论。

结论与思考

BGE 系统具有提供重要的社会或环境效益的潜力，这需要与经济标准结合起来考虑。目前，小型 BGE 系统在经济上还不能与电网电力竞争。在美国，其他可再生能源系统更具有吸引力，或许能够提供比小型 BGE 系统更适宜环境的系统。然而，BGE 系统的环境与社会影响，特别是必需的供应链，可能适合佛蒙特的工作情景伦理。关于这些系统在佛蒙特的潜在可行性，还需要做进一步研究。

参考文献

Buchholz, T., et al., March 2010. Potential of distributed wood-based biopower systems serving basic electricity needs in rural Uganda. Energy for Sustainable Development 14 (1), 56–61.

Buchholz, T., et al., 2012. Power from wood gasifiers in Uganda: a 250 and 10 kW case study. Energy 165 (EN0).

Christensen, S., 2013. M.Sc. program "Innovative Sustainable Energy Engineering", Department of Industrial Ecology, Royal Institute of Technology (KTH), Stockholm, Sweden. Title of Research: "Development and Testing a Sustainability Assessment Framework for Biomass Supply Chains Fueling Electricity Systems in Rural Uganda".

Eberhard, A., Clark, A., Wamukonya, N., Gratwick, K., 2005. Power Sector Reform in Africa: Assessing the Impact on Poor People. World Bank Energy Sector Management Assistance Program, Washington, DC.

Larson, E.D., January 1998. Small Scale Gasification –Based Biomass Power Generation. Center for Energy and Environmental Studies. Princeton University. Prepared for Biomass Workshop Changchun, Jilin Province, China.

Rural Electrification Agency (REA), 2007. Renewable Energy Policy for Uganda, p. 27. [PDF] Available at: http://www.rea.or.ug/userfiles/RENEWABLE%20ENERGY%20POLIC9-11-07.pdf.

SharedSolar, 2011. SharedSolar Concept Note [PDF] Available at: http://sharedsolar.org/wp-content/uploads/2011/02/Concept-Note-SharedSolar-v61.pdf.